层次演化论

——关于自然性与复杂性的辩证演绎

宋锋林 著

U0291022

北京邮电大学出版社
www.buptpress.com

内 容 简 介

事物甲及其对立面的统一关系构成事物乙,事物乙及其对立面的统一关系构成事物丙,那么事物甲同事物丙之间是什么关系?进一步地,事物甲同蕴含着更丰富对立统一关系的复杂事物之间又是什么关系?这类问题涉及多个演绎层次,传统辩证法难以对这种多层次相干关系进行具体而全面的定性。

任何系统都具有层次性,层次性是系统思想与方法的精髓。本书尝试给出了刻画多层次体系的演绎方法论——**层次演化论**,其中,系统从简单到复杂的演化进路可通过层次的不断跃迁来反映,系统的演绎复杂性可通过有相互蕴含关系的各细分层次来解耦,系统的多样性演绎表现可通过不同层次间的相干来勾勒。从层次演化论中可以了解层次的起源,层次的划分,层次的差异、联系与过渡,不同层次间的相干特性,层次结构的设计原则,等等。层次演化论给出了考究复杂系统的全新演绎范式,以及把握对立关系逐级演进的一般思维框架,有望为系统科学、自然辩证法等领域的发展注入新的活力。

图书在版编目(CIP)数据

层次演化论:关于自然性与复杂性的辩证演绎 / 宋锋林著 . -- 北京:北京邮电大学出版社,2024.

ISBN 978-7-5635-7386-8

Ⅰ. N94

中国国家版本馆 CIP 数据核字第 2024Z1Y710 号

策划编辑:彭 楠　　**责任编辑:**刘 颖　　**责任校对:**张会良　　**封面设计:**七星博纳

出版发行:北京邮电大学出版社

社　　址:北京市海淀区西土城路 10 号

邮政编码:100876

发 行 部:电话:010-62282185　传真:010-62283578

E-mail:publish@bupt.edu.cn

经　　销:各地新华书店

印　　刷:保定市中画美凯印刷有限公司

开　　本:720 mm×1 000 mm　1/16

印　　张:15.75

字　　数:294 千字

版　　次:2024 年 12 月第 1 版

印　　次:2024 年 12 月第 1 次印刷

ISBN 978-7-5635-7386-8　　　　　　　　　　　　　　　　　　**定价:88.00 元**

凝练方法背后的理路，
窥探思想背后的思维

用多重相关勾勒世界

人们应当如何理解自己所处的周边世界？

笛卡儿认为世界是由物质和精神所构成的二元体系，牛顿认为绝对时间和绝对空间支撑着一切，黑格尔认为对立统一关系推动着世界的运行与发展，达尔文认为适者生存是有机世界的基本法则，爱因斯坦认为物理规律能够穿透一切参照系……而今，复杂一词常常映入人们的眼帘，并成为定性世界本质的热门概念。

这是一个令无数学者既爱又恨的问题，爱的是可以从中体验不断学习、不断精进的求知乐趣，恨的是哪怕用尽一生也可能找不出一个令各方都满意的答案。更让人无奈的地方在于，当我们不去深度追问和反思这一问题时，就会发现每一个能够适应社会的人都会自然而然地练就理解周边世界的能力——人们能够预测许多常态事物的表现或短期走向，人们能够学习和把握各行各业的成熟知识体系，人们还能够感悟世间的人情冷暖与社会氛围。人人都拥有理解的潜能，但难以获悉这个潜能的内在机理到底是什么，也无法系统性阐明为什么人们对常识的把握可以横跨众多的领域却又难以提炼出不同领域当中的普适共性。在学科知识不断裂变、专业沟壑不断加深、基础问题不断累积的当下，复杂一词也许是罕有的、比较"适宜"的答案。

层次演化论的提出有可能缓解这一尴尬的局面。

世界的演绎复杂性可以用层次性来解耦，不同的层次可以有不同的机制，通过丰富的层次即有可能影射世界的千变万化与五彩斑斓。这里的关键是层次性如何把握，作者的破题思路在于对相关概念的深度挖掘。

世界上没有绝对孤立的事物，万事万物之间都存在着相互的联系，联系是一切事物的客观本性。当相互比较各事物所蕴含的联系时，就会发现它们之间既有联系形式上的区别，也有关联程度上的区别，这种附加了程度或稳度考量的联系可用相关性概念来描述。进一步地，各个相关关系之间也可以建立联系，对这些联系进行相互比较时，又可以分离出关联上的稳定与不稳定的区别，于是衍生出相关关系之上的相关程度问题，相较于事物自身的相关性来说，这是更为复杂的相关性，那么，该如何界定这一涉及不同尺度的双重相关关系？如果不同尺度上的双重相关关系能够明确，那么蕴含着更多样化尺度的三重相关、四重相关、五重相关呢？

对于这些问题，作者运用具体的案例给予了回答，乍看之下，答案的平常与普通可能让读者始料未及。当不考虑相关性时，意味着单纯的存在关系；当考虑相关性时，意味着事物之间的联系；当考虑双重相关时，意味着事物的演绎变化；当考虑三重相关时，意味着事物的运作秩序；当考虑四重相关时，意味着秩序的运作范畴；当考虑五重相关时，意味着秩序的跨范畴交涉。从存在，到联系，到变化，到秩序，到范畴，到交涉，这是每一个成人都耳熟能详的基本概念，也是日常生活中经常会用到的基本逻辑框架，它们之间有一条隐藏的暗线，那就是不同尺度上多重相关所达成的总体演绎一致性。当直面这些基本概念背后的层次演绎逻辑时，呈现出的是相互缠结、相互蕴含又相互制约的盘根错节景象，其中存在着丰富的层次相干关系与相干表现。

最擅长从复杂的大数据中提取相关关系的就是神经网络，这一道具就内置在我们的大脑皮层之中，从这个意义上来说，层次演化论面向复杂系统所给出的看似平常的结论也许不应该令人诧异。然而，对于工程师所打造出来的众多深度神经网络分析工具来说，有相当一部分很难给出机制或原理上的解释，输出结果也较难预测和把握，它们同我们的大脑一样，依然是黑箱式的存在。层次演化论对多重相关关系的体系性解构，为深度神经网络的可解释性问题提供了新的解题思路，也为挖掘思维背后的底层逻辑提供了新的方法论参考，由此，大脑何以能够理解世界的问题就有了新的抓手。

蕴含着多重相关的层次体系初步展示了其强大的关系解构能力。联系、共存、协同等概念可以在基于两层次体系的对立统一关系中找到本源；空间、差异、变化等概念可以在基于三层次体系的依托于不确定性的前景关系域分割中找到雏形；时间、秩序、因果等概念可以在基于四层次体系的两级背景间的共存机制中找到依托；控制、自由、范畴等概念可以在基于五层次体系的规则间的竞争与纠缠中找到原形；交换、权衡、跨越等概念可以在基于六层次体系的多重背景协同与多重前景相干中找到根据……

上述这些看起来似乎互不隶属的诸多概念皆依附于一定的层次性，它们的本质和机理可以在层次体系的相干关系中得到定义。可在层论框架中诠释的概念还有许多，每一个概念都可以还原为某种层次关系或层次机制，庞大的概念解释能力也使得层次演化论对世界运行本性的刻画更为开放。当强调双层次体系当中的对立统一关系时，世界是二元的；当侧重于三层次体系当中的关系域分离与协同关系时，空间概念的形象就浮现出来了；当专注于四层次体系当中的不同变化间错位关联表现的对称破缺时，所生成的有向演绎关系即为时间概念注入了灵魂；当跟随层次体系从低到高的演绎脉络时，可以看到对立统一关系的不断助力；当保障低层结构在高层尺度上的存在性时，可以看到生存与竞争的智慧，以及价值、智能等概念的层次内涵；当关注同样层次跨度上的逻辑一致性时，可以看到演绎性质的相对性，以及层次机制在不同尺度上的可穿透性……

层次演化论给出了一张既包罗万象又能泛化迁移的关系网，基于此，我们可以不必再用"复杂"这一抽象而朦胧的概念去敷衍关于世界运行本质的拷问。层次演化论锚定了基于层次性的世界观，开启了更为灵活、更为开放、更为系统的思维之门。

江超

2024 年 3 月

目录

绪　论

此层次非彼层次

1. 层次性的意义与难点

在现代科技全面推进、社会经济全域流转、民族与文化全球碰撞的当下，人类面临着越来越复杂的技术运用与把控、社会组织与协调、经济引导与发展等方面的系统性问题，各种要素的深度交织，使得问题的解决愈来愈具有挑战性。

任何难以处理的多组件、多变量、多尺度问题都内含着复杂性，面对复杂性，许多学者均强调了层次概念。刘华初指出，多层次的思维是能够包容性地理解越来越复杂的社会与世界的思想武器[①]；贝塔朗菲指出，一层层组合为层次愈来愈高的系统，是生物学、心理学和社会学的重要基本特征[②]；Russell 等指出，层次化分解是处理系统复杂性的普及性思想[③]；董春雨等强调，抓住层次性，是落实系统方法论的关键所在，层次性对于完整、准确地把握演化观的基本内涵，是至关重要的[④]；王志康指出，层次是世界构成的一种最基本的形式，是物质世界多样性和统一性的具体表现，层次结构的思想可称为进化论的第一原理[⑤]，如果人们对于层次的问题有较深入的研究和明晰的认识，那么目前困扰人们的许多来自自然和社会的复杂性问题就可能得到较好的解决[⑥]。

这些阐述都指向了一点，即理解系统的演绎复杂性，可通过提炼和解构系统的层次性来把握。层次性的意义如此重大，解决起来并非易事，对此，王志康指出："层次论的基本思想，自从 19 世纪由康德和恩格斯提出并肯定以来，没有得到深入的研究[⑦]。"董春雨做了进一步的说明："由于整体性和层次性的统一方面缺乏一种方法论上的承担，系统论研究实际停滞已有几十年了[⑧]。如何理解层次的本质，仍是人们面临的一个难题。层次性在系统观中虽然常常被提及，但它因为没有被具体的方法所承担或体现，实际上却被冷却在一边。层次论的成熟可能

---

① 刘华初. 层次论[M]. 北京：人民出版社，2018：2.

② （美）冯·贝塔朗菲. 一般系统论：基础、发展和应用[M]. 林康义，魏宏森，等译. 北京：清华大学出版社，1987：69.

③ RUSSELL S J，NORVING P. 人工智能——一种现代的方法[M]. 3 版. 殷建平，祝恩，等译. 北京：清华大学出版社，2013：336.

④ 董春雨，姜璐. 层次性：系统思想与方法的精髓[J]. 系统辩证学学报，2001，9(1)：1-4.

⑤ 王志康. 突变和进化[M]. 广州：广东高等教育出版社，1993：101.

⑥ 董春雨. 层次论：意义及其问题——析王志康《突变和进化》中的层次论思想[J]. 自然辩证法研究，1998，14(12)：12-15.

⑦ 王志康. 层次论与辩证法的充实和发展[J]. 学术界，2000(6)：24-30.

⑧ 董春雨. 层次论：意义及其问题——析王志康《突变和进化》中的层次论思想[J]. 自然辩证法研究，1998(12)：13-16.

尚需百余年的时间①②。"

那么，层次性研究具体被哪些问题或环节给卡住了呢？许国志等学者罗列了层次分析所面临的诸多问题："系统是否划分层次，层次的起源，分哪些层次，不同层次的差异、联系、衔接和相互过渡，不同层次的相互缠绕，层次界限的确定性与模糊性，层次划分如何增加了系统的复杂性，层次结构的系统学意义，层次结构设计的原则等③。"董春雨特别强调了层次论的关键在于说明层次是怎样产生的，以及各层次间的联系情况如何①。这些问题亦是本书所探讨的重点。

2. 系统层次性的解耦

关于系统的层次性问题应当如何解构，并没有成熟的方法论可以借鉴，本书所提出的**层次演化论**（以下简称**层论**）是关于这一课题的初步尝试。

进行层次分析的首要问题是如何厘清系统所蕴含的层次性。在我们的直觉中，提炼系统的层次似乎是较为容易的。例如，按成分规模划分的层次——单原子分子、小分子、高分子、生物大分子，按行政级别划分的层次——村、镇、县、市、省等，类似的例子还有很多。似乎只要遵循一定的划分标准，就可以给出系统的多个演绎层次，但问题远远没有这么简单。注意这里的"划分"一词，划分暗含着切割的意思，复杂系统之所以复杂，往往就体现在内部无比繁乱的交错关联，当所获得的层次界限分明时，通常意味着对系统部分内部交错关系的人为切断，这种"切割式"的层次划分方法实际上破坏了系统原有的关系结构，基于所获层次的系统分析能否获得有效结果，是存在较大疑问的。厘清系统的层次性时应当尽可能地不破坏系统的结构，根据这一要求，在层次性的提炼上，解耦一词要比划分一词更为恰当一些。

对系统进行层次解耦时，需要考虑遵循什么样的解耦标准。复杂系统的另一典型特点是整体涌现，涌现意味着所衍生的宏观层次不能用基础层次上的机制来进行解释，宏观层次有着不同于基础层次的全新演绎机制，当运用同一种解耦标准时，难以兼顾这种机制上的不断翻新，也难以解释全新特性的不断涌现。层次解耦标准需要顺应系统不断由简入繁的演进逻辑，从这个意义上来说，复杂系统

---

① 董春雨,姜璐. 层次性:系统思想与方法的精髓[J]. 系统辩证学学报,2001,9(1):1-4.

② 刘华杰. 方法的变迁和科学发展的新方向[J]. 哲学研究,1997(11):20-28.

③ 许国志. 系统科学[M]. 上海:上海科技教育出版社,2000:23.

的层次解耦标准一定不是单一的。

层论给出了对复杂系统进行层次解耦时所应遵循的一套规范——相对性原则。它由复杂性从低到高的多条子标准所构成，其中：所有相邻层次间的演进遵循同一种标准，所有隔一层次间的演进遵循第二种标准，所有隔两层次间的演进遵循第三种标准，以此类推。相对性原则中的标准理论上没有数量的限制，每一种标准与层次本身的尺度无关，只与层次间的层级跨度有关，这一特点充分体现了关系演绎的相对性，故而称其为相对性原则。

粗看起来，相对性原则好像规定了什么，又好像什么都没规定，这样几条看似"平平无奇"的标准体系能够解耦系统的层次性吗？能够解释系统的演绎复杂性吗？要回答这些问题，就需要进一步深入到相对性原则的内在。

相对性原则依托的是层次间的演进关系，它默认系统的各个演绎层次之间存在由低到高、由简到繁的演进脉络。当系统只有一个层次时，无所谓层次解耦的问题，相对性原则也没有任何意义。当系统有一低一高两个层次时，只需要给出一种演进标准即可，关于演进标准的具体内容没有额外的规定，相对性原则的意义也不明朗。当系统有一低、一中、一高三个层次时，需要给出两条演进标准，一条标准（设为标准 1）用于说明从低层到中层之间的演进关系，另一条标准（设为标准 2）用于说明从低层到高层之间的演进关系。相对性原则的关键之处在于，它是尺度无关的，无论当前的尺度如何，同样跨度下的层次演进关系遵循的都是同一种标准，因此在三层次系统中，从低层到中层、从中层到高层的演进都应当遵循标准 1。这里，标准 1 连续使用两次后即可从低层演进到高层，而标准 2 使用 1 次后也可以从低层演进到高层，于是标准 1 的两次运用就与标准 2 之间构成等价关系。这当中，标准 2 包容标准 1 又不同于标准 1，而标准 1 既支撑着标准 2 又影响着标准 2（因为标准 1 也会作用到标准 2 所指向的高层），这样的关系恰恰影射了层次的意义——高层次衍生于低层次，也包容着低层次，同时又受到低层次的牵制。无论标准 1 和标准 2 的具体内容如何拟定，两者间关于跨层演绎上的等价关系必须得到满足，它是三层次系统当中依据相对性原则而衍生的一条特别规定。系统的层次数越多，需要的解耦标准就越多，相应的特别规定也就越多，层次的意义也因为这些规定而进一步丰富和充实。以六层次系统为例，解耦这一系统的层次演进标准需要五个，图 0-1 示意了基于五种跨尺度演进标准的层次体系，其中同样层次跨度下的标准均相同，从图中可以得到各标准间的一系列特别规定，从形式上来看，它们对应的是自然数的定义与拆分问题，层次体系即由这样的关系所界定。

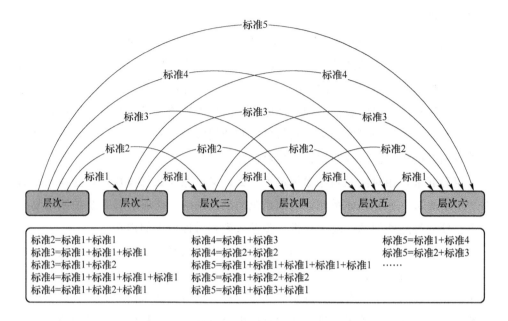

标准2=标准1+标准1　　　　　标准4=标准1+标准3　　　　　标准5=标准1+标准4
标准3=标准1+标准1+标准1　　　标准4=标准2+标准2　　　　　标准5=标准2+标准3
标准3=标准1+标准2　　　　　　标准5=标准1+标准1+标准1+标准1+标准1　……
标准4=标准1+标准1+标准1+标准1　标准5=标准1+标准2+标准2
标准4=标准1+标准2+标准1　　　标准5=标准1+标准3+标准1

图 0-1　六层次系统中各解耦标准之间的关系

相对性原则适合于刻画有着较多层次的复杂系统，在多层次系统中，各个演进标准之间的逻辑关联远比我们直观想象的要复杂，这种复杂的关系使得每一条标准的定义都不可能是随意进行的，定义每一条标准时都会间接影响到其他标准，稍有不当即有可能无法完全满足各种跨度上的演绎对称性。也就是说，相对性原则看似没有给出各标准的具体内容，但实际上处处隐含着关于各标准的潜在规定，它不是单方面的规定，而是一张覆盖了各个尺度的全方位限定，基于相对性原则解耦下的各演绎层次也就相应地拥有了与相对性原则等效的层次关联关系，相对性原则的内在演绎复杂性也决定了层次间的关联复杂性。

相对性原则简单的外表下隐藏着能够勾勒演绎复杂性的丰富逻辑关联，那么，什么样的内容能够契合多标准下的各个潜在规定呢？答案也许有多种。层论从一般意义上给出了一种参考，其中最为基础的解耦标准（相邻层次间的演进标准）不是别的，正是辩证法的核心演绎原则——对立统一原则，无论当前层次是什么，高一层次均成型于当前层次上的对立统一关系之中。后继的解耦标准对应着更大的层次跨度，以及多重的对立统一关系，并在整体上演绎出了不一样的特性。层次间的跨度越大，相应的解耦标准就越为复杂，解耦标准所蕴含的意义也越丰富。

相对性原则既是系统跨尺度演进关系的参照，也是解耦系统层次性的依据。

要明确系统的层次，可结合相对性原则中各解耦标准间的一系列特别规定来不断试错与迭代，直至各条规定均得到满足。这一拟合过程最终收敛于一套可用于评判周边世界演绎表现的多级关系框架，其中，第一层描述的是基本存在关系，第二层描述的是对立性间的联系与共存，第三层描述的是差异与变化，第四层描述的是规则与秩序，第五层描述的是秩序间的纠缠范围，第六层描述的是范畴间的相干与交涉……这些层次同我们经验中按规模或级别所划分出的层次有着较大的区别，从各解耦标准之间的一系列约束关系当中才能感悟为何是这样的层次系列。

相对性原则中的各解耦标准都遵循着同一种逻辑，那就是尺度无关性，它也是复杂性研究当中所经常浮现出来的一种特性。所有逻辑不局限于特定的尺度之上，其中所蕴含的强大泛化迁移能力也预示着层论演绎体系的一般性、普适性。相对性原则既是解构系统演绎复杂性的一般原则，也是理解系统各层次演绎逻辑的一般方法论，关于层次分析所需要解决的诸多问题，可以从这些解耦标准中寻求解题思路。

第 1 章

复杂系统的层次建构

任何事物都可视为阶段性的演绎系统，系统的复杂性预示着系统构成与演绎的多样性，以及机制上的某些不透明性。层次化演绎方法能够在一定程度上解耦系统的复杂性，将系统浓缩为一级级特定规则及特定领域中的分系统，从而降解系统的整体性、多样性，乃至机制不确切性。

一般来说，系统按其演绎过程的复杂程度可细分为 6 个层级，相应的演绎结构分别为**基元**、**同步结构**、**变动结构**、**组织结构**、**规范结构**、**转换结构**（如图 1-1 所示），6 个结构间的演化分为 5 个阶梯（皆以基元为起点）：**相关性建构→作用性建构→主体性建构→社会性建构→发展性建构**。这一多层级演绎体系称为**层次演化论**（以下简称层论）。

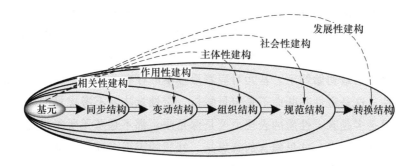

图 1-1　解耦系统复杂性的层级结构及演进阶梯

下面简要说明各个层次的基本特点，更为深入的解析将在第 2 章中展开。

1.1　演绎起始

考究任何复杂系统都存在分析的基点问题。当不考虑系统的内部演绎结构，不拆解系统的演绎功能，不探究系统的外部关联，仅侧重于系统自身的存在时，这样的演绎结构可称之为**基元**。

基元既没有内在构成上的规定，也没有外在关系上的规定，对基元的界定只能从基元自身着手，其中存在着某种完全依附于自身又能够用于判定自身的东西，我们称之为**性质**。例如，升起的朝阳、鲜红的花朵、飘扬的国旗，它们都可以定性为红色，红色是它们的显著特性，要界定它们的存在，可通过界定红色的存在来体现。经验告诉我们，基于单一性质的判断并不能够实现对事物的全面认识，但是认识过程总要有个起点，性质即界定事物演绎关系的起点，它初步表明了某种关系的存在。

Alon 等科学家在研究基因调控网络时将基元定义为那些出现频率极高的连接子图，并视其为构造复杂网络的基本砖块[①]。哈肯在研究激光时发现，增殖最快的光子最终能够生存下来，而其他光子都消亡了[②]。细胞作为生物体的基本单位，其不断的复制过程（细胞周期）是促进生物体生长并存续的底层保障。周易中，仅初爻为阳的六画卦被命名为"复"卦（䷗），预示着事物的不断演绎是以循环往复为根基的，这与周易的"周"字蕴意相呼应。对于任何复杂系统来说，其基本构造模块如果不能够持续地呈现，那么很难想象整个系统能进一步演绎和发展。鉴于此，这里将基元的基本演绎性质确立为不断地复现，即**重复性**。

在充满随机性和不确定性的演化系统中，重复性是界定存在的最基本属性，也是关于存在的最初始约定。基元对应着最基本的存在关系，基元对存在的判定就是重复性，这是定性判断而不是定量解析。定性意味着不考虑量的区别，性质的呈现规模是多是寡，性质的表现力度是深是浅，都不是基元所考虑的，基元所侧重的只是性质本身。这里隐含的意思是，性质的表现多样性，类型的演绎多样性，基元层面都不做区分（或者说无法区分），基元只强调可重复。

任何事物，只要蕴含重复性，就可用基元来做初步地刻画。基元可以针对物质、过程、规则、社会等一切具备演绎一致性的对象或群体，无论它们是简单的还是复杂的，是形式的还是实在的，这给了基元在定义上的灵活性与普适性。基元只考虑自身的特点意味着基元不涉及参照问题，也不关心内在构成和外在关联，要进一步评判涉及内在或外在的关系，需要引入新的层次结构来说明。

1.2　相关性建构

基元定义了基本的存在，对存在的界定可通过一定性质的可重复性来体现，

①　MILO R，SHEN-ORR S，ITZKOVITZ S，et al. Network motifs：simple building blocks of complex networks[J]. Science. 2002，298（5594）：824-827.

②　哈肯. 协同学：理论与应用[M]. 杨炳奕，译. 北京：中国科学技术出版社，1990：29.

而当呈现出性质的多样性时，就出现了基元难以做整体理解的情况。

图 1-2 示意的是一块花岗岩，其中交错分布着或白或灰的小色块，这些色块可简单分为浅色和深色两种相异的性质，在花岗岩的存续期，浅色或深色块都具有可重复性。当其中任一种色块呈现时，另一种色块也会呈现，两种色块间具有一种共存关系，这种性质相异但始终相随的组合意味着不同性质之间的一定关联关系，这里称其为**同步性**。具有同步性的演绎结构可称为**同步结构**，从基元到同步结构的演化过程称为**相关性建构**。

图 1-2　蕴含着重复性的不同性质间的共存关系

同步性界定的是不同性质之间的关系，关系中的性质相互对照使得各自的重复性也有了区别，一种性质的重复性与另一种性质的重复性不再是一回事，当基于指定性质来界定其重复性时，意味着其他性质在该界定手段下将不具有重复性（此处默认两种性质相互独立且不具有包含关系，下同），也就是说，在单一检测手段下，不同性质中一种性质的重复性即构成另一种性质的**无复现**。无复现是重复性的对立面。具有同步性的两种性质当中，任一性质在看向自身时具有重复性，在看向对方时具有无复现，同步性兼具两种情况，因此同步性蕴含着重复性与无复现的对立与统一。

任何具有一定联系的多种独立性质之间都可以建立同步性。同步性意味着各种性质之间的相互关联，具体体现在它们的共存关系之上。同步与否可通过共存关系来检测：对于任意两种性质来说，当其中任一性质存在时，另一性质也存在，即意味着两者的共存。同步结构对应着不同基元间的共存关系，这是较基元更为宏观的一种演绎关系，基元成为这一关系的局部组件，由此衍生了基于同步结构的内部关系，它是基元层面所无法理解的概念，此外，联系、同步性、共存关系、参照等也都是基元层面所难以解构的概念。

基于不同性质的组合系统必然内含着重复性上的对立，这一关系构成基元层面的演绎矛盾，同步结构因强调关联而非个性从而化解了这一矛盾。同步结构蕴含着基元之上的对立与统一关系，从演化的角度来看，当发现了基元之上的演绎对立性，并找寻到对立关系的宏观统一性时，即意味着同步结构的生成。对立统一关系是建立新层次的基本法则，基层之上的对立或矛盾是新层次浮现的信号，基层矛盾的融合与统一是新层次成型的标记。

1.3 作用性建构

"世界上唯一不变的就是变化"，这是一句极富哲理的论断，并常被人们视作颠扑不破的真理。从层论来看，这句话是值得商榷的，因为变化并不是关系演绎的最底层，对变化的定义涉及更为基础的关系逻辑，明确这些关系，可以让我们对变化概念形成更为本质和更为深入的认识。

任何明确的同步性都是有一定评判条件的，因为任何当前看起来较为稳固的联系形式，只是在一定的时空采样条件下成立，更换采样条件，同步结构的形式稳定性可能不复存在，因为没有一种关联形式能够永恒不灭，也没有关联关系能够在远超出其常态演绎环境的更精细或更宏观尺度上依然保持演绎关系的恒久不变性。相关性建构所确立的同步关联只在一定的演绎尺度上成立，在不同的尺度上，同步关联的稳定性将不具有绝对性，只具有相对性。这里实际上涉及同步性标准的竞争问题。当只有一种同步性时，无所谓标准之争，此时的同步性具有基于联系的一般性。而当有多种同步性的演绎对照时，带来了同步尺度和同步形式的多样性，也带来了同步性评判标准的多样性，而变化即与这种多样性息息相关。

蓝天飘过的白云、草地飞奔的野兔、水中扩散的墨滴……它们都具有动态变化性，同时也蕴含着多样化的同步性，要分析变化的来源，可从分析各同步性间的关系着手。图1-3示意的是一个在路面上滚动的鹅卵石（以下简称滚石系统），其中，路面和石头都具有特定的纹理，它们都内含着不同的色块，且这些色块都能够共存，从中可以两两组合出一系列的同步性。为描述方便，这里将石头和路面的色块均简单分为深色、浅色两类（也可以细分为更多类型的色块，并不影响最终的定性判断），从组合关系分布形式的一致性表现来看，石头的深色块及其浅色块之间具有较高程度的同步性，路面的深色块及其浅色块之间亦具有较高程度的同步性，而石头色块和路面色块间具有较低程度的同步性。这种同步性在相关程度上的对立同物体之间的相对运动（包含渗透、扩散等）高度相关。只要有相对运动，就容易产生基于重复性组合关系的相关程度对立；没有相对运动，各重复性组合间的同步程度之别就难以体现出来。因此，相关程度对立可以用来映射物体间的相对变化。

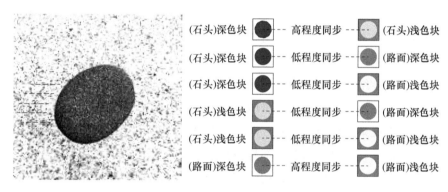

图 1-3　滚石系统中各重复性间关联关系的表现对立

事物与事物之间相对静止，不会出现相关程度对立；事物与事物之间相对运动，即呈现出了相关程度对立。一种表现为各色块重复性间的高程度相关；另一种表现为各色块重复性间的低程度相关。前者依然可称为**同步性**，后者则称为**异步性**，它是同步性的对立面。同步性和异步性的对立将稳定关联与不稳定关联之间的矛盾性凸显了出来，**变化性**能够包容这种矛盾，变化性对应着同步性与异步性的对立与统一。具有变化性的演绎结构可称为**变动结构**，从基元到变动结构的演化过程称为**作用性建构**。

在滚石系统中，具有高程度相关的同步性有两类，分别是石头中各色块间的同步性，以及路面中各色块间的同步性。它们都属于同步性，只是同步形式有所不同。而石头色块与路面色块间的联系均构成异步性，异步性分隔出了不同形式的同步性。这当中，不同形式的同步性之间不再是对立关系，而是差异关系（关于差异概念的本质以及差异与对立的区别将在 2.2 与 2.3 节的小结部分展开说明）。在滚石系统中，同步性与异步性的矛盾集中体现在石头的轮廓边界当中，轮廓是相对运动中同步性和异步性间竞争最为突出、最为尖锐的地方，虽然基于色块之间的高对比度也能凸显出类似轮廓的线条，但用这一方法来判断物体的边界时并不可靠，只有物体动起来，并与周边背景上的色块形成的同步程度上的反差时，物体的边界才能得到较为准确地界定。

同步结构对应着基元间的共存关系，其中没有关于共存条件的确切规定，仅仅只是共存关系本身。变动结构则对应着多种同步结构间的共存关系，单一的同步结构无法演绎出变化性。同步结构间的共存关系为各同步性的对照创造了条件，相互对比中能够明确各同步结构的同步形式，从而具体化。图 1-2 所给出的图案中，仅就色块间的同步性来看，我们可以说它是花岗岩岩面，也可以说它是一种着墨面料，还可以说它是精度有限的卫星画面。图 1-3 的滚石系统中，色块间的同步性因为有了竞争而显得明朗起来，因为竞争演绎出了不同重复性组合的关联稳度差异，也对照出了不同同步性的类型差异，使得我们对事物的界定更进了一步。各同步结构在映衬出自身同步形式的同时，也意味着对其他同步形式的否定，相对于自身来说，其他同步形式构成外部关系，一定的同步形式相对于整个变动结构来说则构成内部关系。同步结构中有内部性，变动结构中则既有内部性，也有外部性，这里的内与外都是相对于一定同步形式而言的。

概而言之，变动结构是层论的第三级结构，变化性是变动结构的演绎性质，变化性对应着同步性与异步性的对立与统一，而同步性又对应着重复性与无复现的对立与统一，因此变动结构蕴含着双重的对立统一关系。关于变化性的演绎本质，还有许多不同的剖析视角，具体可见 2.3 节的解析。

1.4 主体性建构

在同步结构中，由于没有多样化同步性的对比，对同步性的认识相对单薄，而在变动结构中，一系列重复性的组合多样性带来了同步性的表现多样性，相互间的对照反衬出了各同步性在相关程度上的不同，变化性也由此衍生出来。没有同步性做铺垫，难以对变化进行定性。在变动结构中，也没有涉及多类型变化性的对比，对变化形式也不做具体的规定，要明确变化性的不同，需要在宏观的演绎层次中研判。

有一个无限宽广的光滑斜面，将鹅卵石放至斜面上并任其滚落，这一动态系统简称为斜面系统（如图1-4所示）。以变动结构的视角来统计分析这一系统中各色块分布在整体上的一般演绎表现。变动结构的变化性体现在石头与路面各色块组合关联所带来的同步性竞争当中，石头出现在哪一块路面，相应的同步性竞争就在哪里呈现，斜面系统的整体演绎表现由不同区域上的一系列竞争关系所体现。基于此，对演绎变化性的竞争区域进行划分，然后综合考察各区域间的同步性关联演绎表现，以便从中寻找可能存在的演绎对立性，这是挖掘更宏观演绎层次的重要信号。图1-4中划分了2个观察区域（也可以设置更多的观察区域，不影响结果定性），分别标记为区域1、区域2，每个区域中均有机会检测到石头中的色块间同步性（以下称石头同步性）以及路面中的色块同步性（以下称路面同步性），两个区域可检测出4种同步性，它们共有6种组合关系（如图1-4下侧表格所示），这当中，同一区域中的石头同步性与路面同步性所映衬出来的变化性相对明朗（S1、S6这两种情况），不同区域中的石头同步性与路面同步性所映衬出来的变化性相对不明（S3、S4这两种情况）。也就是说，在石头滚动过程中，石头与附近路面之间存在着较为显著的相对运动，故而变化性呈现较为明朗，而石头与远处路面之间存在着不那么显著的相对运动，故而变化性呈现较不明朗。就如同坐在高速运行的火车当中，我们能够看到近处的树木快速掠过，而远处的山峰似乎不动。这当中，更显著的相对运动意味着同步性与异步性的对立更为明显，变化性更为明确，而不那么显著的相对运动下变化性就不那么突出，后者相对平庸的表现进一步反衬出了前者的变化确切性。在斜面系统的同步性跨区域关联中，还有两种情况：一是区域1中的石头同步性与区域2中的石头同步性之间的关联（情况S2），这一关系实质上是石头同步性的不断复现，本质上依然属于同步性；二是区域1中的路面同步性与区域2中的路面同步性之间的关联（情况S5），这两个同步性之间是相对静止的关系，没有同步程度上的对立，它们总体上依然构成同步性。从这里可以看到，同步性跨区域关联的4种情形（S2、S3、S4、S5）均不构成较为明朗的变化性，它们与同步性的同区域关联表现存在着演绎对立性，无论划分成多少个观察区域，跨域关联与本域关联之间的演绎对立性始终存在。为方便描述，这里称同步性的本域关联为**变化性**，同步性的跨域关联为**平庸性**，两者互为对立面。变化性与平庸性的演绎对立性与变化区域的分割息息相关。当变化区域的分割越清晰时，变化性与平庸性的对立就越明朗；当各变化区域不清不楚时，同步性的本域关联与跨域关联就难以明确，变化性的对立表现也难以考察。具体到斜面系统中，当石头的运动方向相对确切时，划分不同的变化区域相对简单（按途径路线切割即可）；当石头的运动方向高度随机时，划分出不同变化区域就成为比较困难的事情。由此，变化性与平庸性间演绎对立性的明确即预示着石头的有序运动，运动秩序能够包容这种演绎对立性，秩序对应着变化性与平庸性的对立与统一。

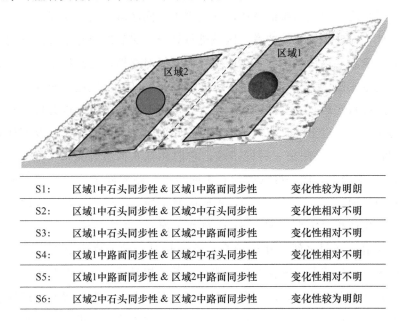

S1:	区域1中石头同步性 & 区域1中路面同步性	变化性较为明朗
S2:	区域1中石头同步性 & 区域2中石头同步性	变化性相对不明
S3:	区域1中石头同步性 & 区域2中路面同步性	变化性相对不明
S4:	区域1中路面同步性 & 区域2中石头同步性	变化性相对不明
S5:	区域1中路面同步性 & 区域2中路面同步性	变化性相对不明
S6:	区域2中石头同步性 & 区域2中路面同步性	变化性较为明朗

图 1-4　斜面系统中各同步性间关联关系的表现对立

　　面对基于变化性的有参照、有对比的组合演绎系统，要寻找总体上的演绎特性，除了从基层同步性间的相关程度对立中探寻，还可以从变化性的共存表现中考察。斜面系统中存在着多样化的变化性，它们依附于不同的变化区域，对变化性的共存表现可结合各变化区域来进行。图 1-5 划分了 3 个观察区域（也可以设置为两个观察区域，或者更多的观察区域，不影响结果定性），分别标记为区域 1、区域 2、区域 3，在相应区域出现的即时变化分别记为变化性 1、变化性 2、变化性 3。对其中任意两个变化性间的共存关系进行检测时，会发现一个共同的特点：一种情况下两个变化性都能够检测到；另一种情况下两个变化性中仅有 1 个能够检测到（如图 1-5 右侧表格说明）。前一种检测表现为变化性间的较稳定共存（可兼容），后一种检测表现为变化性间的不稳定共存（难兼容），从中呈现出了变化性在共存表现上的对立，这就是基于变化性的关联演绎对立性。只要石头在斜面上朝一定的方向滚动，就必然伴随着这种演绎对立性，而在滚动方向未明确的情况下（如方向高度随机），各变化性间共存关系中的演绎对立性就表现得不是那么明朗。由此，一定的运动方向（次序）成为各变化性稳定共存与不稳定共存的综合呈现，运动次序构成变化性之上的对立与统一。

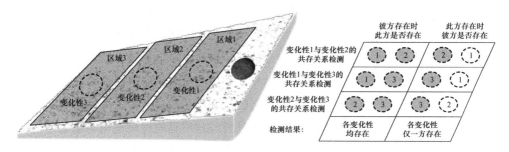

图 1-5　斜面系统中的各变化性间的共存关系检测

图 1-4 和图 1-5 的分析给出了类似的结论，但分析方法有所不同。图 1-4 中，相关程度对立是变化性的体现，由于这一对立是基于同步性的，因此秩序（次序）可理解为同步性之上的变化性。图 1-5 中，共存关系是同步性的体现，共存的内容是各变化性，因此秩序（次序）又可理解为变化性之上的同步性。这两种方法具有等价性，等价的原因会在第 3 章中说明。

基于变化性的组合演绎在整体上呈现出了有先有后的变化秩序，这是对变化性的进一步规定，它具体化了变化的形式，即有区域归属的一定变化，区域的不同即意味着变化的不同。各同步性在本域关联与跨域关联之间的表现对立凸显出了变化性与平庸性之间的演绎对立性，**秩序性**则能够包容这种对立。秩序意味着主次、先后、次序、方向等非对称演绎关系，具有秩序性的演绎结构称为**组织结构**，从基元到组织结构的演化过程称为**主体性建构**。

在组织结构中，变化性的对立面是平庸性而非静止，平庸性是依附于不同变化性之间的一种逻辑关系，它实质上蕴含着变化性，只是程度没有那么突出。静止对应着同步性，它与变化性不是一个层面上的演绎性质，虽然这两者也存在着对立性，但这一对立关系与变化性和平庸性之间的对立性有着本质的不同，前者为不同层次间的辩证性对立，后者为同一层次中的演绎性对立。

对变化性的解构依赖于底层的基元以及同步结构，对秩序性的解构则依赖于基元、同步结构、变动结构三个基层结构。秩序性是一系列重复性、同步性、变化性的综合呈现。秩序并不是自然演绎的基本因子，而是更底层因子的合成。这种更为本质的关系挖掘意味着我们不能无条件去谈论有序性或无序性，也不能基于经验常识去想当然地评判和界定事物之间的关联顺序，对序的考察应当从其底层的关系制约着手，如此才能更有效地理解和把握序的生成演变。

有了**序**的概念，就可以谈论不可逆性、时空、因果等问题。斜面系统中变化性间共存关系的对称破缺肯定了一种兼容关系，否定了相反的兼容关系，总体上所反衬出来的次序表明了逻辑上的单向性、不可逆性。次序与时间概念有关，从表象上来看，时间对应着所分割出的一系列变化片段间的有序关联，秩序刻画的是平庸性所反衬下的一系列变化的接替呈现。某种意义上来说，时间是秩序的高度抽象，能够标记出时间的现实系统本身就具有高度的秩序。斜面系统中的次序定义涉及跨区域之间的关联，不同的变化区域既相互独立又相互关联的关系即演绎出了空间形象。人们在认识和适应自然时所经常用到的因果逻辑，也是序的体现。概而言之，序是一个有着丰富蕴意的概念，序打破了关联的对称性，序影射了时间，序串连了空间，序预示着因果。

序的衍生使得基于变化性的预测成为可能。序对应着不同变化性之间的单向联系或先后之分，当明确了起始的变化性之后，就能够依据序来预判后续的变化性，序蕴含着针对变化性的趋向运算能力。任何能够适应环境的主体系统必然具备一定的变化关系预判技能，不断提炼出环境中的各种变化规律、因果规则，是主体系统提升预测效能，进而保障自身生存的基本手段。

1.5　社会性建构

斜面系统中有一个预设条件，即斜面的无限宽广，这里的无限概念是有针对性的。无限意味着斜面系统的绝对性，没有其他参照物、相干体来反衬或规定斜面在演绎尺度上的某种确切性、局限性，这是其一。其二，无限代表着变化域的无任何限制，而秩序正衍生于不同变化域间的相干，变化域的无限制意味着秩序生成机制的普适性，只要斜面一直存在，运动秩序就可以不断延续下去。所有新定义的层次，其演绎性质都蕴含着一致性、普适性，其中隐含着无限性，直到面对更宏观的层次，或是有相干关系的参照物时，无限性才被打破。从高层次来看，低层次演绎性质的普适性实质上对应着低层关系解析能力的上限，而低层本身难以明了自身的局限。一旦低层通过对照领悟到了层次本身的短板和不足，就预示着还有更高的层次可供挖掘。

与无限相对的概念是有限，斜面系统的有限意味着除了斜面之外，还有其他的系统做参照、陪衬，也就是还有其他方面的规定，使得基于斜面的秩序演绎机制不再具有普适性、一致性。在没有明确秩序概念之前，不太适合规定斜面的局限性，因为局限性的针对方还没有弄清楚。斜面的局限性意味着相对于斜面系统的对照关系，由此呈现出了斜面系统与对照系统的组合相干，这属于更宏观层面的演绎关系，只有先明确了秩序概念，才能进一步探讨这方面的演绎表现。

图1-6给出了由两个斜面系统所构成的对照体系，它们可形成4种基本样式：系统（1）表示两个斜面各自孤立、互不影响，系统（2）、（3）、（4）都存在着两个斜面间的对接，其中系统（2）构成一个有转折的坡面系统，系统（3）对接出了斜面顶部的有限性（形成凸面），系统（4）对接出了斜面底部的有限性（形成凹面）。这4种构型中，系统(1)中的斜面完全不相干，系统（2）存在斜面间的相干，但演绎关系更多存在于靠下的那个斜面上，总体表现与单斜面系统没有本质区别，系统（3）虽然存在着斜面间的对照，但难以形成两个斜面系统间的稳定相干，石头的运动主要作用于一个斜面之上，只有系统（4）能够形成两个斜面系统间的稳定相干。下面的分析主要围绕凹面系统展开。

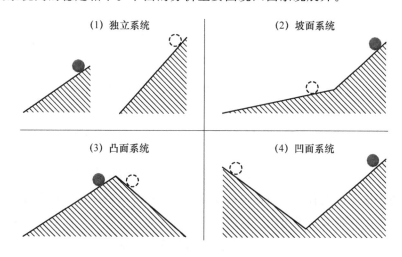

图1-6　两个斜面组合演绎的4种典型样式

将石头从凹面系统的一侧斜面放下后，石头会在两个斜面间来回滑动，其中，每个斜面上的途径路线中均可分割出一系列的变化区域，每个区域均可检测到即时变化，各个即时变化之间存在着较为多样化的关联关系，要寻找新的演绎对立性，可从这些关联表现当中挖掘。图1-7示意了这一分析过程，每个斜面均选取了两个变化区域（可以选取更多的变化区域，不影响最终的定性），检测所有变化性当中任意两个变化性间的关联关系，然后对这些关联关系进行比照分析。变化性的选取主要存在两种情形：当任意选定一个变化性后，另一个有关联的变化性要么与所选变化性处于同一斜面，要么与所选变化性处于不同斜面。在所选变化性已经明确的情况下，其与同一斜面上的另一变化性之间的演绎走势相对较容易判定，其与不同斜面上的另一变化性之间的演绎走势相对不容易判定，这一走势上的表现对立源于后者附带着更多的不确定性[①]。日常生活中，涉及内部的近期事物一般容易说清楚，涉及内外的远期事物一般不容易说清楚，这也是演绎走势在明朗程度上的对立体现。

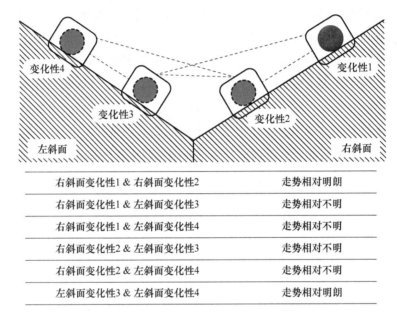

右斜面变化性1 & 右斜面变化性2	走势相对明朗
右斜面变化性1 & 左斜面变化性3	走势相对不明
右斜面变化性1 & 左斜面变化性4	走势相对不明
右斜面变化性2 & 左斜面变化性3	走势相对不明
右斜面变化性2 & 左斜面变化性4	走势相对不明
左斜面变化性3 & 左斜面变化性4	走势相对明朗

图 1-7 凹面系统中各变化性间关联关系的表现对立

为便于描述，把有较明朗走势的变化性关联仍称为**秩序性**，把有较不明朗走势的变化性关联则称为**无组织**，这两种定性互为对立。那么，能够包容秩序性和无组织这一对立关系的是什么呢？如果只有秩序性而缺乏无组织，意味着变化走势一直是明朗的，不明朗的走势不会呈现，等同于运动秩序的一致性、普适性，没有其他因素干扰秩序的运作，它反衬出的是秩序适用条件的无限制；如果只有

———————————

① 进行趋势判断时，有两个方面的因素会影响准确度，一是时间变化，二是空间变化。一般来说，时间间隔越短，空间变化越小，趋势判断越容易；时间间隔越长，空间变化越大，趋势判断越不容易。凹面系统中，同斜面上的两个变化性间的间隔时间比不同斜面上的两个变化性间的间隔时间相对较短（基于非折返路径上的随机统计），单一斜面比两个斜面的空间环境相对简单，这两方面的区别意味着同一斜面上的变化性关联表现较容易预测，不同斜面间的变化性关联表现较不容易预测，由此衍生了走势上的分化。

无组织而缺乏秩序性，意味着没有清晰的走势呈现，它反衬出的是秩序演绎的混乱和无序。这两种极端情形都难以明确一定秩序之上的边界，要么范围不定，要么秩序不定，而可框定的秩序边界则既涉及秩序性，也涉及无组织。凹面系统中，如果反复观察石头的滑动过程，就会发现石头存在一个相对有限的运动范围，它在总体上框定了石头运动次序的边界。秩序演绎范围的明确对应着秩序之上的规定，这一特性一般称为**规范性**，规范性蕴含着秩序性与无组织的对立与统一。具有规范性的演绎结构称为**规范结构**，从基元到规范结构的演化过程称为**社会性建构**。

组织结构中，序具有普适性、一贯性，其中没有关于秩序在表现形式上的具体规定，而规范结构则存在着秩序的表现多样性，相互对照下即可映衬出秩序演绎形式上的不同。斜面系统中，秩序主要表现为下滑过程，而凹面系统中既有下滑过程，也有上滑过程，它们构成不同的秩序走势，各走势中的秩序性都是较为明确的，与之相对的，跨斜面间的变化性关联则构成无组织，其中存在着运动方向上的不确切性，进而影响趋势判断。

规范结构对应着秩序性和无组织的对立与统一，只有秩序性而没有无组织，无所谓规范性，只有无组织而没有秩序性，也无所谓规范性。绝对的秩序一致性不是规范结构，完全的无组织、无规则也不是规范结构。规范结构发端于秩序性的竞争，成型于秩序一贯性与组织混乱性的对立与纠葛之中。

规范结构中的秩序存在着一定的演绎范围，而组织结构中秩序的演绎范围没有限定，从规范结构来看，组织结构的这一演绎表现相当于秩序突破了限制，形成"失控"的状态，而处于一定演绎范围中的秩序等同于"可控"的状态。"失控"与"可控"概念是立足于规范结构来看组织结构的，如果立足于组织结构而看向规范结构，那么"失控"意味着秩序的自由，"可控"意味着秩序的受限。

规范结构可视为承载秩序性的演绎环境，规范结构定义了组织结构演绎秩序的适应范围，规范性蕴含着秩序的可限制与可调节，一旦规范结构所搭建的秩序相干环境消退，组织结构就倾向于回归其原有的常态变动形式（例如，将凹面系统中的一侧斜面去掉，其中的秩序相干消失，规范结构中的有限区间运动就回归为代表组织结构的单向滚落运动）。规范结构中的秩序有一种脱离约束的"本能"，这种倾向预示着规范结构内在的不稳定性，而规范结构的总体演绎范围则表明整体上的稳定性，由此，社会性意味着秩序组合演绎之稳定性与不稳定性的交融状态，局部总是存在着各种状况，但整体又似乎总是和谐的。

1.6 发展性建构

建构比规范结构更宏观的演绎层次，需要引入基于规范结构的组合演绎关系，以便建立针对规范性的相干系统。当从相干系统中发掘出新的演绎对立性，以及凝练出可包容对立性的统一关系时，即意味着新层次的成型。

规范结构可用两个斜面对接而成的凹面系统来刻画，规范结构的组合演绎至少涉及四个斜面系统。图 1-8 给出了四个斜面组合演绎的几种典型样式：样式⑴等同于凸面系统；样式⑵的左半部分构成凹面系统，该凹面的右侧因与其他斜面对接而定义了其顶部的有限性，总体形成右侧变化域有限的单凹面系统；样式⑶的凹面左右两侧都存在对接斜面，故而构成两侧变化域均有限的单凹面系统；样式⑷构成双凹面系统，其中内侧两个斜面的顶部和底部皆是有限的，外侧两个斜面的顶部没有限制。除此之外，还有斜面独立，或部分水平的情况。所有这些样式中只有双凹面系统能够形成规范结构间的稳定相干，具体体现在石头在两个凹面中的演绎循环。下文的分析主要围绕双凹面系统来展开。

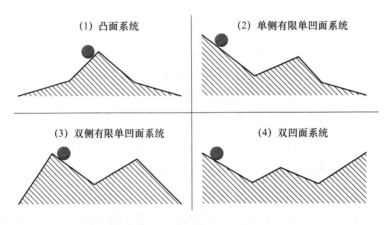

图 1-8　四个斜面组合演绎的 4 种典型样式

双凹面系统的演绎表现同石头的起滑位置有关。当石头从两个内侧斜面开始滑下，或是从两个外侧斜面的较低处开始滑下时，石头仅在一个凹面中滑动；当石头从两个外侧斜面的较高处滑下时，石头能够突破内侧斜面的高点（中间壁垒）并进入另一凹面当中，然后来回反复，形成两个凹面间的演绎循环（如图1-9所示）。总体上来看，双凹面系统的四个斜面均能够演绎一定的秩序，共有4种较为典型的秩序演绎形式，分别为左凹面中的上滑与下滑，以及右凹面中的上滑与下滑[①]。要对双凹面系统的整体表现进行定性，需要综合分析各秩序性之上的所有关联演绎表现，为此，随机选择一处斜面并将石头放下，记录4种秩序中两两组合间的关联表现，不断重复这两步操作，然后对所采集的关联数据进行分析对照，可以得出如下的结论：同一凹面中两种秩序的随机演绎能够明确一定的秩序演绎范围（内侧斜面顶点以下的凹形空间），该范围之内的秩序相干是总体稳定的，该范围之外的秩序相干相对不稳定，所明确的演绎范围可由两种秩序独自支撑；不同凹面间两种秩序的随机演绎所达成的总体演绎范围不能由自身所决定，两种秩序之间的相干关系要借助于其他秩序来过渡，两种秩序不能独自支撑可囊括自身的一定演绎范围。也就是说，同一凹面中的两种秩序相干能够自行明确相干关系的演绎边界，跨凹面间的两种秩序相干难以自行明确相干关系的演绎边界，前者表现为演绎范围的自主性，后者表现为演绎范围的他主性。为描述方便，这里称前一种秩序相干关系为**规范性**，后一种秩序相干关系为**无纪律**，两种定性互为对立面。

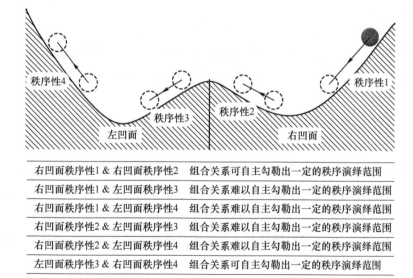

右凹面秩序性1 & 右凹面秩序性2	组合关系可自主勾勒出一定的秩序演绎范围
右凹面秩序性1 & 左凹面秩序性3	组合关系难以自主勾勒出一定的秩序演绎范围
右凹面秩序性1 & 左凹面秩序性4	组合关系难以自主勾勒出一定的秩序演绎范围
右凹面秩序性2 & 左凹面秩序性3	组合关系难以自主勾勒出一定的秩序演绎范围
右凹面秩序性2 & 左凹面秩序性4	组合关系难以自主勾勒出一定的秩序演绎范围
左凹面秩序性3 & 右凹面秩序性4	组合关系可自主勾勒出一定的秩序演绎范围

图1-9　双凹面系统中各秩序性间关联关系的表现对立

①　从变动结构开始，演绎形式的区分即同关系域的分割有关，分割机制会在2.3节做系统性解析。

　　基层结构之上的演绎对立性是高一层次浮现的重要信号，要明确高一层次，需要找寻可包容基层演绎对立性的宏观统一性。双凹面系统中，石头的起滑点较低时，其表现同单凹面系统相似，此时只有规范性，而没有无纪律。当石头从外侧斜面的较高处开始滑下时，石头在所处凹面中的两个斜面上依次滑动，此时表现出一定的规范性（存在秩序性与无组织的对立与协同），然后石头会进入另一个凹面，这一跨越表现相对于原凹面来说即构成"失控"，并演绎出无纪律（起始秩序勾连出了跨界秩序），但对于所进入的新凹面来说又是规范性的体现（存在基于新凹面的秩序性与无组织的对立与协同），如此，石头在任一凹面中的滑动表现既是规范性（相对于所在凹面），也是无纪律（相对于另一凹面），规范性和无纪律始终相伴相随，在石头的来回滑动中，这一对立关系能够稳定共存。每个凹面均可演绎一定的秩序活动范围，两个凹面系统的相干带来不同活动范围间的交涉——一个凹面中的秩序既能够引发同一凹面中的另一秩序，也能够间接触发另一个凹面中的秩序，进而形成秩序的跨范围相干。秩序一方面支撑着自身的演绎范围，另一方面又与其他范围中的秩序建立相干关系，这一演绎特性称为**跨期性**，跨期性蕴含着规范性与无纪律的对立与统一。具有跨期性的演绎结构称为**转换结构**，从基元到转换结构的演化过程称为**发展性建构**。

　　社会性建构催生了可界定秩序适应范围的规范结构，发展性建构则源于规范结构间的演绎相干，其中存在着不同规范性之间的反复纠葛，进而改变了组织结构的演绎环境，激发了组织系统的各种关联演绎动向，呈现出组合演绎上的随机性、混乱性，并引发规范形式的动荡。不同规范结构在反复纠葛中逐步探明了自身的结构韧性（规范结构对秩序的总体把控能力）和外部的影响力度（外部环境所能制造并产生相干的秩序强度范围），在不断的试错中，那些较不稳定的范围关联被淘汰，那些较为稳定的范围交涉有机会浮现出来，从而达成一种更为宏观的演绎体系，转换结构由此衍生。转换结构中存在着规范性与无纪律的对立，规范性可视为秩序与相干环境的高效适配，无纪律可视为秩序与相干环境的低效适配，两者的统一意味着秩序演变与环境演变的中和。秩序的演变趋向可以有许多种，但并不是所有的演变都能够与环境演变相适配并达成总体上的协同，所有的试错相当于秩序适应环境演变的"代价"，而最终能够完成总体适配的特定组织秩序演变及其规范形式跃迁相当于系统的演绎"成就"，"代价"与"成就"之间的接替即预示着一种演进与发展。

　　规范性与无纪律的对立与融合构成跨期性，这里的"期"有多种意思：一是期望值，它计算的是一系列组织秩序在反复竞争当中所达适应表现的统计均值，秩序的灵活演变、环境的渗透干扰都会影响到期望值，跨期即是从一种期望值向另一种期望值的转变；二是指特定的规范性演绎环境。在未形成多样性的规范形式对比关系之前，组织结构的演绎环境难以进行深度和广度上的明确界定，转换结构存在着规范性的相干与对照，进而衬托出了相对明确的不同规范演绎环境，跨期即预示着从一种规范演绎环境向另一种规范演绎环境的跨越。

转换结构中，规范性对应着秩序可演绎范围的相对封闭性，无纪律对应着秩序可演绎范围的相对开放性，后者为秩序的再适应提供了更广阔的空间，而前者则总是在尝试把控秩序性的演绎边界，当无纪律在扩展尺度的同时，规范性在新尺度上的把控依然有效时，就有机会建构更宏观尺度上的秩序适应范围。双凹面系统整体上所呈现出的有限活动范围，即宏观适应范围的体现。演绎范围的微观与宏观之分，对照出了秩序适应上的局部与全局之别，局部可由规范结构来定义，全局可由转换结构来明确。

转换结构的全局范围内含着不同局部范围间的稳定相干，这一相干关系构成秩序跨范围交涉的通道，并涌现出了有别于规范结构的全新特性。双凹面系统中，石头从任一凹面中滑出的临时"失控"行为均能被另一个凹面所承接，进而转变为临时"可控"的状态，这当中，"失控"的秩序对应着范围演绎稳定性的丧失，"可控"的秩序对应着范围演绎稳定性的补偿，这种丧失与补偿是双向的，其中存在着稳定性的**交换**。交换可视为自主性演绎与他主性演绎相纠缠而达成的一种对向演绎关系，交换概念点出了发展的奥秘。规范结构奠定了组织结构间组合演绎的稳定边界，发展则源于当前规范形式的失稳，失稳既有可能来自内部，也有可能来自外部。以双凹面系统为例，内部原因体现在凹面的内侧斜面变化域的有限上，外部原因体现在"侵入"的秩序强度过大。发展成型于失稳的互补。非线性动力学表明，一种未失稳的系统形态不可能被其他形态取代，新旧形态的生灭替代必定伴随着稳定性的交换[①]。从粒子世界，到生物系统，到社会经济，到地质循环，其中存在着各种形式的物质交换，跨期性背后的交换逻辑暗示了为什么复杂系统中的交换是必要的，因为它是从局部稳定性迈向全局稳定性的有效手段。当无法实现从局部稳定性向全局稳定性的演进时，意味着**无进展**，它是跨期性的对立面，它与跨期性一起构成更宏观层面的演绎对立性。

---

① 苗东升. 复杂性科学研究[M]. 北京：中国书籍出版社，2012：282.

小 结

复杂问题往往蕴含着丰富的层次性，通过层次化解耦，有可能降解问题的复杂性，提升问题的可把握性。关于系统的层次性应当如何搭建、如何解耦，并没有成熟的方法论来借鉴，层论是关于这一课题的初步尝试。

前文简要阐述了层论的 6 个基本层次，指出了各层次的演绎结构及其演绎性质（如表 1-1 所示）。在解析各演绎层次时，运用了一些与石头有关的由浅入深案例（石面→滚石→斜面上的滚石→单凹面中的滚石→多凹面中的滚石），它们不同于复杂性科学领域所常常用到的那些具有群体涌现的系统（如蚁群、蜂群、康威生命游戏等），而是着眼于我们日常生活中所司空见惯、习以为常的基本情景。从直觉印象上来看，这些案例谈不上复杂，也似乎没有什么能让人感觉惊叹的全新性质涌现，这种感觉也许只是我们对事物过于熟悉下的一种经验错觉。当暂时拂去事物确切的、熟悉的一面，把目光投向事物确定性背后的偶然性、随机性、无序性，并综合考虑所有确定性与不确定性之间的关系时，就能产生许多新的感悟。对于各石头案例来说，虽然只有一个石头，但在分析时应当像对待原子中有限个电子所构成的电子云那样，来考察其在各种尺度上的分布关系与演绎关联，然后考究其中的确定性与不确定性，并进行恰当的综合。从常态事物而非特定的事物当中提炼复杂性的演绎逻辑，往往更能体现其一般性、普适性。

表 1-1 层论的各演绎层级及演绎性质

层级	建构阶梯	演绎结构	演绎性质	所蕴含的演绎对立性
层级一	演绎起始	基元	重复性	—
层级二	相关性建构	同步结构	同步性	重复性↔无复现
层级三	作用性建构	变动结构	变化性	同步性↔异步性
层级四	主体性建构	组织结构	秩序性	变化性↔平庸性
层级五	社会性建构	规范结构	规范性	秩序性↔无组织
层级六	发展性建构	转换结构	跨期性	规范性↔无纪律

任何确定性都不是孤立存在的，失去不确定性的对照，确定性就难以凸显出来。作为确定性的关键陪衬，不确定性有其重要的意义。波拉克指出："科学会

因为不确定性而衰弱吗？恰恰相反，许多科学的成功正是由于科学家在追求知识的过程中学会了利用不确定性。不确定性非但不是阻碍科学前行的障碍，而且是推动科学进步的动力。科学是靠不确定性而繁荣的[①]。"在现代科学中具有核心地位的信息概念，其意义就是建立在不确定性之上[②]。罗素进一步指出，全部人类知识都是不确定的、不精确的和不全面的[③]。海森堡所提出的不确定性原理（不可能同时精确确定一个基本粒子的位置和动量）在现代物理和哲学领域均带来了广泛而深入的影响。这些论断和事实在提醒着我们，无论是面对简单问题还是复杂问题，都不能轻易忽视不确定性的作用。

然而，我们的认识结果往往会偏向于确定性，不确定性通常在结果输出时被自动过滤掉了，虽然有助于行为目标的明确，但也使得我们很难明晰确定性的真正来源，并常常用经验、常识乃至逻辑、理性等概念来替这种认识上的确定性偏向做注解或辩护。

层论既关注确定性，也关注不确定性，同时还考究确定性与不确定性的相干与迭代。层论中，基元以上的所有层次结构都蕴含着确定性与不确定性，每一个建构过程所练就的层次结构都是低层演绎确定性与演绎不确定性的综合，每一种确定性背后，都有不确定性相伴随，不确定性意味着偶然、随机、平庸、无序、失控……它是滋养和孕育宏观一致性的重要支柱。层论中，确定性和不确定性不是单方面的划分，而是多层次、多尺度上的对照，高层次的确定性蕴含着低层次的确定性与不确定性，高层次的不确定性也牵涉着低层次上的一系列确定性与不确定性（如图 1-10 所示）。把各层次的确定性和不确定性结合起来，有助于我们去深挖结构背后的演绎历史、演绎机制、生成条件，也有助于我们去考究经验性、常识性现象背后的复杂演绎脉络。

各层次结构中，确定性与不确定性的定义在形式上有着高度的一致性——确定性均对应着低一层结构的内部关联，不确定性均对应着低一层结构间的内外勾连。这种不同层次上的形式一致性预示着层次体系的背后蕴藏着更为基础的制约关系，它既是尺度有关的，也是尺度无关的（其中的演绎逻辑会在第 3 章中予以

---

① （美）亨利・N・波拉克.不确定的科学与不确定的世界[M].李萍萍 译，上海：上海科技教育出版社，2005：6.

② Hartley 指出，信息是被消除的不确定性。见 HARTLEY R V. Transmission of information[J]. Bell Sys. Tech. Journal，1928(7)：335-363.

③ （英）罗素．罗素文集（第 9 卷）：人类的知识[M].张金言，译．北京：商务印书馆，2012：617.

解析)。

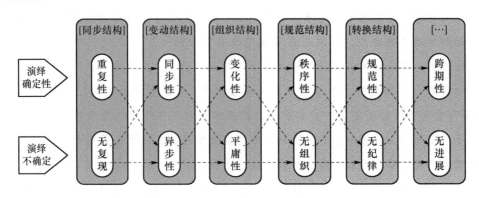

图 1-10　确定性与不确定的多层级演绎

异步性、平庸性、无组织、无纪律等概念均代表着演绎不确定，它们在层论中不是贬义词，在迈向更宏观的演绎层次时，这些特性不可或缺。关于确定性与不确定性在层级演化当中的意义，可以借用埃德加·莫兰关于有序和无序的双义性作用来描述："确定性的积极面是保持各种事物的持续存在，其消极面是它的保守性抑制各种新事物的产生；不确定性的消极面是使各种事物的存在走向解体，其积极面是它在破坏事物既有秩序的时候形成了使新事物或新性质产生的条件[①]。"

层论在细化确定性与不确定性的演进脉络的同时，也使得简单性和复杂性之间的界限模糊了。不断深挖确定性背后的不确定性，以及不确定性当中的确定性，简单性就转向复杂性，整体对待不确定性与确定性间的对立关系，复杂性就转向简单性。任何事物都不是简单与复杂的二分，也不是确定性与不确定性的完全对立，对事物的认识取决于针对事物的判定基础、判定层次和判定方法，其中存在着多样化的考察视角，每一种视角都是对事物的某方面反映。

任何确定性都是相对的，换一种条件、换一种方法，原有的确定性就可能变成混乱性，明确各种确定性背后的生成机理和界定标准，既有利于我们认识事物的本质，也有助于我们反观用于剖析事物的方法论本身。层论给出了关于确定性与不确定性的一套丰富且灵活的多尺度判定体系，在面对任何给定的系统时，判定其表现的方法有很多，可以探测系统微观尺度上的基本性质，可以探究系统多

---

① 源自《复杂性思想导论·译者序》，"确定性"在原文中为"有序性"，"不确定性"在原文中为"无序性"。（详见：埃德加·莫兰．复杂性思想导论[M]．陈一壮，译．上海：华东师范大学出版社，2008：5）

种性质间的演绎关联，可以考察系统关联性质的分化和裂变，可以勾勒系统所分化性质在宏观尺度中的一般禀性，可以推演系统与系统之间的竞争与纠缠，可以规划系统在开放环境中不断竞争与交涉时的进一步演变发展。这里的考察思路既是系统层次性的反映，也是认识方法论的呈现。

第 2 章

层次间的逻辑关联

没有层次概念，就不可能有复杂性概念，复杂性是建立在层次论基础上的[①]。

第1章给出了一套演绎尺度不断趋于复杂化的多层次体系，并对每一个层次的生成逻辑做了简要说明，其中还有许多问题需要进一步澄清，包括各层次结构的内在机理，各层次演绎性质的实质内涵等。

层论体系的精髓不在于所给出的各个细分层次，而在于层次与层次之间的演绎关联。层论体系中的每一个层次都与其他层次有着密切的关联，每一个层次的演绎机制和演绎性质都很难在自身层面给予完整而深入的解析，需要借助于不同层次间的演绎关联才得以明确。通过深入考究层次与层次之间的关联逻辑，可以更为全面地理解每一个层次所展现出来的演绎特性，这些特性与个人如何处理周边信息、如何认识周边世界息息相关。

2.1 源于自然存在的重复性

重复性是基元的演绎性质，重复性既体现在基元结构当中，也体现在所有的高层结构中。

2.1.1 基元层面的重复性

重复性是层论的演绎起点，以重复性为核心的系统可称为基元。基元不强调系统的具体性质是什么，只强调性质本身的可重复。基元的层次是单一的。单一层次相当于不做层次划分，或者说不考虑演绎层次，对系统的描述只从整体上考量。单一层次也意味着不预设起对照作用的参照系，没有参照的映衬，等同于没有多样性、差异性的演绎，基元的特性就表现为一般性、一致性。

基元可视为一元系统，界定基元的唯一标准就是可重复，或者说，重复是基元眼中唯一的真理，在基元看来，凡事物之存在必然蕴含着可重复性，重复是万

[①] 王志康. 论复杂性概念——它的来源、定义、特征和功能[J]. 哲学研究，1990(3):102-110.

物的底色。重复性是一种定性判断，这一判断不考虑内部性与外部性，不关心总体与局部之分，不探讨微观与宏观之异，不计较质与量之别，一旦这些关系得到区分和判别，那就必然涉及多层次。内或外、总体或局部、微观或宏观等都与尺度有关，对这些关系的漠视意味着重复性无关尺度，基元层面本身也无法量化自身的演绎尺度，只有在包容基元演绎多样性的多层次体系中才有可能明确尺度。明确尺度的过程，等同于节制和框定原有普适机制的过程，参照关系的引入能够反衬出原有机制的局限。例如，"黑"这一性质，单独提到"黑"时，它可以极微观，也可以极宏观，它无关内部与外部，也无关总体与局部，只有在涉及"黑"的多颜色系统的相互比照中才能明确"黑"的演绎尺度，这涉及更高的层次。

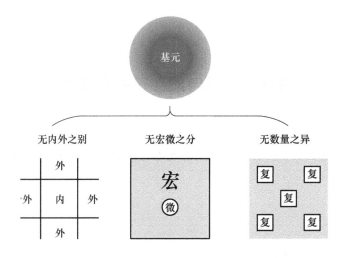

图 2-1　基元——无参照类比的单一层次关系

　　层论体系中，重复性是界定存在的最基本属性，也是关于存在的最初始约定。基元对应着最基本的存在关系，基元对存在的判定就是重复性，这一定性默认存在关系的某种演绎一致性。事物的存在意味着事物一定性质的可重复性，不具有重复性的事物即意味着该事物在演绎中的不存在。在基元层面，重复性不做特指，在更高层次结构中，有着多样化重复性的对照，重复性也开始具体化，对存在的释义也不再局限于存在与不存在的对立上，而是呈现出全新的蕴意，存在的意义也会因层次的不同而有所区别。

　　将基元的基本性质定义为重复性，与基元在整个层论体系中所起的作用有关。系统从简单到复杂的逐级演绎，必然有一个源点，人们可以不去追求源点的内部构成或生成机制，但是不得不考虑源点的持续存在，否则更宏观尺度上的演绎就成为无源之水、无本之木。源点的遴选与设定决定了考究系统的逻辑根基，在后续的分析中，不能因为条件或场景的多变而对根基进行随意的改变，否则很容易带来逻辑上的混乱，也不能约定之后就完全地僵化固定，否则容易导致相应的分析方法或演绎特性很难灵活迁移。重复性作为层论的演绎起点，即表明基元演绎逻辑的一致性和可继承性，进而成为支撑和建构更宏观系统的根基，重复性对性质的具体内容不做明确的要求，也为这一定性关系的迁移带来了灵活性。

基元的重复性用符号 m 表示。

2.1.2 其他高层中的重复性

同步结构是层论的第二个层次，其演绎性质为同步性，同步性可理解为相互关联、相互联系。任何事物都蕴含着联系，任何事物之间都能够产生联系，联系同存在一样，具有尺度无关性以及演绎普适性。对任何事物的分析考察可以从联系开始，事物的生成演变源于联系的演绎变化，从这个意义上来说，联系可视为事物存在的基础。

变动结构是层论的第三个层次，其演绎性质为变化性。变化性即变化、变异，一切事物都处在不断地变化之中，临时的不变性只是相对的、偶然的存在，变化则构成必然的存在，因此变化性也可作为存在的基础。

组织结构是层论的第四个层次，其演绎性质为秩序性。秩序性可理解为变化的规律、演化的规则。世界上的许多事物能够被人类所认识、所理解，大多与事物所蕴含的一些规律或法则有关。很多规律并不局限于单一的事物，而是诸多事物的共性所在，它可以穿透事物本身所具有的尺度，换句话说，诸事物所呈现的关联状态通常只是其表象，事物所蕴含的规律才是其根本，从这个意义上来说，秩序或规则才是事物存在的基础。

规范结构是层论的第五个层次，其演绎性质为规范性。规范性可理解为秩序的演绎范围，任何规律或法则只有相对的效力，无法保障绝对的效力，演绎范围明确了规律或法则的效力边界，它也预示着任何的存在关系都有其界限。范围、边界就像变化或秩序一样，具有演绎上的普遍性，它也是支撑和保障一定存在关系的关键条件，因此，边界或范围可视作存在的基础。

转换结构是层论的第六个层次，其演绎性质为跨期性。跨期性可理解为不同范围之间的交涉，交涉过程影响了秩序原有演绎范围的稳定性，范围的波动为秩序的跨范围变迁创造了条件，这一变迁过程也是发展的体现。一切事物都处于发展变化之中，发展侧重的不仅仅是事物表象上的变化，还包括事物本质上的变化，以及事物限定条件上的转变，发展对应着这些方面的综合。发展意味着原有范畴的失稳，以及更宏观范畴的建立，它由不同范畴间的交涉与渗透所演绎。发展的普遍性也意味着跨期演绎的普适性，它也是存在的一种常态。

联系的一般性，变化的任意性，规律的根本性，范围的必然性，交涉的经常性，它们均无所不在、无处不有，它们都具有演绎上的可重复，且并不局限于特定的尺度。当不考虑对照关系所带来的具体形式上的差异时，这些性质均表现出普适性、一致性，乃至绝对性，其逻辑同基元是相似的。从基元一直到转换结构，所有层次的演绎性质都是定性评价，它们都可以视作世界运行的底层逻辑，并用于诠释世界的生成演化。

小　结

基元是层论演绎的起点，也是层论体系的逻辑原点，基元定义了最基本的存在——重复性。重复性作为基元的演绎性质，蕴含着定性事物关系的一种基本处理方法：重复性逻辑不考虑事物的内部构成与外部关联，不考虑事物的呈现规模，也不考虑事物的表现力度，只考虑事物本身的可重复。不考虑内部意味着不做深层次的考究，不考虑外部意味着不做更广域的分析，这一视角下，无论系统有多么复杂，均被归一为单层次的整体，由此表现出了一种关系处理上的逻辑局限性：系统的性质表现多样性，以及系统的演绎类型多样性，均不能被系统本身所区分，系统唯一能够评判的就是依托于自身演绎机制上的重复，它也是支撑系统自身存在的理由所在。这种无关多样性的重复性表现，可用一致性来描述，在阐释基元的本质方面，一致性概念比重复性概念更为深入，两者的区别在于，重复性强调禀性的自持，一致性强调归纳的共性，由于基元本身没有统计性、归纳性的全局审查能力，故而选用重复性作为基元的演绎特性。

基元的演绎特点同单一层次有关，更为细腻和丰富的关系描述则来源于多层次体系。区分单层次与多层次的一个关键点在于是否引入对比性的参照，这里的参照是指同既有系统一样具有演绎确定性、但表现形式又有所区别的关联系统，它映衬出了系统的另一种存在形式。参照蕴含着有限与无限的矛盾，当不考虑参照时，意味着无限性、普适性、一般性，当考虑参照时，意味着有限性、局限性、特殊性。当把事物视为整体性的自在演绎关系，同时不引入额外的参照做比对时，事物就等同于单一层次的基元结构。各个层次的性质各不相同，相互对照下，多层次性就凸显出来，低层演绎的一致性和普适性在高层当中也呈现出了新的特点。借用哥德尔的话来说，每一个层次在自身层面都具有逻辑上的一致性，同时又潜藏着不完全性，每一个层次之上，都有着更强形式的层次关系存在。

单一层次的演绎关系可用存在概念来描述，如果牵涉更多的层次，存在概念则不够具体。存在概念是一种现象描述，而非机制或逻辑上的描述，重复性概念则初步表明了存在是如何界定和延伸的。对重复性的约定并不是主观臆断，而是有其重要的现实基础。系统的演绎重复性是系统能够被认识、被运用的基本条件。系统具有可重复性，对系统的界定和评判就有了依据，对系统的初步预测也有了可能。重复必有其内在的演绎机理，结构的重复性意味着支撑结构的一定机理的重复性，机理的可重复意味着可再现的、可持存的演绎规律，如果结构或规律不具有可重复性，通常不会形成实践上的共识，也难以得到学界的承认。可重复、可复现是存在的注脚和支撑，要确认一个结构或一种机制是否存在，可通过检测其重复性来体现。反过来，结构稳固、机制明确、规律清晰，那么它通常附带着重复性。这些阐述说明了把重复性作为演绎的基础是有其必要性的，只是基元层面并不探究和深挖重复性背后的机制究竟是什么，而是把它作为更复杂演绎系统的逻辑基础，更高层次的演绎性质则逐步强化和完善了存在的依据。

上述关于基元结构演绎特点的论述，并不是源于基元这个单一层次，而是源于整个层论体系。为了保障层论演绎逻辑的高度自洽，在层论框架由下而上以及由上而下的反复迭代、磨合与优化过程中，逐步凝练出了上述结论，这当中，我们固有的思维习惯和逻辑常识往往成为考察基元演绎特点的最大障碍。

2.2　源于对立统一的同步性

同步性是同步结构的演绎性质，所有的高层结构当中都蕴含着同步性。

2.2.1　同步结构层面的同步性

在仅有单一层次的基元结构中，重复性呈现出无参照、无尺度的特点，而在高层结构中，重复性的这些特点都会被打破。

同步结构中，同步性对应着基元与基元之间的共存与联系，这一关系当中的各基元是能够区分的，如果不能区分，就无法谈论联系性与共同性。基元间的共存意味着各基元的重复性有了演绎上的参照，它们相互衬托出了各自的不同，也比照出了各重复性的演绎尺度。联系意味着彼方与此方，彼方的重复性在此方看来不再是重复性，而是**无复现**，它是此方重复性的对立面。以彼方的重复性演绎标准来看，此方是不存在的，不存在呼应的是彼方的无复现。例如，黑色与白色的关联体中，黑色的存在（域）即意味着白色的不存在，白色的存在（域）即意味着黑色的不存在，两种颜色都有了关于存在上的限定，其重复性不再是尺度无关的。

基元与基元间的可区分性构成基元间的**差异**关系。单方面的基元是不能评判无复现的，有差异的基元对照关系中才能判定无复现，同步结构即内含着基元的对照关系，基元看向自身时即体现为重复性，基元看向其他基元时即体现为无复现。同步结构当中同时包含重复性与无复现这两种相斥的属性，同时又具有整体上的演绎一致性（联系这一禀性总是存在），同步结构蕴含着重复性与无复现的对立与统一。重复性意味着存在，无复现意味着不存在，因此同步结构也可理解为基元存在与不存在的对立与统一。

对立统一关系不是单一层次上的演绎关系，而是两个层次上的演绎关系，其中对立表明各基元在基层尺度上的性质演绎非一致性，强行以一方的性质表现来界定另一方就会带来矛盾，统一表明各基元在高层尺度上的融合与归一，等同于在宏观层面建立了有别于基层的演绎一致性。同步结构的双层次框架明确了尺度上的不同，也演绎出了微观与宏观，以及局部与整体的关系，其中微观、局部是立足于高层来描述基层，宏观、整体是立足于高层框架中的基层来反衬高层，这些概念都依托于相异尺度间的相干。

对立统一关系的整体定性是同步性，同步性是针对衍生对立性的差异双方间演绎关系的描述，它表明了差异双方间的关联协同，仅有一方的孤立存在就无所谓同步性，也没有对立性的统一。同步性不等同于同域性，也不等同于同时性，而是一般意义上的共存关系判定①。能够建立共存关系的任何两种重复性之间都可以构成同步性，共存与否，有一个基本的检验方法：对于两种重复性，当其中任一种重复性存在时，另一种重复性也存在，两者即构成共存关系。这一关系当中存在着重复性的两种判定标准，同步性包容重复性判定标准的不同，同步性是对不同标准下各演绎重复性间共存关系的整体定性。图 2-2 示意了同步结构中的演绎关系，由于标准选定和运用上的不同，对重复性间演绎关系的判定也有所不同，其中：子图（a）是针对一定重复性存在与否的关系判断，立足的是一种重复性判定标准，基于此标准看向其他基元时得出的结论是无复现；子图（b）是针对不同重复性共存与否的关系判断，立足的是两种重复性判定标准的联合，基于联合标准来看各基元的存在关系时，得出的结论是同步性。前一种判定源于较微观视角下的综合，后一种判定源于较宏观视角下的综合，从两种视角的对比中可以看到，基元演绎性质的对立面（无复现）与同步结构的演绎性质（同步性）之间具有对应性，无复现意味着重复性的演绎不确定性，同步性意味着重复性间组合关系的演绎一致性，两者都是对重复性间演绎关系的判定，因为剖析角度的不同，判定结果也有所不同。

在评判基元之间的关系时，同步结构不是以单个基元的存在为标杆，而是既考虑彼方，又考虑此方，并以双方是否共存为依据，其中的抓手在于双方之间，而非双方之一，它打破了基元以重复性为唯一宗旨的一元思维，建构起了能够包容重复性与无复现、存在与不存在的二元思维。同步结构中，共存的各基元因相互对照而明确了各自重复性的不同，也演绎出了重复性的对立面，对自身的肯定以及对他方的否定具体化了每一种重复性，基元的演绎表现也不再具有一般性。

---

① 从整个层论体系的展开陈述中可以了解到，抽象的空间概念与变动结构中的差异类型分化有关，并进一步在组织结构、规范结构中具体化，抽象的时间概念与组织结构中的演绎次序有关，并在规范结构和转换结构中赋予了新的意义。时间与空间概念均涉及较高的层次，它们不适合作为演绎关系的基础。

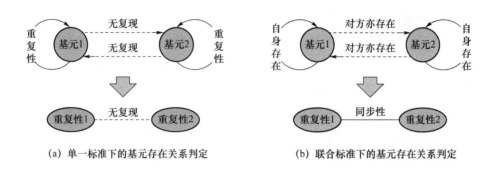

(a) 单一标准下的基元存在关系判定　　　(b) 联合标准下的基元存在关系判定

图 2-2　不同视角下的基元间演绎关系

同步结构源于基元间的存在性对立，成型于对立性的统一。对立统一关系是建立新层次的基本方法。当既有的层次上出现了非一致性，并演绎出了既有演绎性质上的对立或矛盾时，即预示着新层次的浮现，当对立或矛盾被融合、消解于较宏观演绎维度的一致性之上时，即预示着新层次的成型。存在以及基于存在上的对立或矛盾是衍生更复杂关系、建立更复杂层次的基础，一切复杂的逻辑关联皆始于对立或矛盾的生成、终于对立或矛盾的融合。这是从演化的角度而言的，从已成型的结构来看，对立关系与统一关系是同一逻辑结构的两种不同剖析方法的产物，它们是一体两面。

2.2.2　其他层次中的同步性

当不同的基层结构间演绎出了微观尺度上的存在性对立，以及宏观尺度上的融合统一时，这样的基层结构组合演绎关系可构成新的层次，以新的层次为起点，不断挖掘新起点之上的对立与统一关系，即可衍生出越来越复杂的高层结构。所有的对立统一关系都可视为同步性，无论对立与统一关系的演绎基准是什么。

同步结构内含着重复性间的共存关系，各重复性的对照映衬出了重复性的不同，可分别用 m_+、m_- 来表示，下标＋、－表示重复性的分化，它们代表着基于重复性的相异存在关系。无复现是重复性的对立面，用符号 $m_+ \leftrightarrow m_-$ 来表示，符号 $\leftrightarrow$ 表示不同性质间的对照。重复性与无复现的对立统一关系构成同步性，它是同步结构的演绎性质，可用符号 $m_\pm$ 来表示，下标 $\pm$ 代表重复性的两可性（注意不是重复性与无复现之间的两可，而是一种重复性与另一种重复性间的两可，下同）。重复性与无复现都是关于存在的定性描述，两者的结合构成存在上的对立统一。

变动结构内含着同步结构间的共存关系，各同步结构相互对照而映衬出的相异同步性分别用 $\uparrow m_\pm$、$\downarrow m_\pm$ 来表示，其中 $\uparrow$、$\downarrow$ 标注在 $m_\pm$ 之前，表示同步性的分化，它包容重复性的分化关系。异步性是同步性的对立面，可用符号 $\uparrow m_\pm \leftrightarrow \downarrow m_\pm$ 来表示，异步性与同步性的对立统一关系构成变化性，它是变动结构的演绎性质，用符号 $\updownarrow m_\pm$ 来表示，紧挨 m 的双向箭头 $\updownarrow$ 表示同步类型的两可性。同步性和异步性都是关于重复性间关联关系的描述，只是关联的程度不同，两者的结合构成联系上的对立统一，它是多样性存在关系上的进一步规定。变动结构对应着同步性与异步性的对立与统一，而同步性又蕴含着重复性与无复现的对立与统一，因此变动结构蕴含着双层同步性，一个是较微观的同步性，另一个是较宏观的同步性。

组织结构内含着变动结构间的共存关系，各变动结构相互对照而映衬出的相异变化性分别用 $\uparrow\updownarrow m_\pm$、$\downarrow\updownarrow m_\pm$ 来表示，其中最左侧的两个单向箭头表示变化性的分化，它包容重复性以及同步性的分化关系。平庸性是变化性的对立面，用符号 $\uparrow\updownarrow m_\pm \leftrightarrow \downarrow\updownarrow m_\pm$ 来表示，平庸性和变化性的对立统一关系构成秩序性，它是组织结构的演绎性质，用 $\updownarrow\updownarrow m_\pm$ 来表示，最左侧的双向箭头表示变化类型的两可性。变化性和平庸性都是关于变化方面的描述，只是变化的显著程度有所不同，两者的结合构成变化关系上的对立统一，它是多样性关联关系之上的进一步规定。组织结构蕴含着三层同步性，它们对应着三种不同尺度上的对立统一关系。

规范结构内含着组织结构间的共存关系，各组织结构相互对照而映衬出的相异秩序性分别用 $\uparrow\updownarrow\updownarrow m_\pm$、$\downarrow\updownarrow\updownarrow m_\pm$ 来表示，其中最左侧的两个单向箭头表示秩序性的分化，它包容前三层演绎性质的分化关系。无组织是秩序性的对立面，用 $\uparrow\updownarrow\updownarrow m_\pm \leftrightarrow \downarrow\updownarrow\updownarrow m_\pm$ 来表示，无组织和秩序性的对立统一关系构成规范性，它是规范结构的演绎性质，用 $\updownarrow\updownarrow\updownarrow m_\pm$ 来表示，最左侧的双向箭头表示秩序类型的两可性。秩序性和无组织都是关于演绎次序的描述，只是走势的明朗程度不同，两者的结合构成演绎次序上的对立统一，它是多样性变化关系之上的进一步规定。规范结构蕴含着四层同步性，它们对应着四种不同尺度上的对立统一关系。

转换结构内含着规范结构间的共存关系，各规范结构相互对照而映衬出的相异规范性分别用 $\uparrow\updownarrow\updownarrow\updownarrow m_\pm$、$\downarrow\updownarrow\updownarrow\updownarrow m_\pm$ 来表示，其中最左侧的两个单向箭头表示规范性的分化，它包容前四层演绎性质的分化关系。无纪律是规范性的对立面，

用 $\uparrow\updownarrow\updownarrow m_\pm \leftrightarrow \downarrow\updownarrow\updownarrow m_\pm$ 来表示，无纪律和规范性的对立统一关系构成跨期性，它是转换结构的演绎性质，用 $\updownarrow\updownarrow\updownarrow m_\pm$ 来表示，最左侧的双向箭头表示规范类型的两可性。规范性和无纪律都是关于演绎范围的描述，只是范围的自主程度不同，两者的结合构成演绎范围上的对立统一，它是多样性次序关系之上的进一步规定。转换结构蕴含着五层同步性，它们对应着五种不同尺度上的对立统一关系。

图 2-3 示意了从同步结构到转换结构中的对立统一关系，所有的关系均是以低一层结构的组合演绎为基础，其中对立性源于低一层结构间的关系分化而带来的非一致性，统一性源于低一层结构间的关系共存。基层结构的组合演绎关系中，基于单一定性标准下的对照得到的是基层演绎性质的对立面，基于联合定性标准下的综合得到的是所在结构的整体演绎性质，后者蕴含着基层演绎性质上的对立与统一。对立统一关系是同步性的体现，从同步结构到转换结构中都存在低一层演绎性质之上的对立与统一，它们都蕴含着同步性，所有的同步性都建立在相邻两个层次之间，越是高层结构，蕴含着越丰富的同步性关系。

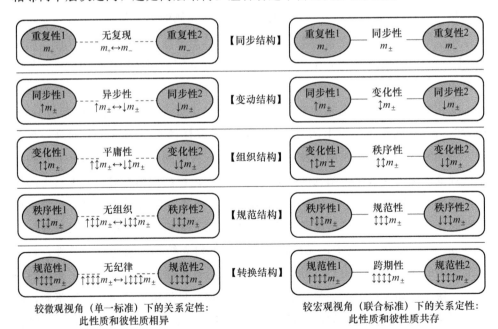

图 2-3　各层次结构中演绎性质的分化与共存

层论中，各级结构的层次递进当中存在着明显的继承关系，并且继承逻辑具有形式一致性，这样的表现适合进行形式化描述。各演绎性质的表示符号是形式化的一种体现，符号由 m 以及下标和前置箭头组成，越贴近 m 的箭头代表越低层级上的性质表现，越远离 m 的箭头代表越高层级上的性质表现。层次性质的分化用单独的下标或单向前置箭头表示，层次性质的综合用下标 ± 或双向前置箭头 $\updownarrow$ 来表示。表 2-1 对这些表示符号做了梳理，主要分为三个方面：一是低一层性质的分化（见第 2 列），这一分化暗含着高一层的判定维度，所分化出的各演绎性质均具有演绎确定性；二是低一层演绎性质的对立面（见第 3 列），它可由所分化的低一层性质间的对照关系来表示，这一关系蕴含着演绎不确定性；三是低一层结构所分化性质间的融合与统一（见第 4 列），相对于低一层结构来说，融合与统一意味着宏观尺度上新维度、新性质的确立，其中存在着宏观尺度上的演绎一致性。

表 2-1　层次关系的符号表示

层次结构	低一层性质的分化（差异表现）		低一层演绎性质的对立面（对照表现）		分化表现的融合（统一表现）	
同步结构	重复性的分化	m_+、m_-	无复现	$m_+ \leftrightarrow m_-$	同步性	$m_\pm$
变动结构	同步性的分化	$\uparrow m_\pm$、$\downarrow m_\pm$	异步性	$\uparrow m_\pm \leftrightarrow \downarrow m_\pm$	变化性	$\updownarrow m_\pm$
组织结构	变化性的分化	$\uparrow\updownarrow m_\pm$、$\downarrow\updownarrow m_\pm$	平庸性	$\uparrow\updownarrow m_\pm \leftrightarrow \downarrow\updownarrow m_\pm$	秩序性	$\updownarrow\updownarrow m_\pm$
规范结构	秩序性的分化	$\uparrow\updownarrow\updownarrow m_\pm$、$\downarrow\updownarrow\updownarrow m_\pm$	无组织	$\uparrow\updownarrow\updownarrow m_\pm \leftrightarrow \downarrow\updownarrow\updownarrow m_\pm$	规范性	$\updownarrow\updownarrow\updownarrow m_\pm$
转换结构	规范性的分化	$\uparrow\updownarrow\updownarrow\updownarrow m_\pm$、$\downarrow\updownarrow\updownarrow\updownarrow m_\pm$	无纪律	$\uparrow\updownarrow\updownarrow\updownarrow m_\pm \leftrightarrow \downarrow\updownarrow\updownarrow\updownarrow m_\pm$	跨期性	$\updownarrow\updownarrow\updownarrow\updownarrow m_\pm$

层次关系的符号表示可大体分为两部分。一部分是基准性质，由单独的 m 或加注了两可性标记的 m 构成，具体有 m、$m_\pm$、$\updownarrow m_\pm$、$\updownarrow\updownarrow m_\pm$、$\updownarrow\updownarrow\updownarrow m_\pm$、$\updownarrow\updownarrow\updownarrow\updownarrow m_\pm$ 等，它们代表分析的基本单位（分析起点）。下标 ± 或前置双向箭头 $\updownarrow$ 既是共存与综合的体现，也是性质演绎两可性的体现，每一种基层结构具体是哪个表现并未明确，其中蕴含着基层演绎上的不确定性，而整体上则表现为宏观层面的某种一致性。另一部分是基准性质的层次化约束，由具体的 ＋、－ 下标或前置单向箭头来体现。例如，符号 $\uparrow\downarrow\updownarrow\updownarrow m_\pm$ 中，$\updownarrow\updownarrow m_\pm$ 部分为基准性质，分析的单位是秩序性，最左侧的两个单向箭头表示基于秩序性的双层次约束，也就是在规范结构、转换结构这两个宏观尺度上来探讨秩序性，箭头的具体指向表明了宏观尺度上的分化判定，这种判定与谁存在呼应关系，又是在哪个层面上存在呼应关系等问题，都可以通过箭头的位置关系来分析。层次关系的符号表示为考察跨层级相干关系提供了一种相对直观的分析手段。

小　结

重复性确立了基本的存在，同步性则演绎了存在上的对立与统一，它在我们日常生活中的表现就是无处不在的联系性，联系的双方既互为参照又相互否定（以自身为标准的对外否定），其表现类似于传统的阴阳关系。联系可以建立在任何两种存在关系之上，任意两种不具有包容性的性质之间都可以建立互为参照以及相互否定的共存关系，这预示了同步性的普适性。

同步性所蕴含的对立统一关系指出了建构新层次的一种基本模式。当挖掘出了既有结构上的演绎对立性，同时明确了对立表现在宏观尺度上所达成的演绎一致性，即预示着新层次的成型。新层次内含着基层结构间的组合演绎，所达成的整体演绎一致性成为基层结构间相互对照的可靠平台，从对照中可衍生出许多有别于重复性的关系判定，诸如有限尺度、无复现、不存在、对立、差异、联系、共存、统一、局部、整体、确定性、不确定性等，这些关系皆与两层次系统有关。下面重点说明确定性与不确定性，以及对立与差异概念。

确定性（或明确性）概念不宜在单层次系统中讨论，但可以在双层次系统中讨论，确定性对应着双层次系统中低一层结构的性质分化，所分化出的每一种性质均具有确定性，图 2-3 中椭圆框部分均蕴含着确定性。确定性与一致性概念有关，但确定性不等于一致性，而是指高层一致性框架所衬托下的低层在局部尺度上的演绎一致性，其中蕴含着特殊性、具体性、针对性。与确定性相对的是**不确定性**，所有层次性质的对立面均蕴含着不确定性。无复现所蕴含的不确定性可以从统计性的角度来理解——某种性质多次检测时若每次都存在，代表着该性质的确定性，可用重复性来描述，若多次检测时少有而常无，代表着该性质的不确定性，可用无复现来描述。更高层性质演绎对立面所蕴含的不确定性与结构间的相互渗透有关。

层次结构中，演绎性质及其对立面之间构成**对立关系**，具有共存关系的各演绎性质之间则构成**差异关系**。对立与差异是极容易混淆的两个基本概念，并在哲学领域存在着长期的争议①②③。在层论中，这两个概念有着本质上的区别：对立

---

①　陈铁民. 差异协同律发展了对立统一规律吗？——与乌杰同志商榷[J]. 哲学研究，1994(7)：64-70.

②　朱宝信. 差异协同律与对立统一规律——陈铁民先生《差异协同律发展了对立统一规律吗？》献疑[J]. 河北师范大学学报（哲学社会科学版），1999，22(1)：29-32，34.

③　张华夏. 再论差异、对立和系统中的矛盾性[J]. 系统科学学报，1995(1)：1-11.

关系建立在低一层结构的演绎确定性与演绎不确定性之间，差异关系则建立在低一层结构的确定性与确定性之间。例如，由红色与蓝色所构成的同步结构中，红色与非红色之间（或蓝色与非蓝色之间）构成对立关系，红色与蓝色之间构成差异关系。表2-1第2列中分化出的两种性质之间均构成差异，同一行中第2列的任一方与第3列之间均构成对立关系。

对立关系中一个具有演绎确定性，另一个具有不确定性，而差异关系中的各方均具有演绎确定性。对立关系局限于矛盾双方，而差异关系既可建立在两方之间，也可以建立在多方之间。三方以上事物所构成的差异关系，可称为多样性差异，如牛、羊、草、树之间的关系；仅由两方所构成的差异关系，可称为**互补性差异**，例如动物与植物（暂不考虑微生物）、男人与女人、上班与下班等关系都属于互补性差异。隔离出多样性差异的操作可用分割概念来描述，隔离出互补性差异的操作可用分化概念来描述。层论中的差异主要指互补性差异，差异双方构成确定性关系的总体，双方在确定性领域中互为参照，在相互对照中明确了各自的演绎形式，这种明确源于两方面的结合，一方面肯定自身的演绎形式，另一方面否定与之相异的其他演绎形式，若不对其他形式进行否定，则只能给出定性判断，不能给出相对具体的分类判断。

2.3 源于差异互渗的变化性

变化性是变动结构的演绎性质，变动结构以上的所有高层结构当中都蕴含着变化性。

2.3.1 变动结构层面的变化性

变动结构源于同步结构间的组合演绎，成型于同步性之上的对立与统一。同步结构对应着不同重复性之间的共存关系，其中蕴含着存在上的对立与统一，同步结构的再组合为重复性间的关联带来了更多的可能性，也演绎出了更为多样化的同步性。例如，猫这一对象中，猫头和猫身这两个局部要素构成对立统一关系，统一体现在猫这一整体对象上，对立面体现在头和身的非一致性上，类似的，狗头与狗身也构成对立统一，两种对立统一关系都蕴含着同步性。当猫与狗一起玩耍时，就存在两种同步性之间的相干，其中内含着两组局部要素之间的关联，对可能的关联关系进行即时拍照采样，可以获得多种组合可能性，具体有猫头-猫身、猫头-狗身、狗头-猫身、狗头-狗身、猫头-狗头、猫身-狗身等 6 种组合，从这些组合关系中很容易发现相关程度上的不同，其中只有 2 种组合具有高相关性（猫头-猫身、狗头-狗身组合，可定义为同步性），其他 4 种组合的相关程度较低（可定义为异步性），2 种高相关组合在所有低相关组合的衬托下，浮现出了两种不同的相关类型，一种类型称为猫，一种类型称为狗。这里隐含的意思是，事物的分类并不是预先的约定，而是从更基本要素或结构组合演绎时的相关程度对立中浮现出来的，相关程度越高、出现频次越高的组合关系越有可能被人们赋予一定的名称，这是人们归类事物的基本逻辑。

图 2-4 示意了这一定型逻辑，三种图式都是对变动结构的描述，图中的↑、↓可分别理解为猫、狗，m_+、m_-可分别理解为头、身。三种图式对应着剖析变动结构的三种视角：子图（a）的基准性质为同步性（$m_\pm$），表示头与身的共存关系，↑、↓为基于同步性的层次化约束，用于表示头身共存关系上的分化表现；子图（b）的基准性质为重复性（m），下标以及前置单向箭头构成基于重复性的两级层次化约束，第一级约束（下标）明确了重复性的不同，从而判明何为头、何为身，第二级约束（前置箭头）明确了各重复性在组合演绎上的相关程度对立，其中同方向箭头下的重复性组合具有高程度相关，不同方向箭头下的重复性组合具有低程度相关，所有的低程度相关反衬出了高相关的不同，从而判明何为猫、何为狗；子图（c）凸显了蕴含着高程度相关的同步性（见两个方框部分），穿过方框的重复性关联皆构成低程度相关，从表现上来看，所有的低程度相关相当于一股分离力量，反衬并隔离出了各同步性的不同，这一蕴含着同步性分化功能的所有低程度相关称为**同步分界**。对于猫-狗相干体系中的同步类型分化来说，同步分界对应着猫头-狗身、狗头-猫身、猫头-狗头、猫身-狗身等 4 种低相关性，这些低相关性既是分化猫与狗的背景，也是猫与狗之间的局部关联体现，它们是相干体系中具有随机性和不确定性的局部关联，它们反衬出了各同步类型的确切性。

变动结构的三种剖析视角，对应着以重复性为起点的三层次演绎关系的 3 种描述：第一种被界定为变化性，第二种演绎出异步性，第三种则挖掘出同步分

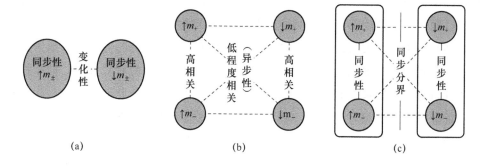

图 2-4　变动结构的三种剖析视角

界。各描述的考察方式各有不同，其中变化性是基于同步性组合演绎的综合评价，它包容后两种描述，异步性侧重的是重复性组合上的低程度相关，而同步分界则立足于不同同步性间的联系与分隔。

　　变动结构中，重复性的两级层次化约束定义了四种要素 $\uparrow m_+$、$\uparrow m_-$、$\downarrow m_+$、$\downarrow m_-$，它们是变化性 $\updownarrow m_\pm$ 的完全展开[①]。四种要素的组合关系当中有两组存在着高程度相关（$\uparrow m_+ \& \uparrow m_-$、$\downarrow m_+ \& \downarrow m_-$），有四组存在着低程度相关（$\uparrow m_+ \& \downarrow m_+$、$\uparrow m_+ \& \downarrow m_-$、$\uparrow m_- \& \downarrow m_+$、$\uparrow m_- \& \downarrow m_-$），前两组均为同步性，后四组构成同步分界。同步性的对立面为异步性 $\uparrow m_\pm \leftrightarrow \downarrow m_\pm$，拆开来的话就有 $\uparrow m_+ \leftrightarrow \downarrow m_+$、$\uparrow m_+ \leftrightarrow \downarrow m_-$、$\uparrow m_- \leftrightarrow \downarrow m_+$、$\uparrow m_- \leftrightarrow \downarrow m_-$ 等四种具体联系，它们与定义同步分界的所有低程度相关相呼应，因此异步性与同步分界存在对应性。

　　从变动结构的后两种剖析视图中可以看到，同步性与异步性这一对立关系，实质上是同一同步结构中的要素关联与不同同步结构间的要素勾连这两种关系，乍一看，这似乎有违直觉，因为从重复性与无复现的对立中可以看到，对立体现在存在上的非一致性，是一种非此即彼的关系，而同步性与异步性的对立关系中却有着相互渗透、藕断丝连的关系，这种错觉源于两种对立关系在演绎复杂度上的不同，一种是两层次关系，另一种是三层次关系。现实生活中，内部关联与内

① 同步结构可由具有共存关系的两种重复性来描述，变动结构可由具有双层同步性的4种重复性来描述。变动结构中的4种重复性并不意味着重复性的数量只有4个，它真正的含义是重复性之上的两级层次化约束，也就是结构中既存在着微观层面上的对立统一关系，也存在着宏观层面上的对立统一关系。支撑两级层次化约束的要素可能仅4个，也可能远远多于4个。换句话说，4侧重的是双层同步性的表征，而不是对要素数量的描述。更高层结构中的多样性重复性与此类似，其中蕴含着更为丰富的层次化约束与同步性演绎。

外勾连的演绎对立性较为普遍，如夫妻关系同出轨关系、军队的相互配合与对外泄密、团队比赛的内部协作与对外放水等，正是对内外勾连关系的否定，才反衬出了各高相关组合关系的相对独立性和形式确切性，被否定的勾连关系成为隔离各独立关系的反面参照。重复性与无复现可理解为存在上的对立关系，同步性与异步性可理解为联系上的对立关系，后者不再是存在上的非此即彼，而是相关程度上的非此即彼，相对于前者，后者给出了存在关系之上的进一步规定。

滚石系统中，石头、附近路面均内含着典型色块（深色或浅色）间的同步性（如图 2-5 所示，其中的色块分布做了简化处理），把各色块放在一起来看，石头内部典型色块间的相关程度较高，其色块间的分布具有形式上的一致性（这一高度相关的分布关系可作为石头这一目标的代表），路面内部典型色块间的相关程度亦较高，其色块间的分布也具有形式上的一致性（这一高度相关的分布关系可作为近域路面这一目标的代表），与之相对的是石头色块与路面色块间的较低程度相关，它们在分布上无法保障形式上的一致性（石头相对于路面的运动越显著，其关联形式越难以确定），这一低相关性即构成滚石系统中的同步分界（如图 2-5 中的 4 条虚线所示）。同步分界对应着各同步性之间的联系，且是不那么明确的联系，也正是这一不确定表现反衬出了各同步性当中的关联形式确切性，同步分界成为分化同步性的重要依据。石头同步性与路面同步性之间的相互渗透演绎出了滚石系统的变化性，具体体现在石头与路面间内外联系的对立上。同步分界所分化出的两种同步性可用 $\uparrow m_\pm$、$\downarrow m_\pm$ 来表示，其中 $m_\pm$ 代表不断复现的同步性，两个前置单向箭头代表不同的同步类型。

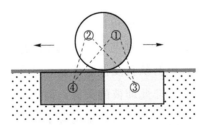

注：①、②表示石头中的典型色块，
③、④表示路面中的典型色块。
①②间高相关，③④间高相关，
其他关联皆为低相关。

图 2-5 滚石系统（变动结构）中分化同步性的同步分界（以重复性为基准）

滚石系统以及猫-狗案例均可由变动结构来刻画，它们都涉及多种同步类型，类型间的相干映衬出了极为常见的自然现象——变化。仅单一类型的联系难以衬托出变化，有相关程度不同的多样性联系即能衬托出变化。不管是哪种程度的联系，在同步结构看来都属于同步性，但在变动结构看来则存在着同步性的对立，一种表现为关联程度较高的同步性，另一种则表现为关联程度较低的同步性（异步性）。凡是具有同步性演绎矛盾的系统中，必然蕴含着变化，变化既能包容不同类型的同步性，也能包容同步性的演绎对立性。

变动结构内含着同步性与异步性的对立与统一，以及重复性与无复现的对立与统一，从而演绎出了双层同步性，宏观层面的同步性包容微观层面上的同步性，这种包容体现在宏观同步性可以承载微观同步性的演绎多样性。各微观同步性的随机演绎催生了宏观同步性，宏观同步性的总体演绎一致性成为界定各微观同步性的参照背景，微观同步性和宏观同步性间的演绎关联，附带着不同关联尺度上的相干。两个层面上的同步性基于不同的演绎尺度，虽然都是同步性，但是两者不能等同，其原因在于，宏观尺度上的同步性除了承载微观同步性，还涵括微观同步性之外的演绎关系（各微观同步性间的要素勾连），它构成相对于微观同步性的不确定性和随机性，使得微观尺度上的单一同步性不可能与宏观尺度上的同步性总是保持一致，微观尺度上多样同步性间的协同演绎才有可能与宏观尺度相匹敌，变化即体现在微观同步性向宏观同步性的渗透当中，正是两种关联尺度所承载演绎关系的非一致性，才促成了变化的确切性。

变动结构中的双层同步性内含着双重对立性，从而演绎出了比同步结构更为复杂的对立关系，相应地，变动结构中的差异关系也进一步复杂化。变动结构对应着相异同步结构间的组合演绎关系，这一组合关系可视为总体，各同步结构可视为集体，各同步结构中的基元结构可视为部分，这当中，同一集体中部分与部分之间的关系、分别来自不同集体中的各部分之间的关系、集体与集体之间的关系等均构成差异关系。进一步分析可知，第三种差异关系中的一方同第二种差异关系之间构成同步性与异步性的对立关系，等于基层演绎确定性之上的组合演绎关系中可以衍生出宏观尺度上的对立关系，其中的不确定性源自组合演绎中的低程度相关。

相较于同步结构中相异重复性间的差异关系，变动结构中相异同步性间的差异关系演绎出了新的特点。同步结构中两种重复性间不存在联系性的区别，而变动结构中两种同步性间则有着基层联系性的区别，具体来说，$\uparrow m_\pm$ 与 $\downarrow m_\pm$ 之间除了各自所蕴含的高程度相关外，还包括 $\uparrow m_-$ 与 $\downarrow m_+$、$\uparrow m_-$ 与 $\downarrow m_-$ 等低程度相关，后者构成差异各方的演绎对立面，换句话说，差异各方不是以对方为存在界限，而是以双方之间的演绎不确定性为存在界限。例如，苹果和梨子所构成的差异关系中，苹果的否定不等同于梨子，因为苹果不是以梨子为存在界限，而是以苹果代表成分与梨子代表成分间的各种非常规组合为存在界限（例如，苹果皮＋梨子核、苹果皮＋梨子肉等组合，以及其他反常情况），非常规组合对应着低程度相关，当这种低程度相关所对应的不确定性消退时，苹果或梨子的演绎确定性也将不复存在（例如，厨余垃圾中所出现的不同水果局部组分间的各种组合，它们均具有高相关，这一反常表现的演绎确定性即对应着水果原有常规完整形态的消亡）。

变动结构中，有差异的各同步性中的每一方均蕴含着演绎确定性，两方互为参照，通过对照而明确了各自的同步形式，一种同步形式如此，一种同步形式如彼，两者具有关联形式的存在性分立。同步结构只能表明一般性的联系，而变动结构给出了进一步的规定，使得各同步性的同步关联形式具体化、明确化。

变动结构中，由同步分界所分化出来的各同步性之间并不是完全独立的关系，而是存在着相互的关联与渗透，并带来相关程度上的对立，蕴含着高相关的各同步性与蕴含着低相关的同步分界之间构成同步性与异步性的对立与统一，由此衍生出变化性。变化性源于差异各方的相互渗透，因渗透而产生内部成分的对外关联，渗透关系一方面定义了同步分界，另一方面也诠释了变化的成因，它可视作变动结构的机制性描述。差异各方的相互渗透（下称**差异互渗**）是一种机制性描述，而非现象性描述，它进一步细化了共存的逻辑，即相异各方之间的演绎关联不是单纯的相互关联，而是既有内部联系，也有对外联系，内部联系由相异的各方自行演绎，对外联系由各方之间的渗透关系来演绎。相互渗透所定义的同步分界一方面分化出各同步性间的关联形式差异，另一方面作为同步性的对立面，支撑着各同步性在宏观尺度上的并存与统一，由此演绎出了基于同步分界的分化与联合作用。

差异互渗是刻画变化性的另一种方式，差异互渗带来了联系上的不确定性，变动结构中，不确定性的意义不容忽视。其一，不确定性反衬出了各高相关重复性组合的演绎确定性；其二，不确定性分化出了各确定性间的不同；其三，不确定性代表着确定性之间的渗透与勾连；其四，不确定性蕴藏着除确切性组合之外的其他关联可能性，它为共存关系的演绎储存了一定的可变异性，为更深层次的关联演绎埋下了种子。变动结构中的不确定性主要由同步分界所演绎，同步分界可作为变动结构的代表，同步分界是诠释变动结构演绎逻辑的核心所在。

从同步性到变化性虽然只扩展了一个层级，但呈现出了更为多样化的逻辑关联，对变化性的诠释也存在着多种角度：一是基层结构间关联程度的对立，二是相异关联尺度间的相干，三是微观与宏观两个层面上的对立统一，四是相异同步类型间的相互渗透，五是同步分界的分化与联合。各诠释的侧重点均有所不同，综合这些不同的视角，能够让我们对变化性有更为全面的理解。对于较复杂结构的演绎性质来说，多样性的解释是其基本特点，基于不同的剖析视角，总会有不一样的发现，这既是复杂结构容易引发分歧的原因所在，也是复杂结构难以被有效把握的原因所在。

2.3.2 其他高层中的变化性

变动结构以上的高层结构中均蕴含着变化性的衍生机制，简要说明如下。

2.3.2.1 组织结构中的变化性

组织结构源于变动结构间的组合演绎，成型于变化性之上的对立与统一。组织结构的秩序性对应着变化性之上的同步性，这一关系可用图 2-6（a）来勾勒。各变化性均内含着同步性间的共存关系，变化性之上的同步性对应着这一共存关系之上的再组合，其中存在着以同步性为单位的组合多样性，从中可分离出同步性组合关系在相关程度上的高低对立，图 2-6（b）示意了以同步性为基准的相关程度对立，具有高程度相关的同步性组合演绎的是变化性，具有低程度相关的同步性组合演绎的是平庸性。图 2-6（c）凸显了蕴含着高程度相关的变化性（见两个方框部分），穿过方框的同步性关联皆构成低程度相关，它们反衬并隔离出了各变化性，这一蕴含着变化性分化功能的所有低程度相关称为**变动分界**。组织结构中同步性组合的高相关或低相关，同变动结构中重复性组合的高相关或低相关是有区别的，前者是针对变化性的明朗与否，后者是针对同步性的确切与否，两者对相关程度的判定标准不同。一般来说，越是高层结构，其组合演绎的相关程度判定标准越趋复杂。

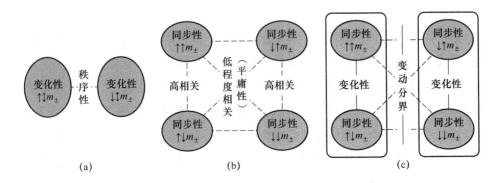

图 2-6　组织结构的 3 种剖析视角

组织结构的 3 种剖析视角，对应着以同步性为起点的三层次演绎关系的 3 种描述：第一种被界定为秩序性，第二种演绎出平庸性，第三种则挖掘出变动分界。其中秩序性是基于变化性间组合演绎的综合评价，它包容后两种描述，平庸性侧重的是同步性组合上的低程度相关，变动分界则立足于不同变化性间的联系与分隔。变动分界是组织结构的代表性组件，它对应着不同变化性间的相互渗透。

斜面系统中，石头在所途径的不同区域中都可呈现变化性，各变化性当中都存在着石头同步性与路面同步性之间的演绎协同（如图 2-7 所示），其中，石头同步性与路面同步性的同区域关联（近域关联）表现为高程度相关（能够演绎出较为显著的变化性），石头同步性与路面同步性的跨区域关联（远域关联）表现为低程度相关（演绎的是较不显著的变化性），后者即构成可分隔出不同区域变化性的变动分界（见图 2-7 中的 4 条虚线）。从形式上来看，斜面系统与滚石系统的演绎逻辑具有相似性，两者都存在着相关程度上的对立，它们都能演绎出变化性，只是演绎基准不同，其中，滚石系统演绎的是重复性之上的变化性，斜面系统演绎的是同步性之上的变化性，前者是一般意义上的变化，后者是更深入、更具体的变化。斜面系统对应着组织结构，变动分界所分化出的两种变化性可用 $\uparrow\updownarrow m_\pm$、$\downarrow\updownarrow m_\pm$ 来表示，其中 $\updownarrow m_\pm$ 表示变化性，单向箭头可理解为斜面上的不同变化区域。

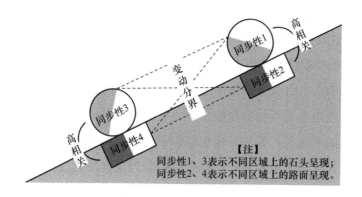

图 2-7　斜面系统（组织结构）中分化变化性的变动分界（以同步性为基准）

　　滚石系统中，观察焦点落在石头上时，石头上的色块总是具有较高程度的同步性；观察焦点落在路面上时，路面上的色块也都具有较高程度的同步性。而石头色块与路面色块的组合关系在两种观察视角中都属于较低程度的同步性。不过，如果综合考察整个滚石系统，就会发现滚石与路面色块随机分布当中的演绎共性，恰恰就在于它们之间的临界关系。这一关系的代表就是石头与路面的外接轮廓，轮廓上的色块既属于又不属于两个观察对象，既牵涉高相关又牵涉低相关，其中存在着演绎的两可性，只要处于动态变化之中，这种两可性就存在。在滚石相对于路面的随机分布中，蕴含着两可性的轮廓在综合视角下反而是代表性的存在，在斜面系统中，这一表现会更为凸显，此时的轮廓成为界定有序运动的关键信标。微观尺度上的演绎矛盾性，在宏观尺度上表现出确定性，这在很多系统中都存在，也可以说是一种较为普遍的现象。这给我们的启示是，低层结构要向更高层次演进，一条路径是综合自身演绎的确定性与不确定性关系，不引入不确定性，低层结构难以向高层演化。

　　组织结构中，变动分界分化出了相异的变化性，并演绎出了变化性间的差异互渗关系。所分化的变化性均蕴含着确定性，两者互为参照，通过对照而明确了各自的演绎形式——一种变化性的对外关联程度较高（该变化性看向其他变化性时双方间的共存关系相对明确），另一种变化性的对外关联程度较低（该变化性看向其他变化性时双方间的共存关系相对不明，详见图 1-5 的说明），前者表现为高兼容变化性，后者表现为低兼容变化性，两种变化性之间存在着联系上的兼容向度分立。变化性成型于相异同步性组合演绎时的关联程度对立，变化性的分化呈现的是对外关联（兼容）上的具有互补性的两方面，高兼容向度与低兼容向度的结合即构成演绎次序，它呼应的是组织结构的演绎性质——秩序性。关于秩序性演绎逻辑的深度解析详见 2.4 节。

组织结构中，可以从多个角度来考察变化性的生成机制。其一，组织结构中存在着同步性组合关系的关联程度对立，高相关与低相关的结合演绎出了基于同步性之上的变化性；其二，组织结构中存在着同步性间关联、变化性间关联等两种关联尺度上的演绎相干，同步性关联尺度向变化性关联尺度的渗透即意味着变化；其三，组织结构中存在着变化性与平庸性的对立与统一，而变化性当中又蕴含着同步性与异步性的对立与统一，从而演绎出了至少两个层面上的对立统一关系，变化性即衍生于其中；其四，组织结构中存在着相异变化性间的相互渗透关系，差异互渗是变化的机制性呈现；其五，组织结构中存在着基于变动分界的分化与联合作用，这种又分又合的关系呼应的是关联程度既高且低的表现，它亦是变化性的体现。上述 5 个方面的演绎起点都是同步性，变动结构定义了基本的变化性，组织结构则演绎出了基于同步性之上的变化性，相对于变动结构来说，这是更宏观尺度上的变化性。

2.3.2.2 规范结构中的变化性

规范结构源于组织结构间的组合演绎，成型于秩序性之上的对立与统一。规范结构的规范性对应着秩序性之上的同步性，这一演绎关系可用图 2-8（a）来勾勒。组织结构的秩序性内含着变化性间的共存关系，秩序性之上的同步性意味着不同变化性共存关系之间的再组合，其中存在着以变化性为单位的组合多样性，从中可分离出变化性组合关系在相关程度上的高低对立，图 2-8（b）示意了以变化性为基准的相关程度对立，具有高程度相关的变化性组合演绎的是秩序性，具有低程度相关的变化性组合演绎的是无组织。图 2-8（c）凸显了蕴含着高程度相关的秩序性（见两个方框部分），穿过方框的变化性关联皆构成低程度相关，它们反衬并隔离出了各秩序性，这一蕴含着秩序性分化功能的所有低程度相关称为**组织分界**。规范结构中，变化性组合的相关程度高低是针对组合关系所演绎秩序性的明朗与否而言的。

规范结构的 3 种剖析视角，对应着以变化性为起点的三层次演绎关系的 3 种

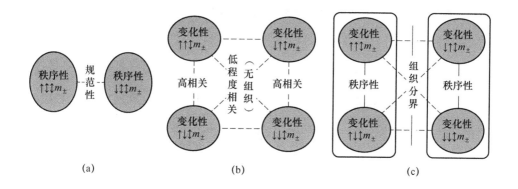

图 2-8　规范结构的 3 种剖析视角

描述：第一种被界定为规范性（综合考察下的评价），第二种演绎出无组织（侧重于秩序间的变化性勾连），第三种则挖掘出组织分界（立足于秩序性的分隔与联系功能）。组织分界是规范结构的代表性组件，它对应着不同秩序性间的相互渗透关系。

　　凹面系统由两个斜面通过底部拼接而成，每个斜面均可演绎出石头的运动秩序，这一特性可由斜面上不同区域中的两个变化性间的组合关系来表征，凹面系统的总体演绎关系可由两侧斜面上的 4 个区域中的 4 个变化性之间的关系来勾勒。图 2-9 示意了这一演绎关系，其中每一个方框所框住的是一定区域所出现的石头及其附近路面间的组合关系，它表示的是该区域中的变化性。4 个变化性中，任意两个变化性间的关联关系都可视为秩序性，不过，同一斜面上两个变化性关联所演绎的秩序走势较为明朗，来自不同斜面上两个变化性关联所演绎的秩序走势较不明朗，前者仍被界定为秩序性，所内含的各变化性之间具有高程度相关（用方框间的实线表示），后者被界定为无组织，所内含的各变化性之间具有低程度相关（用方框间的虚线来表示）。各变化性间的跨斜面关联定义了组织分界，它既是不同斜面运动秩序的分化者，也是各秩序性在跨斜面上的联系性体现。各秩序之间的差异表现在变化趋势上的不同，一种逐步增强（对应下滑过程），另一种逐步减弱（对应上滑过程），它们稳定共存于凹面系统之中，其中的变化性即体现在增强秩序与减弱秩序之间内外联系的对立上，它们也是两种秩序性相互渗透的体现，整体演绎的是基于变化性之上的变化性。凹面系统对应着规范结构，组织分界所分化出的两种秩序性可用 $\uparrow\uparrow\uparrow\updownarrow\, m_\pm$、$\downarrow\downarrow\updownarrow\, m_\pm$ 来表示，其中

$\updownarrow$ $m_{\pm}$ 表示秩序性，单向箭头可理解为斜面上的不同秩序走势。

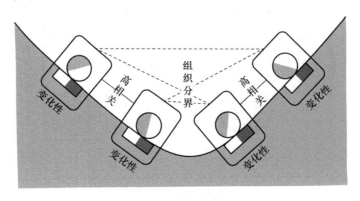

图 2-9　凹面系统（规范结构）中分化秩序性的组织分界（以变化性为基准）

单斜面系统中，上滑过程几乎不存在，而在凹面系统中，上滑过程变成相对明确的存在，等同于低层结构的不确切关系在高层结构中转变为了较确切关系，与此同时，单斜面系统中的较确切关系（下滑过程）依然在凹面系统中存在。这说明高层结构具有更大的包容性，它既能承载低层结构的演绎确定性，也能支撑低层结构的演绎不确定性，低层结构中难以共存的矛盾双方，在高层结构中有机会实现稳定共存。

规范结构中，秩序性间的相互渗透定义了组织分界，它反衬出了各秩序性的演绎确定性，各秩序性互为参照，通过对照而明确了各自的演绎形式——一种秩序性的变化走势增强，另一种秩序性的变化走势减弱，两种秩序性之间存在着变化上的走势强弱分立。秩序性所明确的是变化的导向，秩序性的分化呈现的是变化导向上的具有互补性的两方面，两种走势的结合呼应的是规范结构的演绎性质——规范性。关于规范性演绎逻辑的深度解析详见 2.5 节。

规范结构中亦有考察变化性的多个视角。其一，规范结构中存在着变化性组合关系的关联程度对立，高相关与低相关的融合演绎出了基于变化性之上的变化性；其二，规范结构中存在着变化性之间、秩序性之间等两种不同关联尺度上的相干关系，基层关联尺度向高层关联尺度的渗透即意味着变化；其三，规范结构中存在着秩序性与无组织的对立与统一，而秩序性当中又蕴含着变化性与平庸性的对立与统一，从而演绎出了至少两个层面上的对立统一关系，变化即衍生于其中；其四，规范结构中存在着相异秩序性之间的相互渗透关系；其五，规范结构中存在着基于组织分界的分化与联合作用，所对应的秩序性间又分又合的关系构成较为复杂的变化。总而言之，规范结构演绎出了更宏观尺度上的变化性。

2.3.2.3 转换结构中的变化性

转换结构源于规范结构间的组合演绎，成型于规范性之上的对立与统一。转换结构的跨期性对应着规范性之上的同步性，这一演绎关系可用图 2-10（a）来勾勒。规范结构的规范性内含着秩序性间的共存关系，规范性之上的同步性意味着不同秩序性共存关系之间的再组合，其中存在着以秩序性为单位的组合多样性，从中可分离出秩序性组合关系在相关程度上的高低对立，图 2-10（b）示意了以秩序性为基准的相关程度对立关系，具有高程度相关的秩序性组合演绎的是规范性，具有低程度相关的秩序性组合演绎的是无纪律。图 2-10（c）凸显了蕴含着高程度相关的规范性（见两个方框部分），穿过方框的秩序性关联皆构成低程度相关，它们反衬并隔离出了各规范性，这一蕴含着规范性分化功能的所有低程度相关称为**规范分界**。转换结构中，秩序性组合的相关程度高低是针对组合关系所演绎规范性的明朗与否而言的。

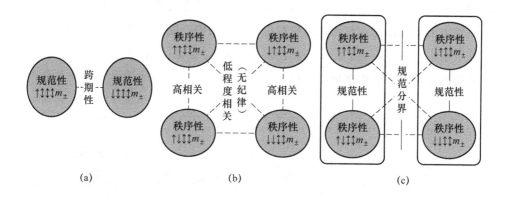

图 2-10 转换结构的 3 种剖析视角

转换结构的 3 种剖析视角，对应着以秩序性为起点的三层次演绎关系的 3 种描述：第一种被界定为跨期性，第二种演绎出无纪律，第三种则挖掘出规范分界。规范分界是转换结构的代表性组件，它对应着不同规范性间的相互渗透关系。

双凹面系统由两个单凹面系统拼接而成，其中顶部与底部均有对接的两个斜面构成双凹面的内侧斜面，相对于外侧斜面来说，两个内侧斜面的长度是有限的。整个双凹面系统内含 4 个斜面，每个斜面可演绎一定的秩序性，由此，双凹面系统可由 4 个斜面上的 4 套秩序性之间的关系来勾勒。图 2-11 示意了这一演绎关系，其中每一个大方框所框住的是同一斜面中的两个变化性间的演绎关联，它表示的是所在斜面上的秩序性，同一凹面中不同斜面上的秩序性关联能够自主演绎出一定的秩序范围，来自不同凹面中的两个秩序性关联则难以自主演绎出一定的秩序范围（需要借助其他秩序来过渡，其中存在着演绎上的他主性）。较明确的秩序演绎范围构成规范性，相应的秩序性组合具有高程度相关（见大方框间的实线），较不明确的秩序演绎范围构成无纪律，相应的秩序性组合具有低程度相关（见大方框间的 4 条虚线）。各秩序性间的跨凹面关联定义了规范分界，它既是各规范性演绎类型的分化者，也是各规范性在跨凹面上的联系性体现。各规范性之间的差异主要体现在秩序演绎范围上的不同自主表现，一种趋于宽松（对应石头从外侧斜面的高处滑下后的范围失稳态势，内侧斜面兜不住），另一种趋于紧张（对应石头从内侧斜面滑下后的范围回稳态势，外侧斜面能够兜住），两种表现稳定共存于双凹面系统中，其中的变化性即体现在宽松范围与紧张范围之间内外联系的对立上，它们也是两种规范性相互渗透的体现，整体演绎的是基于秩序性之上的变化性。双凹面系统对应着转换结构，规范分界所分化出的两种规范性可用 $\uparrow\updownarrow\updownarrow m_\pm$、$\downarrow\updownarrow\updownarrow m_\pm$ 来表示，其中 $\updownarrow\updownarrow m_\pm$ 表示规范性，单向箭头可理解为凹面中不同的秩序把控态势。

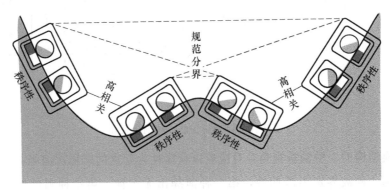

图 2-11 双凹面系统（转换结构）中分化规范性的规范分界（以秩序性为基准）

双凹面系统中，两个内侧斜面构成局部的凸面，石头可在其上演绎出从上滑到下滑的演绎关系，且整体上具有可重复性，而单独的凸面系统难以保障上滑与下滑组合演绎的可重复性。此外，单凹面系统的演绎稳定性在双凹面系统中依然存在，具体表现在石头在凹面中的滑动过程依然能够不断复现。双凹面系统中，中间凸面与两侧凹面的分布关系也呼应了基于层次分界的分化联合关系：凸面分离出了两个凹面，又是两个凹面的联系者，凸面构成凹面的演绎对立面，并与各凹面之间存在着对立与统一关系。从单凹面系统所代表的规范结构，向双凹面系统所代表的转换结构的演进，同样需要引入相对于自身的演绎不确定性，且该不确定性在宏观层次中起着较为关键性的作用。

转换结构中，规范性间的相互渗透定义了规范分界，它反衬出了各规范性的演绎确定性，各规范性互为参照，通过对照而明确了各自的演绎形式——一种规范性的秩序演绎范围趋于宽松，另一种规范性的演绎范围趋于紧张，两种规范性之间存在着秩序上的管控松紧分立。规范性明确的是秩序的演绎范围，规范性的分化呈现的是管控范围上的具有互补性的两方面，两种管控表现的结合呼应的是转换结构的演绎性质——跨期性。关于跨期性演绎逻辑的深度解析详见 2.6 节。

转换结构中亦有考察变化性的多个视角。其一，转换结构中存在着秩序性组合关系的关联程度对立，高相关与低相关的融合演绎出了基于秩序性之上的变化性；其二，转换结构中存在着秩序性之间、规范性之间等两种不同关联尺度上的相干，基层关联尺度向高层关联尺度的勾连与渗透即意味着变化；其三，转换结构中存在着规范性与无纪律的对立与统一，而规范性当中又蕴含着秩序性与无组织的对立与统一，从而演绎出了至少两个层面上的对立统一关系，变化性必衍生于其中；其四，转换结构中存在着相异规范性之间的相互渗透关系；其五，转换结构中存在着基于规范分界的分化与联合作用，所对应的规范性间又分又合的关系构成更为复杂的变化。总而言之，转换结构演绎出了更宏观尺度上的变化性。

小　结

变化是人们所司空见惯的现象，以至于被视作自然的基本构成。我们的直观印象中，变化可以从事物自身的局部或整体转变中产生，变化也可以从各基本事物的不变中产生（只要事物之间存在相对关系的异动即可）。这里关于变化的解释和描述依然包含着与变化有关的字眼，一般来说，只要概念的解释中包含与概念意义相近或相反的字词，就不适宜作为概念的原理性定义，也不适合作为概念的本质性反映。那么，该如何更有效地解释变化呢？

变化涉及多个事物，在研究多事物间的关系前，有必要分析单个事物的特点。任何一件事物的明确即意味着该事物的相对具体化，主要表现在两方面，一是事物是其所是的排他性，二是事物非其所非的代表性。代表性可从要素随机演绎当中的结合形式一致性来体现，排他性可从彼此分明的相异形式间的对照关系来体现，两方面的综合即可明确某个具体的事物。自然世界中有着形形色色的各类事物，不同的事物都有各自的一定存在性，同时相互间既有联系又有区别，从联系与渗透当中可明了哪些关系是较为可靠的、哪些是不可靠的，从可靠关系当中又可以细分出类型上的区别。无论是从代表性和排他性中明确事物，还是从联系与区别当中界定事物，其底层逻辑都可由变动结构来描述。变动结构给出了鉴定目标事物的一种基本框架，它既有低程度相关做反衬，从而凸显自身的高程度相关与高度代表性，也有其他高程度相关做对照，从而明确何为目标何为非目标。变动结构不是通过事先的约定来指代事物，而是通过更基础要素的共存与分化关系来演绎事物。低一层的同步结构虽然也可以用来指代事物，但它重点强调的是可联系性，缺乏具体联系形式的对比与分隔，其针对性没有变动结构强。目标事物这一概念表面上看似乎是针对单一事物的，实质上是多事物相对照的结果，并且目标事物的明确离不开变化，没有变化，就难以分清目标事物和非目标事物之间的确切边界。

变动结构对具体事物的定位逻辑可用图 2-12 的左侧部分来刻画，这种结构性的图式语言相对完整地呈现了事物具体化的底层机制。除了图式描述外，日常使用的自然语言也能完成对具体事物的描述（如图 2-12 的右侧表格所示），不过，这些描述并不是对变动结构演绎逻辑的完全反映，它侧重的是相对确切的结果，没有指出各事物内部要素间的低程度相关（左图虚线部分所对应的关系）。低程度相关在阐释和定性事物关系方面具有极其重要的作用，它搭建起了演绎事物关系的背景框架，而在我们日常的语言交流活动中，一般很少将框架直接呈现出来，更多是将框架或模式下的具体内容呈现出来，由此带来的常见问题是——交流双方所暗自使用的背景框架不能保障总是一致，很容易产生每个人都觉得自己很有理同时双方意见又难以调和的情况。变动结构中，可视作演绎背景的只有一个同步分界，这种单一性使得分歧通常表现得不是那么明显，而在层次分界较为丰富的高层结构中，问题往往较为突出。

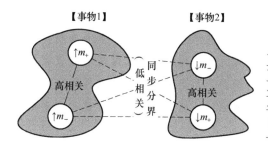

图 2-12　勾勒具体事物的两种描述方法（变动结构、自然语言）

变动结构既是区分和定位目标事物的基本框架，也是演绎变化性的基本结构，对变化性的认识，可以从变动结构的层次特性着手。变动结构是层论的第三个层次结构，相应的变化性蕴含着 3 个演绎层次，底层对应着基本性质的可重复性，中间层由对立性间的共存关系所构成，最高层由组合性质在相关程度上的对立统一关系所构成。变化性是微观尺度上一系列重复性的呈现，以及宏观尺度上同步性、异步性的融合而衍生出来的一种演绎性质。相对于同步性，变化性有着更为丰富的蕴意，对变化的原理性解释也有较为多样化的视角。

双重对立统一关系是变化性的最本质反映，变动结构及以上的层次结构都蕴含着双重对立统一性。中国传统文化中的阴阳鱼是双重对立统一的可视化，基层对立统一为阴与阳，高层对立统一为老与少，两层关系的结合即可勾勒阴阳关系的消长之变。

相关程度对立是变化性的典型体现。相关程度对立源于多样性的关联关系，从滚石系统，到斜面系统，到单凹面系统，到双凹面系统，它们当中都存在着相关程度上的对立。滚石系统中是石头（或路面）内部色块间的高相关（衍生同步性），以及石头色块与路面色块间的低相关（衍生异步性）；斜面系统中是石头同步性与近域路面同步性间的高相关（衍生变化性），以及石头同步性与远域路面同步性间的低相关（衍生平庸性）；单凹面系统中是同一斜面上两个变化性间的高相关（衍生秩序性），以及跨斜面上两个变化性间的低相关（衍生无组织）；双凹面系统中是同一凹面中两种秩序性之间的高相关（衍生规范性），以及跨凹面上两种秩序性之间的低相关（衍生无纪律）。越到高层，相关程度的评判机制就越复杂，所呈现出的变化演绎形式也越复杂。如果总是遵循同样的一套相关程度判定标准，那么是不可能演绎出更高层的复杂特性的。

差异互渗关系是变化性的机制性呈现。不同关联形式间的相互渗透能够呈现出变化，单一的关联、单一的目标无法刻画变化。描述差异互渗关系的关键组件是层次分界，它由低两层结构上的一系列组合关系当中的低程度相关所定义，它能够分化出高程度相关中的类型差异，并建立相异类型间的联系，这种联系即对应着相互渗透。

图 2-13 示意了各结构当中的层次分界，其中，层次分界的两侧都对应着低一层结构，它们由低两层结构间的高程度相关所衍生。所有的层次分界都可视为**演绎背景**，其中的低程度相关意味着演绎关系的不确定性、随机性。层次分界所分化出的低一层结构都可视为**演绎前景**，它们代表着以层次分界为背景的演绎确定性，并呈现出演绎类型上的不同。在探讨事物或结构的演绎表现时，往往侧重于前景描述，以获得确定性结果；在探讨事物的流转逻辑、演绎功能时，往往需要借助于背景描述，以获得可包容前景演绎多样性的一般性机理。由层次分界所分化出的演绎前景能够明确系统的当前特定表现，执行分化功能的演绎背景能够刻画系统的内在逻辑。前景与背景间的区别只具有相对性，不具有绝对性，因为多样性的前景同支撑这些前景的背景之间具有对立统一性，它们的角色可以相互转化——所在层次当中的背景在高一层结构看来相当于前景，所在层次当中的前景在低一层结构看来相当于背景。前景有做分隔，背景没有做分隔，演绎变化性的差异互渗关系当中存在着确定性与不确定性在分隔上的不对称性。

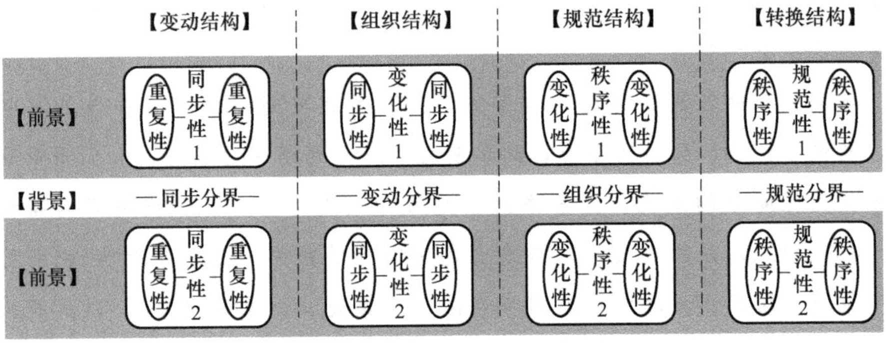

图 2-13 不同结构中的层次分界

当把层次分界所分化出的两种前景进行统一看待时，层次分界就退化为**存在分界**，它与低一层结构演绎性质的对立面相对应，它所反衬出来的是低一层结构演绎性质的自在性与确定性，图 1-10 中的演绎不确定性都可视为存在分界。存在分界与层次分界的区别在于：层次分界是三层次系统中的演绎关系，层次分界可以对具有演绎确定性的低一层性质进行分化，而存在分界是两个相邻层次间的演绎关系，存在分界可以否定演绎确定性，但不考虑针对确定性的分化功能。存在分界在同步结构及以上的层次结构中出现，而层次分界在变动结构及以上的层次结构中出现，层次分界给出了存在分界上的进一步规定。

层次结构中，层次分界所分化出来的各前景由低程度相关所分隔，等同于彼前景与此前景间关系域的分离，而变化正体现在不同关系域的对照与渗透当中。关系域分离的直观表现就是空间区域的分离，滚石系统中是同步区域的分离，斜面系统中是变化区域的分离，单凹面系统中是组织区域的分离，双凹面系统中是规范区域的分离，它们都是由相应的层次分界所界定。层次分界对应着低两层性质之上的跨域关联，被层次分界所分化的相异前景均对应着低两层性质之间的本域关联，可区分的前景意味着可区分的本域，层次分界所支撑下的本域关联即定义了**空间关系**，越到高层，空间关系的演绎形式越复杂，且高层空间关系包容所有的低层空间关系。

层次分界对应着各前景内部要素之间的勾连，如果把层次分界所分化的两种前景均看作集合，那么层次分界相当于两个集合之间的映射（函数），它支撑着集合间的流转逻辑，进而成为集合间演绎关系的功能体现。函数在刻画事物关系方面的作用无需置疑，近现代科学的发展很大程度就是体现在能够预测现实的各类函数之中，而层次分界对于层论的意义同样显著，从更高层次演绎性质的解析中可以更深刻地领会这一点。

层次分界可分化出前景的类型差异，并演绎出了各类型间的差异互渗关系，这是比对立统一关系更显复杂的一种逻辑关联。表2-2汇总了各层次结构中的差异关系，差异双方均构成确定性领域中的类型互补，且越到高层，互补关系所内含的演绎机理越趋复杂，其中：变动结构蕴含着同步性间的差异互渗，具体表现为此同步类型与彼同步类型间内外联系的对立，两种同步类型构成存在上的关联形式分立；组织结构蕴含着变化性间的差异互渗，具体表现为高兼容变化性与低兼容变化性间内外联系的对立，两种变化形式构成联系上的兼容向度分立；规范结构蕴含着秩序性间的差异互渗，具体表现为走强秩序与走弱秩序间内外联系的对立，两种秩序构成变化上的走势强弱分立；转换结构蕴含着规范性间的差异互渗，具体表现为紧张范畴与宽松范畴间内外联系的对立，两种规范表现构成秩序上的管控松紧分立。各层次结构中，差异双方的结合都与所在结构的演绎特性相呼应，差异中的互补关系可视为所在结构对低一层结构演绎逻辑的具化，也可视为低两层结构看待低一层结构演绎多样性时所衍生的矛盾。

表 2-2 各层次分界所分化出来的差异表现

层次结构	层次背景	分化前景	差异的互补表现	差异的分化逻辑	界定内容
变动结构	同步分界（重复性的低相关）	同步性（重复性的高相关）	此关联形式的存在 / 彼关联形式的存在	两种前景是关于存在上的关联形式分立	相关类型
组织结构	变动分界（同步性的低相关）	变化性（同步性的高相关）	此变化性的兼容程度较高 / 彼变化性的兼容程度较低	两种前景是关于联系上的兼容向度分立	变动目标
规范结构	组织分界（变化性的低相关）	秩序性（变化性的高相关）	此秩序性的变化走势趋强 / 彼秩序性的变化走势趋弱	两种前景是关于变化上的走势强弱分立	演变趋势
转换结构	规范分界（秩序性的低相关）	规范性（秩序性的高相关）	此规范性的把控趋于紧张 / 彼规范性的把控趋于宽松	两种前景是关于秩序上的管控松紧分立	管控态势

　　层次分界所分化出来的差异双方存在着演绎上的互补关系，这一关系不是非彼即此的演绎对立，而是低一层演绎多样性中的类型二分。不同的层次，差异的内涵不同，越到高层，差异的逻辑越复杂，且高层结构的差异逻辑包容所有低层结构的差异逻辑，具体体现在高层差异当中的每一方均能够包容低层差异的各方：组织结构中的各变化性兼容程度无论高低，都会同时涉及存在形式不同的各同步类型；规范结构中的各秩序性无论走势强弱，都会涉及兼容程度不同的各变化性；转换结构中的各规范性无论管控松紧，都能够包容走强秩序与走弱秩序。

　　在解释同步性时，只需研究两个相邻层次即可，在解释变化性时，则涉及三个层次上的相干。同步性蕴含着对立与统一，变化性蕴含着差异相渗透，相对来说，对立统一是一种相对粗糙的关系定性，而差异互渗是更为细腻、更为深入的关系定性，对立统一关系相较差异互渗关系有着更为基础的地位。需要注意的是，这一地位是从由简到繁的演化角度而言的，即差异互渗关系不可能直接产生，其演化路径当中必然蕴含着对立统一关系。考虑对立统一关系可以在各个层级中产生（见 2.2 节的说明），在差异互渗关系的基础之上也可以演绎出对立统一关系，只不过是更宏观尺度上的对立统一关系。例如，变动结构蕴含着同步性间的差异互渗，变动结构间的组合演绎可衍生出组织结构，其中存在着变化性与平庸性的对立统一。对立统一关系与差异互渗关系之间的转化与层次加工深度有关，如果忽视层次条件，那么就很容易引发争议和分歧。

重复性反映了存在，同步性反映了存在间的联系，变化性则反映了联系间的异化。有了联系，才能谈异化，异化意味着多样化的联系、多方面的存在，且联系与联系之间表现不一样，其中存在着基于联系的分化、区隔。异化与联系构成辩证性的矛盾，联系的普遍性意味着世界的和谐共存，异化的普遍性预示着世界的无尽裂变，联系与异化共同交织出了世界的丰富多彩。

2.4 源于错位背反的秩序性

秩序性是组织结构的演绎性质，组织结构以上的所有高层次结构当中都蕴含着秩序性。

2.4.1 组织结构层面的秩序性

组织结构源于变动结构间的组合演绎，成型于变化性之上的对立与统一。变动结构中存在着基于重复性间关联关系的相关程度对立，组织结构中存在着基于同步性间关联关系的相关程度对立，后者以同步性为分析起点（如图 2-6 所示），当以重复性为分析起点时，组织结构中就存在着两级相关程度对立：基层的相关程度对立定义了同步分界，它由重复性间的低程度相关所构成，并能够分化出蕴含着高程度相关的相异同步性；高层的相关程度对立定义了变动分界，它由同步性间的低程度相关所构成，并能够分化出蕴含着高程度相关的相异变化性。同步分界是反衬相异同步性的演绎背景，变动分界是反衬相异变化性的演绎背景，具有不同演绎尺度的两级背景嵌入同一个结构中，会带来怎样的表现呢？要诠释组织结构的演绎性质和演绎机理，弄清楚这一问题是关键。

组织结构中的高层相关程度对立可由图 2-6（c）来刻画，基层相关程度对立可由图 2-4（c）来刻画，两者结合起来，可得到图 2-14（a）的层次关系图，其中 4 个椭圆框之间的关系对应着较基层的相关程度对立（有两组），4 个方框之间的关系对应着较高层的相关程度对立（仅一组）。图 2-14 中的基准性质是重复性（m），每个 m 的下标及其两个单向前置箭头表示重复性的三级层次化约束，它表明整个结构存在着以重复性为起点的三级层次扩展：第一级是重复性与重复性之间的高相关（见方框部分），它演绎的是一定的同步性，这样的同步性有 4种，把它们统合起来看时，其整体蕴含同步性之上的两层对立统一；第二级是由同步分界所联系起来的同步性与同步性之间的高相关，它演绎的是变化性，这样的变化性有 2 种，其整体蕴含变化性之上的对立统一，注意这里同步性间的高相关与重复性之间的低程度相关是同一套关系的不同剖析表现；第三级是由变动分界所联系起来的变化性与变化性之间的组合演绎，它反映的是变化性与变化性之间的演绎协同。组织结构当中存在着一种变动分界所支撑的两种同步分界间的共存关系，它们都构成背景参照，这一体系中既有同层级背景间的相干，也有跨层级背景间的相干，我们所要重点分析的就是这一多样性的背景相干体系的一般表现。

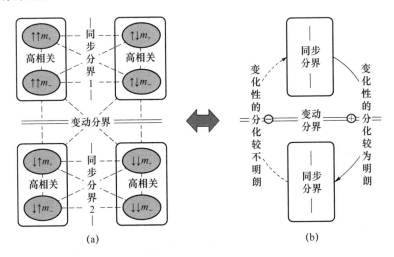

(a)　　　　　　　　　　(b)

图 2-14　组织结构的两级背景相干体系

　　组织结构中有两级层次分界，单纯从其中的变动分界来看，组织结构内含着相异变化性间的相互渗透关系，其中存在着变化性相互兼容能力的分化，以及不同变化类型间的联合，至于两种变化类型如何能够分化、联合，则是需要进一步探讨的地方。在展开说明之前，我们先来看一个常规案例。考虑猫头鹰这一概念，它同猫狗互动系统（见2.3.1节说明）有着较大的不同。猫头鹰对应着猫、鹰两个动物局部特征间的勾连（这是从语义或表象角度来理解的），这一勾连关系具有演绎确定性，而猫狗系统中两个动物局部特征间的勾连则具有随机性、不确定性，这是一方面。另一方面，猫狗系统既不能视作猫，也不能视作狗，而是猫与狗的演绎协同，这一关系呈现出的是变化，猫头鹰这一系统则表明它是鹰不是猫，但又同猫有一定的关系，相对于猫狗系统来说，猫头鹰这一系统存在着以鹰为主、以猫为辅的逻辑关系，或者说对猫鹰组合来说鹰的总体兼容性较强、猫的总体兼容性较弱。无论是类型的主次之分，还是相互之间的兼容性之别，都在表明相互对照上的非对称性，它不同于重复性与重复性间的存在性分立，也不同于同步性与同步性之间的联系性分立，而是涉及全新的逻辑关系呈现，这一关系同组织结构密切相关。

　　在信息的加工过程中，低相关的组合形式有铺垫、辅助作用（形成渗透、分离、裂变等的关系演绎多样性），而在信息输出结果中，蕴含不确定性的低相关信息往往被略过，蕴含确定性的高相关信息则被凸显出来，前者对应着信息的黑箱机制，后者对应着信息的逻辑表象，要有效理解信息，应当将黑箱机制和逻辑表象结合起来。对层次结构总体特性的理解，同样需要将其前景表现和层次背景结合起来考察。

　　层次结构中的前景代表着确定性，其性质相对容易理解，因为所在结构中有背景做依托、做参照、做流转；层次结构中的背景代表着不确定性，其性质相对难以理解，是因为所在结构中找不到当前背景之后的背景，只能去更高层次结构中寻找。我们先来看组织结构中的基层背景——同步分界，它有两种，每一种同步分界相当于所分化同步类型的裁判，每个裁判都有自己的裁定标准（或者说自己熟悉的裁决领域），不同领域的裁判置身于同一系统中时，将难以形成基于具体分化方法上的一致结论。微观层面的不相容，可以在宏观层面寻求统一性，只要找到能够包容不同分化标准的共存演绎机制。挖掘同步分界间的共存机制，可结合共存关系检测来进行，其共存表现需借助于宏观背景来评判，也就是变动分界来评判，变动分界的功能是分化出不同的变化性，同步分界间的共存表现即可由不同检测条件下的变化性分化表现的比照关系来反映，由此得到同步分界间共存关系的具体检测方法：当同步分界 1 存在时考察同步分界 2 的存在情况，并记录此情形下依托于变动分界的变化性分化表现；当同步分界 2 存在时考察同步分界 1 的存在情况，并记录下彼情形下依托于变动分界的变化性分化表现；然后对两种表现进行综合考察。检验同步分界共存关系的两种考察视角对应着两种**错位关联形式**：一种是基于同步分界 1 看向同步分界 2；另一种是基于同步分界 2 看向同步分界 1。两种错位形式具有演绎上的互补性，这一互补关系由变动分界所支撑。两种错位形式对应着依托于变动分界的两套分化结果，它们的相互比照可映衬出变化性分化效果上的不同：一种错位形式下，可分化出较为明朗的不同变化性；相反错位形式下，难以分化出的较为明朗的不同变化性①。图 2-14（b）示意了不同错位形式下的变化性分化表现的对照关系，其中两条弯曲的箭头表示两种互补的错位形式，⊕表示性质的分化相对明朗，⊖表示性质的分化相对不明。基层分界的不同错位形式下，借助于高层分界而呈现出来的分化表现对立可称为**背反表现**，它能够凸显出具有较确切分化表现的那种错位形式，该形式下的各变化性呈现较为明朗，而相反的错位形式下则因为分化效果较差而使得各变化性的呈现并不明朗。换句话说，同步分界间的组合演绎隐含着宏观尺度上的前景间共存表现冲突，只有特定错位形式下的演绎关联才有可能化解冲突，肯定一种错位关联形式的同时否定相反的错位关联形式，所呈现出来的就是演绎次序，该次序下的各变化性有着更为清晰、更为明朗的演绎关联。次序概念诠释了不同"裁判"身处同一系统之中的共存之道，解释了高兼容变化性与低兼容变化性之间的关联逻辑，也说明了不同变化性之间为何能够建立协同关系。

上述解析过程称为**错位背反分析**，错位是两种蕴含着不确定性的同步分界间的相错关系，它明确了考察组织结构的两种不同剖析路径，背反是基于变动分界上的评判表现对立，评判的素材源自两种剖析方式下的变化性演绎协同关系，其中存在着确定性与不确定性的分野，由此凸显出那个蕴含着确定性分化表现的错位形式。依托于两级层次分界的错位背反，比基于单级层次分界的差异互渗关系，能够更为全面、更为深入地诠释组织结构的演绎内涵：组织结构内的不同同步分界之间存在着关联演绎上的"路线之争"（类型分化与联合上的矛盾），更优

---

① 组织结构由蕴含着异化倾向的不同变动结构组合而成,组织结构本身包含着变化性的表现多样性,针对这样的结构,不同的剖析视角获得不一样的变化性组合表现评价是可以想见的。如果不同视角下各变化性的分布关系和相关程度总是一致,那么意味着界定各变化性的参照背景同考察视角无关,各变化性的组合演绎关系也必然具有一致性,这与变化概念本身的内涵是相悖的,因为变化对应着联系程度上的非一致性,变化性的组合演绎关系也必然涵括着这种非一致性。

路线下的分合互补逻辑能够更好地支撑不同变化性之间的关联协同，叠加了路线优劣的相异变化性间的演绎协同关系即构成秩序性。为了与更高层的秩序性区别开来，这里称组织结构层面的秩序性为**组织秩序**。

斜面系统呈现了秩序的典型表现形态。图 2-15 示意了斜面系统中的两级层次分界，其中同步分界分化出相异的同步类型（石头、附近路面两种类型），变动分界分化出相异的变化性（各变化区域中的石头-附近路面组合）。组织结构的总体演绎形式可由变动分界所界定的变化性之间的差异渗透关系来描述，即两个不同区域中的变化性之间的内外关联，这一关系的具体内涵要结合同步分界间的组合关系来呈现，其中涉及同步分界的共存问题。当同步分界 1 存在时，检测同步分界 2 的存在情况，并记录此时变动分界对各同步分界所对应变化性的分化表现〔对应子图（a）〕；当同步分界 2 存在时，检测同步分界 1 的存在情况，并记录彼时变动分界对各同步分界所对应变化性的分化表现〔对应子图（b）〕。对照这两种错位形式，会发现子图（a）中各变化性的呈现更为明朗（变动分界能够分化出较为明确的相异变化性），而子图（b）中各变化性的呈现则不是那么明朗（存在同步分界 1 未呈现的情况，变动分界难以分化出明确的相异变化性），从而凸显了有着更明朗变化性呈现的那种错位形式，也就是同步分界 1 看向同步分界 2 时所对应的相异变化性间的演绎次序，这当中，一种变化性构成逻辑先（对外兼容性高），另一种变化性构成逻辑后（对外兼容性低），在斜面系统中具体表现为石头从高处迈向低处的下滑过程。这一关系深化了不同区域上的两个变化性之间的共存方式，它不仅仅是差异间的渗透勾连，还存在着差异间的有序演绎。

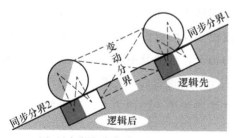 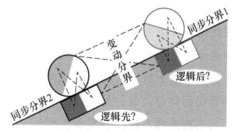

（a）同步分界1存在时检测同步分界2的
存在情况以及相应变化性的分化表现

（b）同步分界2存在时检测同步分界1的
存在情况以及相应变化性的分化表现

图 2-15　斜面系统（组织结构）中的错位关联与分化背反

斜面系统中，变动分界所分化的各变化性存在着演绎类型的不同，高处变化性表现出相对于低处变化性的高兼容性，低处变化性表现出相对于高处变化性的低兼容性，任取下滑过程当中的一个途径变化域，那么该区域上同步分界所分化出来的相异同步性在组织结构看来既可以演绎出高兼容变化性（相对于之后的变化性来说），也可以演绎出低兼容变化性（相对于之前的变化性来说），由此呈现出了基层结构所在定域关系相对于高一层结构的演绎两面性。

演绎次序不一定是动态的，看似静态的关联关系中也可以蕴含序的逻辑。例如，完整的人脸特征由眼、眉、鼻、口、耳等典型特征组成，它们必须按照一定的方位排列才能构成正常的人脸，那些异常的方位排列（如眉毛在下面、鼻子在上面、耳朵在中间等情形）是极低概率的存在，正常排列与反常排列的背反关系当中即蕴含着次序关系的制约。人脸特征虽然看起来是静态的，但从神经网络提取和加工基本素材的过程来看，那并不是完全静态的关系，而是基本素材在随机分布当中的多层次演绎一致性（如像素层面、基本线条层面、局部特征层面、特征排布层面等），所训练出来的网络参数对应着有效输出与无效输出的分野，整个网络中存在着大量的不确定性关系，它们最终从整体上反衬出了人脸特征所对应的特定排布次序。对图片所含演绎关系的理解，对语言基本概念的语义理解，都不能只看表象。

同步性之间的关联关系对应着不同演绎前景间的共存，它与变动结构相呼应，同步分界间的关联关系对应着不同演绎背景间的共存，它与组织结构相呼应，同步分界间的关系比同步性之间的关系复杂得多。前景对应着确定性，背景对应着不确定性[①]，对不同前景间的共存关系考察，可直接通过相应的背景来评判，而不同背景间的共存关系考察，则涉及不确定性之间的相干，同时，多样性背景的相干关系背后，还牵涉着一个更为宏观的背景，对基层背景间共存关系的定性依赖于该宏观背景，若忽视宏观背景，则基于不确定性的相干表现将难以得到定论。差异互渗关系中关于差异的定性过程涉及确定性的相干，错位背反关系中关于错位表现的定性过程既涉及确定性的相干，也涉及不确定性的相干，两者在分析模式上有较大的不同。无论是考察不同前景间的共存关系，还是考察不同背景间的共存关系，最终都要归结于一定尺度的演绎一致性之上，对立统一性是呈现宏观演绎一致性的基本方式。

回看猫头鹰案例，其中隐含着两套基于同步分界的类型分化体系：一套是猫与非猫的分化，通过两者的差异对照而明确了何为猫；另一套是鹰与非鹰的分化，通过两者的差异对照而明确了何为鹰。猫头鹰对应着这两套分化关系之间的

---

① 注意这一结论是一阶层次分界的表现，在二阶层次分界中，前景和背景都蕴含着不确定性。关于二阶层次分界的概念解析详见 2.5 节、2.6 节。

融合。两套关系的相干演绎当中，以鹰与非鹰的分化体系为主、以猫与非猫的分化体系为辅，这一主次关系成就了猫头鹰概念，相反的主次关系得到的则是"鹰头猫"。要注意的是，解析猫头鹰概念时不能将其视为猫头和鹰身之间的差异互渗，因为这一关系中的每个同步类型都不具有可重复性（猫头、鹰身无法单独存在），猫狗互动案例中猫头的可重复源于猫这一整体关系的存在。当以猫狗案例的思路来解析猫头鹰概念时，会发现存在演绎上的矛盾，因为猫头-猫身、鹰头-鹰身、猫头-鹰身这三组关系都具有高程度相关，同类型间的特征关联以及不同类型间的特征勾连都具有演绎确定性（还有部分勾连依然是低相关），这同猫狗案例中同域关联与跨域关联的相关程度对立有冲突，这也暗示了基于猫狗案例的解析思路是难以理解猫头鹰概念的。既有关系上的演绎矛盾需要在更宏观尺度上寻找化解思路，错位背反机制给出了化解办法。

1.4 节中，对主体性建构的案例解析有两种思路，错位背反机制是这两种思路的综合。组织秩序蕴含着变化性之上的同步性，在变动分界的支撑下，演绎出了高兼容变化性与低兼容变化性之间的协同关系，两种兼容能力的综合即构成演绎次序。具体来说，此变化性对彼变化性的高兼容性意味着两者能够更好地共存，其关系演绎具有较高的确切性，与之相对，彼变化性对此变化性的低兼容性意味着两者不能很好地共存，其关系演绎具有较低的确切性，一种关联形式能够较好地共存，相反的关联形式难以共存，这一对立表现所呈现的是两者间的关联次序。这一解释过程既涉及差异分化，也涉及错向兼容上的共存关系检测，其底层逻辑依然是错位背反关系。单纯的差异互渗关系只能凸显变化性，而错位背反关系则对变化性间的协同机制做了进一步的规定。

诠释同步性的关键词是对立统一，诠释变化性的关键词是差异互渗，诠释秩序性的关键词是错位背反。错位是一种较为复杂的关联关系。"位"是承载确定性前景的演绎空间，"位"与基层分界有对应关系，并因基层分界间的相互比照而明确了各自的占位。"错"意味着不同占位之间的对向关联。"错位"一方面打破了"位"的区隔，使得系统的演绎更为充分，另一方面又立足于各自之"本位"，形成不同的关联路径（错位形式）。"背反"针对的是不同关联路径下的系统多样化剖析表现，它立足于基层背景间的相干，彰显于宏观背景下的表现对立，它肯定确切表现下的关联路径，否定不确切表现下的关联路径，最终凸显出的是依托于确切路径下的前景有序关联。

错位背反机制诠释了秩序性的生成逻辑。一般来说，附加了机制性论据的有序演绎关系通常被称为因果关联，其中因相当于次序中的逻辑先（或主要关系），果相当于次序中的逻辑后（或次要关系）。组织结构当中的演绎次序并不只是单纯的从因向果，而是从蕴含着低程度相关的两级分界的演绎相干中所映衬出来的一种特性，其中存在着基于多重不确定性基础之上的整体涌现，这与我们对因果的直观理解似有不同。直觉中的因果关系一般对应着相对确切的逻辑关联，而组织结构中的因果关联伴随着大量的不确定性，没有不确定性做铺垫、做衬底，很难解释因果次序的生成机理。衍生于错位背反关系的秩序性能够更好地呈现因果关系的底层逻辑，有助于我们对因果关联的本质形成更为深入的理解，也为休谟问题的解决提供了新的思路（关于休谟问题的初步思考见附录 2）。

秩序性是组织结构的演绎性质，组织的织字即有经线纬线相交错的意思，与错位概念有呼应之处，组则表明一定程序上的结合过程，与背反关系的融合机制有对应性。序源于错位背反，序蕴含着逻辑先后，先后概念与时间有关，错位概念与空间有关，因此序同时间、空间都有一定的关系。序的典型表现是物体的运动过程，运动过程既消耗了时间，也串起了所经历的空间，只要过程中表现出了一定的运动方向，无论方向指向哪里，它都是序的体现。序兼容了变化，序催生了因果，序意味着事物之间的关系可传导、可跟踪、可预测，序意味着自然的演绎有导向、有规则，序成为人们适应自然、认识自然的重要逻辑原则与方法论。

2.4.2　其他高层中的秩序性

规范结构和转换结构中均蕴含着秩序性的衍生机制，具体说明如下。

2.4.2.1　规范结构中的秩序性

规范结构源于组织结构间的组合演绎，成型于秩序性之上的对立与统一。组织结构中存在着基于同步性间关联关系的相关程度对立，规范结构中存在着基于变化性间关联关系的相关程度对立，后者以变化性为分析起点（如图 2-8 所示），当以同步性为分析起点时，规范结构中就存在着两级相关程度对立：基层的相关程度对立定义了变动分界，它由同步性间的低程度相关所构成，并能够分化出蕴含着高程度相关的不同变化性；高层的相关程度对立定义了组织分界，它由变化性间的低程度相关所构成，并能够分化出蕴含着高程度相关的不同秩序性。变动分界和组织分界都是所分化差异关系的演绎背景，它们共存于规范结构中。

规范结构中的高层相关程度对立可由图 2-8（c）来刻画，低层相关程度对立可由图 2-6（c）来刻画，两者结合起来，可得到图 2-16（a）的层次关系图。图中的基准性质是同步性（$m_\pm$），$m_\pm$ 前的三个单向箭头表示基于同步性的三级层次化约束，其中存在着以同步性为起点的三级层次扩展：第一级是同步性与同步性之间的高相关（方框部分），它代表的是一定的变化性，这样的变化性有 4 种，它们整体蕴含着变化性之上的两层对立统一；第二级是由变动分界所联系起来的变化性间的高相关，它演绎的是秩序性（共有 2 种，整体蕴含秩序性之上的对立统一），此处的高程度相关与同步性间的低程度相关（见各同步性间的虚线）是同一套关系的不同剖析表现；第三级是由组织分界所联系起来的秩序性间的组合关系，这一演绎关系中潜藏着两个变动分界间的共存关系。规范结构当中存在着一种组织分界所支撑的两种变动分界间的关联演绎，形成以同步性为基准的两级背景相干体系。

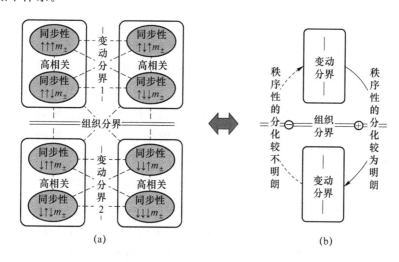

(a)　　　　　　　　　　　(b)

图 2-16　规范结构的两级背景相干体系（以同步性为基准）

从组织分界来看，规范结构对应着秩序性与秩序性之间的相互渗透关系，其中存在着组织分界对秩序演绎类型的分化。从两种变动分界来看，每一种变动分界均可分化出相异的变化类型，两种变动分界的共存意味着两种分化标准的相干，其总体表现不能由变动分界自身来判定，而要借助于更宏观层面的组织分界来判定。这一涉及两级背景的相干系统可运用错位背反机制来进行分析。具体来说：当变动分界 1 存在时考察变动分界 2 的存在情况，并记录此错位形式下的组织秩序分化表现，当变动分界 2 存在时考察变动分界 1 的存在情况，记录彼错位形式下的组织秩序分化表现，然后对两种错位形式下的秩序分化表现进行综合评判。相互比照下，可映衬出组织分界在秩序性分化效果上的不同：一种错位形式下，可分化出较为明朗的相异组织秩序，相反错位形式下，难以分化出较明朗的相异组织秩序〔如图2-16（b）所示〕。这一背反表现凸显出了具有较优分化表现的那种错位形式，该形式下的演绎关系能够带来更为明朗的秩序性共存表现。对一种错位形式下组织秩序分化表现的肯定，以及对相反错位形式下组织秩序分化表现的否定，所呈现出来的是相异组织秩序间的有序协同关系，这就是规范结构层面的演绎次序。相较于组织结构来说，这是更宏观尺度上的秩序性，这里称其为**规范秩序**。

错位背反关系诠释了规范秩序的生成机理，其中错位关系对应着变动分界间的两种相错路径，背反关系对应着两种路径上的秩序性分化效果的对立。规范秩序对应着相异组织秩序间的演绎次序，该次序指出了不同组织秩序是如何建立共存关系的。要注意的是，组织秩序等同于组织结构的秩序性，但规范秩序不等于规范性，规范性是规范结构整体层面的演绎性质，而规范秩序只是从秩序性的生成机制来看规范结构的演绎表现，它对规范结构的诠释是不完全的。所有单独基于低层演绎机制来剖析高层结构的操作，所获得的认识都是不完全的。

下面结合具体案例来说明规范秩序的演绎表现。图2-17示意了凹面系统中的两级分界，其演绎的基本单位是同步性，等同于把石头或附近路面中内部色块间的同步关联均视为整体单元，此时同步分界的作用被隐蔽，主要的演绎背景为变动分界以及组织分界，由此构成双层分界间的演绎相干体系。规范结构的总体演绎形式可由组织分界所界定的两种组织秩序来描述，一种组织秩序表现为走势增强（下滑过程），一种组织秩序表现为走势减弱（上滑过程）。两种组织秩序对应着两种变动分界，设变动分界1与有着走强趋势的组织秩序相对应，变动分界2与有着走弱趋势的组织秩序相对应[①]，两种变动分界可能出现在任何一侧斜面上。凹面中的错位关系可由这两种变动分界间的相错路径来体现，其中，当变动分界1存在时（对应一侧的下滑过程），变动分界2会在对侧斜面上首次出现（对应对侧的上滑过程），这一共存关系中，组织分界能够较为清晰地分化出两种组织秩序；当变动分界2存在时（对应一侧的上滑过程），变动分界1会在同侧斜面首次出现（对应石头在同侧折返后的下滑过程），在对侧斜面二次出现（对应石头在对侧折返后的下滑过程），无论哪种出场方式，这一共存关系中必定存

---

① 也可以使用相反的设定，不影响结果定性。

在着石头到顶后的折返过程，等同于多种演绎次序在同一区域反复呈现，组织分界所分化出来的秩序并不那么清晰，各秩序的演绎区域也难以分离。这种分化效果的差异即构成相反错位形式上的背反表现，最终衬托出的是那个有较明朗秩序分化表现的错位形式，它所对应的就是从走强秩序指向走弱秩序的演绎次序，这就是凹面系统中的规范秩序。石头来回滑动的每一个循环周期中，从走强秩序到走弱秩序的演绎次序会重复两次，不断地循环中，规范秩序会在凹面系统中反复出现。无限长的单斜面系统中，组织秩序会在一段段斜面上依次出现，也表现出了机制上的可重复。需要补充说明的是，循环运动是不能被两级背景相干体系所直接认识的，基于两级背景的错位背反机制所衍生的秩序是一种单向逻辑关系，它同循环关系是相悖的，在秩序的演绎机制看来，循环运动是离散的单向半周期运动的不断复现，各半周期运动之上的再关联关系并不能够被组织结构所认识。从这里也可以看到基于秩序演绎机制来考察凹面系统时的不完全性，更为全面的解析将在 2.5 节中展开。

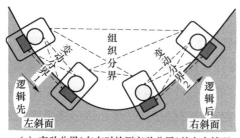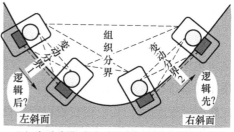

(a) 变动分界1存在时检测变动分界2的存在情况　(b) 变动分界2存在时检测变动分界1的存在情况
　并在共存尺度上检验组织秩序的分化表现　　　　　并在共存尺度上检验组织秩序的分化表现

图 2-17　凹面系统（规范结构）中的错位背反（以同步性为基准）

凹面系统中，组织分界所分化出来的各秩序性存在着演绎类型的不同，下滑意味着变化走强，上滑意味着变化走弱，如果任取凹面中的一个斜面，那么该斜面上变动分界所分化出来的相异变化性在规范结构看来既可以演绎出走强秩序，也可以演绎出走弱秩序，由此呈现出了变动分界所在定域关系相对于高一层结构的演绎两面性。

组织秩序建立在不同的变化性之间，规范秩序建立在不同的秩序性之间，规范秩序当中存在着组织秩序上的演绎多样性，其中蕴含着秩序在变化上的趋势互补，规范秩序包容不同的变化趋势，并在比组织秩序更为宏观的尺度上建立逻辑次序。规范秩序不关心各变化性之间的具体关联次序，而是重点考虑变化性组合关系所呈现出来的演绎走势上的次序关系，其中处于逻辑先的走势可称为影响，处于连辑后的走势可称为反应，影响和反应的综合即构成宏观尺度上的规范秩序。如果说组织秩序构成基本的因果关联，那么规范秩序就构成较强形式的因果关联，它给出了基础因果关联之上的进一步规定。

2.4.2.2 转换结构中的秩序性

转换结构源于规范结构间的组合演绎，成型于规范性之上的对立与统一。规范结构中存在着基于变化性间关联关系的相关程度对立，转换结构中存在着基于秩序性间关联关系的相关程度对立，后者以秩序性为分析起点（如图 2-10 所示），当以变化性为分析起点时，转换结构中就存在着两级相关程度对立：基层的相关程度对立定义了组织分界，它由变化性间的低程度相关所构成，并能够分化出蕴含着高程度相关的不同秩序性；高层的相关程度对立定义了规范分界，它由秩序性间的低程度相关所构成，并能够分化出蕴含着高程度相关的不同规范性。组织分界和规范分界都是所分化差异关系的演绎背景，它们共存于转换结构中。

规范结构中的高层相关程度对立可由图 2-10（c）来刻画，低层相关程度对立可由图 2-8（c）来刻画，两者结合起来，可得到图 2-18（a）的层次关系图。图中的基准性质是变化性（$\updownarrow m_\pm$），$\updownarrow m_\pm$ 前的三个单向箭头表示基于变化性的三级层次化约束，其中存在着以变化性为起点的三级层次扩展：第一级是变化性与变化性之间的高相关（方框部分），它代表的是一定的秩序性，这样的秩序性有 4 种，它们整体蕴含着秩序性之上的两层对立统一；第二级是由组织分界所联系起来的秩序性间的高相关，它演绎的是规范性（共有 2 种，整体蕴含规范性之上的对立统一），其中的高程度相关与组织分界所对应的变化性间的低程度相关（见各变化性间的虚线）是同一套关系的不同剖析表现；第三级是由规范分界所联系起来的规范性间的组合演绎，其中内含着两个组织分界间的共存关系。转换结构当中存在着一种规范分界所支撑的两种组织分界间的关联演绎，形成以变化性为基准的两级背景相干体系。

从规范分界来看，转换结构对应着规范性与规范性之间的相互渗透关系，其中存在着规范分界对规范演绎类型的分化。从两种组织分界来看，每一种组织分界均可分化出相异的组织秩序，两种组织分界的共存意味着两种分化标准的相干，其总体表现不能由组织分界自身来判定，而要借助于更宏观层面的规范分界来判定。这一涉及两级背景的相干系统可运用错位背反机制来进行分析。具体来

说：当组织分界 1 存在时考察组织分界 2 的存在情况，并记录此错位形式下的规
范性分化表现；当组织分界 2 存在时考察组织分界 1 的存在情况，并记录彼错位
形式下的规范性分化表现；然后对两种错位形式下的表现进行综合评判。相互比
照下，可映衬出规范分界在规范性分化效果上的不同：一种错位形式下，可分化
出较为明朗的不同规范性；相反错位形式下，难以分化出较明朗的不同规范性
〔如图 2-18（b）所示〕。这一背反表现凸显出了具有较优分化表现的那种错位形
式，该形式下的演绎关系带来更为明朗的规范性共存表现。对一种错位形式下规
范性分化表现的肯定，以及对相反错位形式下规范性分化表现的否定，所呈现出
来的是相异规范性间的有序协同关系，这就是转换结构层面的演绎秩序。相较于
组织秩序和规范秩序来说，这是更宏观尺度上的秩序性，这里称其为**转换秩序**。

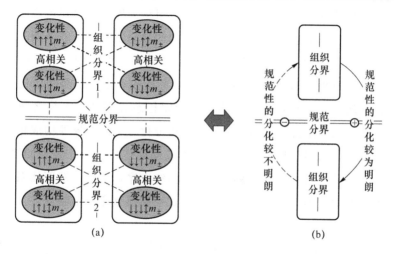

图 2-18　转换结构的两级背景相干体系（以变化性为基准）

　　转换秩序衍生于更宏观尺度上的错位背反，其中错位关系对应着两种组织分
界间的交错演绎路径，背反关系对应着两种路径上的规范性分化效果的对立。转
换秩序进一步深化了规范性与规范性之间的差异互渗关系，相异的规范类型间不
仅仅是渗透关联的关系，还存在着错位形式上的分化表现规定。同规范秩序类
似，转换秩序只是转换结构的一个剖面，它对转换结构的描述也是不完全的。

　　下面结合具体案例来说明转换秩序的演绎表现。图 2-19 示意了双凹面系统
中的两级分界，其演绎的基本单位是变化性，等同于把石头以及附近路面所构成
的变化关系视为一个整体单元，此时同步分界以及变动分界的作用被隐蔽，主要
的演绎背景为组织分界以及规范分界，由此构成双层分界间的演绎相干体系。转
换结构的总体演绎形式可由规范分界所界定的两种规范性来描述：一种规范性表

现为趋于宽松的秩序把控态势（对应凹面中石头从外侧长斜面的较高点到内侧短斜面的有序联动过程，此时内侧短斜面对上滑秩序的承载性不足）；另一种表现为趋于紧张的秩序把控态势（对应凹面中石头从内侧短斜面到外侧长斜面的有序联动过程，此时外侧长斜面对上滑秩序的承载较为充分）。两种规范性对应着两种组织分界，设组织分界1与态势趋于宽松的规范性相对应，组织分界2与态势趋于紧张的规范性相对应[①]，两种组织分界可能出现在任一个凹面当中，双凹面中的错位关系可由这两种组织分界间的相错路径来体现。当基于组织分界1来看组织分界2的存在关系时，存在着同凹面中的外侧下滑→内侧上滑过程，再到另一凹面中的内侧下滑→外侧上滑过程，前一过程对应着态势宽松的规范秩序，后一过程对应着态势紧张的规范秩序，两者没有区域交错，规范分界能够较为清晰地分化出两种规范性；当基于组织分界2来看组织分界1的存在关系时，组织分界1在同一凹面中首次出现（对应石头在当前凹面到顶折返后的外侧下滑→内侧上滑过程），在另一凹面中再次出现（对应石头在另一凹面中到顶折返后的外侧下滑→内侧上滑过程），无论哪种呈现方式，都存在着不同走势间衔接关系的折返，其中的区域交错使得规范分界难以明确宽松态势与紧张态势之间的确切界限，等同于难以清晰地分化出各规范性。这种分化效果的差异即构成相反错位形式上的背反表现，最终衬托出的是那个有着较明朗规范性分化表现的错位形式，它所对应的就是从宽松态势指向紧张态势的演绎次序，这就是双凹面系统中的转换秩序。石头在双凹面系统中循环运动时，这一转换秩序会不断复现。

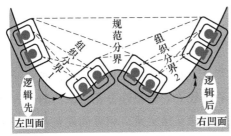 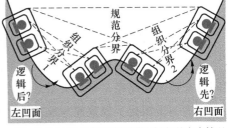

(a) 组织分界1存在时检测组织分界2的存在情况　　(b) 组织分界2存在时检测组织分界1的存在情况
并在共存尺度上检验规范性的分化表现　　　　　　并在共存尺度上检验规范性的分化表现

图2-19　双凹面系统（转换结构）中的错位背反（以变化性为基准）

双凹面系统中，规范分界所分化出来的各规范性存在着演绎类型的不同：一种表现为宽松态势；另一种表现为紧张态势。如果任取双凹面中的一个凹面，那

---

① 也可以使用相反的设定，不影响结果定性。

么该凹面上组织分界所分化出来的相异秩序性在转换结构看来既可以演绎出宽松态势，也可以演绎出紧张态势，由此呈现出了组织分界所在定域关系相对于高一层结构的演绎两面性。

转换秩序建立在不同的规范性之间，这一演绎次序的建立是有条件的。仍以双凹面系统为例，若石头从内侧斜面起滑，则石头大概率仅在一个凹面中来回滑动，石头在外侧斜面的高点滑下时才有可能形成两个凹面间的来回滑动，只有后一种情况才能形成两个凹面间的演绎相干，不同的规范性才有可能从中分化出来，并演绎出基于相异规范性之上的关联次序。换句话说，不同类型的规范性要形成有序关联，前提是要打破规范性相对于组织秩序的宏观演绎确定性（打破既定演绎范围），并且因打破宏观演绎确定性而带来的混乱与失衡要能够被另一个演绎范围所弥补，如此才有可能建立两种规范性间的稳定关联与有序演绎。这当中就存在着规范性相对于组织秩序态势松紧程度的把握问题，过紧的组织态势会隔绝组织秩序的外部相干性，从而难以建立更宏观尺度上的演绎关联，过松的组织态势可能造成系统的永久失衡。这里，适度的范围宽松成为建立不同规范类型间演绎相干的前提条件，适度的范围紧张是这一条件下的一定结果，后者保障了规范类型间演绎相干的稳定性，这一演绎关系当中存在着较为明显地从条件到结果的逻辑牵连。相较于规范秩序来说，转换秩序蕴含着更强形式的因果关联，其中的关联逻辑也更加符合我们对因果关系的直观印象。

小　结

要对演绎规律或运行规则的本质进行阐释，有一个字是很难绕开的，那就是"序"。序可简单理解为从一个状态指向另一个状态（这里的状态可简单可复杂），这种破除了关联对称性的单一指向是规律或规则的基本逻辑范式。序的衍生有着极其重大的认识论意义，自然当中所出现的所有前后相继、因果相接当中都蕴含着序，对序的提炼和把握使得我们既能够理解自然，也能够预测自然，进而更好地适应自然。序的衍生也具有极其重要的逻辑学意义，一切演绎推理、一切科学论证几乎都默认序的存在，也在大量运用着序的逻辑，缺乏序的串连拼接，逻辑学将了无生气，自然科学也将无以为继。序如此重要，然而序这一逻辑是怎样产生的这一问题长久以来并没有得到有效地澄清。

有人可能提出疑问，这一逻辑不是一种必然吗？不是大自然的根本吗？还有对它追根究底的必要吗？从成人的经验视角来看，因果次序确实是人们认识的自觉和行事的本能，然而从婴幼儿的行为表现来看，能够将生活中常见的因果关系串连并运用起来的情况相对少见，通常是达到一定年龄之后才掌握了一些基本的因果常识，其中存在着逐步的学习过程，这意味着把序作为逻辑学的基本设定并不符合人类认识的成长进路。在当前的复杂性科学以及人工智能研究当中，探究和摸索因果涌现机制已成为一种潮流，这恰恰反映了人们对因果次序内在本质的认识不到位、不完全。

那么，序是如何产生的呢？

如果说变化性表现在以同步分界为背景的相关类型分化上，根据组织结构的定义，秩序性应当产生于不同类型分化机制的组合演绎系统中，直觉告诉我们，这两者之间似乎没有逻辑上的必然性。这一理解上的困扰并非特例，当我们用相对简单的关系演绎逻辑来看待相对复杂的事物，并在不了解复杂事物演绎机理的情况下知道了它的总体特性时，这种困扰总是会出现，在不熟悉领域的自学活动当中尤为凸显。那么，秩序性又是如何从类型分化的组合演绎当中呈现出来的呢？首先要明确的一点是，参与组合演绎的各类型分化方式一定是有区别的，如果完全一致，等同于只有一种变化性，也就无法建构出更宏观的演绎层次。类型分化方式的不同带来的问题是：同一套组合系统当中存在着两套判定相关类型的方法，要对组合系统进行总体上的考量时，应当如何取舍，或者说如何兼容？

假如组合系统由两种混杂关系构成，每种混杂关系对应着适合于该混杂关系的较优分化方法，分别为分化法1和分化法2，调换分化方法后各混杂关系的分化效果都不理想（如图2-20左侧所示）。面对两种混杂关系的组合系统，以分化法1为主、分化法2为辅，来考察总体上的共存表现，然后以分化法2为主、分化法1为辅来考察总体上的共存表现，对两种表现进行比较，当存在共存效果上的反差时即意味着各分化法之间有着对向兼容程度上的不同，序即衍生于这种兼容度的反差中，具体体现在既兼顾全局（由起主要作用的分化法承担）又照顾局部（由起次要作用的分化法承担）的逻辑关联当中。

序与同步性分化机制的组合演绎系统有关，并最终成型于组合系统的整体演绎一致性当中。这一表现在日常语言中较为常见，所有"像什么的东西"的语句或词汇，以及由两个名词所构成的单一事物当中通常都蕴含着序的逻辑，如猫头鹰、牛油果形状的椅子等。以"牛油果形状的椅子"为例，其中存在着两种基本分化机制，一种用于判定椅子和非椅子，另一种用于判定牛油果和非牛油果，两种分化机制都具有针对性，当交换分化逻辑时，分化效果都不理想。牛油果形状的椅子是两种分化机制相干而产生的结果，它既有牛油果的特点，也有椅子的特点，但本质上属于椅子。对于这个兼具两种特点的新事物来说，两种分化机制从原来的没有什么关系，变成了有共性关系，具体体现在两者相辅相成而映衬出来的一个新维度——对外兼容能力，单一的分化机制谈不上兼容性问题。在整体尺度上，椅子的分化机制所对应的总体兼容能力更强，而牛油果的分化机制所对应的总体兼容能力相对较弱，两相对照而呈现出了椅子为主、牛油果为辅的演绎关系，其中蕴含着基于不同分化机制上的主次之别，它是演绎次序的重要体现。

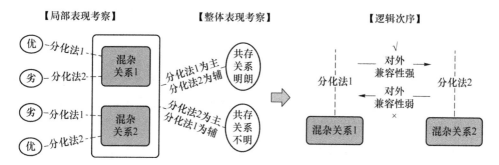

图 2-20　序衍生于同步性分化关系组合演绎所达成的整体一致性之中

序的最简洁表示就是从甲物指向乙物，甲物的明确意味着同时明确了非甲物，乙物的明确意味着同时明确了非乙物，这当中就存在着两套同步类型的分化，一个是甲物与非甲物的分化，另一个是乙物与非乙物的分化，因此序与不同类型分化关系的组合演绎系统有着直接的干系。从次序的衍生机制中可以了解到，所谓的次序并不是纯粹的一物指向另一物，而是全局关系分化与局部关系分化间的相干，局部上的相干形成方法错配，全局上的相干形成错配之上的总体表现背反，由此即可演绎出依托于特定总体表现上的既兼顾全局又照顾局部的一定次序。当回过头来看两套类型分化机制间的演绎关系时，就会发现次序是使得不同分化机制能够共存的一种基本运作框架，只要让不同的分化机制按主次或先后关系呈现即可。依托于复杂的逻辑关系来回看简单的逻辑关系时，更容易给出简单关系存在的理由。

秩序性源于变化性的组合演绎，成型于变化性之间的有序关联，秩序性意味着变化性的可接续，或者说不同类型分化机制的可兼容，这是一种更为复杂的存在关系，其中不仅内含着各变化性的存在，还涉及用于评判变化性的各层次分界间的演绎相干，后者是更宏观尺度上的存在，并且是蕴含着不确定性的存在。秩序所对应的可接续关系是针对低一层的变化性而言的，其中隐含着各变化的分明性。从斜面系统，到凹面系统，到双凹面系统，层次分界对类型的分化上都表现出了同一个特点：凡是向外卷的关系（不断拓宽演绎尺度的关系），各演绎类型的分化相对明朗，类型的界限相对清晰；凡是向内卷的关系（在有限尺度上反复演绎的关系），类型的分化则不那么明朗。就像是由多种颜色拼接而成的绳子，绳子摊得越开，越容易分割出各颜色分段，绳子越卷成一团，越难以分割出各颜色分段。

层论中，序不是最初始的规定，也不是先验的存在，序的概念要在组织结构中才能初步阐明。从层次体系中可以给出关于组织秩序的多种解剖思路。一是秩序性产生于四层次体系。定义了具有重复性的存在关系，才能进一步定义基本存在上的同步关联；定义了蕴含同步性的关联关系，才能进一步定义既有关系上的类型异化，以及相异类型间的相互渗透；定义了蕴含着变化性的差异互渗关系，才能进一步定义互渗关系之上的逻辑次序。缺乏三个基础层次，难以阐明何为秩序。二是秩序性产生于变化性之上的同步性，也就是变化性与变化性之间的共存，这一共存关系中存在着同步分界与变动分界这两级背景间的相干，并由此演绎出了特定错位形式上的兼容次序。三是秩序性产生于同步性之上的变化性，其中存在着一系列同步性的关联演绎，进而呈现出同步性间的相关程度对立，高相关演绎的是变化性，低相关演绎的是平庸性，秩序性即衍生于变化性与平庸性的对立与统一。四是秩序性产生于两级差异互渗关系，基层差异互渗关系定义了同步分界，高层差异互渗关系定义了变动分界，两级分界间的相干演绎出了错位背反关系。上述并不是解析秩序性的全部思路，从第 4 章中可以了解到，组织结构共有 4 种动态路径、14 种定态关系，对组织结构的解析有着较为丰富的演绎视角，它们构成序的不同理解。

序由两级层次分界的演绎相干所衍生，虽然存在着略显复杂的衍生机制，但从模式上而言，序是一个整体，演绎序的各基层分界不能断开，一旦独立开来，序就失去了意义。对序的诠释依赖于对结构的层次化解构，从解构后的具体成分中难以感受序的存在，只有把各成分间的逻辑关联统合起来时才能领悟序的存在。这种局部上看似乎不相干、整体上看才能呈现的演绎特性，正是涌现机制的典型体现。序意味着规律，序预示着规则，序的整体性为规律或规则的成因笼上了一层迷雾。人们一向认为，规律是事物自身所固有的，外界的环境只决定规律出现或不出现，不能决定规律的有或无，也不能改变规律本身，因此，规律为什么存在，为什么在一定条件下出现，一直是未知的谜团①。层论中基于四层次体系的错位背反关系给出了这一问题的一种机制性参考。错位背反关系的落脚点不是在结构当中相对明确的演绎前景上，而是重点针对那些蕴含着不确定性的演绎背景——层次分界。秩序源于具有前景分化能力的两级背景之间的相干，基层背景间的竞争带来差异化的"路线之争"（不同的错位关联形式），不同的路线下，宏观背景演绎出不同的前景实践表现（变化性共存表现的背反），两方面的综合即可明确更优实践表现下的演绎路线。这一机制呼应了**科学**研究活动的一般思路。进行科学探索时，在原理不明的情况下通常会先尝试一种路线，试试效果，然后再尝试相反的路线，再看看效果，最后进行比对，效果更好的那条路线更贴近所研究问题的演绎原理，当类似的情景当中总是存在着某种路线及其相反路线所对照出来的总体演绎一致性时，更优路线下的演绎机制通常会被视为有效的科研成果。

对两级层次分界的处理方法不同，获得的逻辑关系也有所不同。当综合看待两级层次分界的整体表现时，呈现的是秩序性；当以高层分界来看待低层分界所分化的差异双方的演绎表现时，获得的是低层结构性质呈现的两面性。演绎两面性与高层结构更宏观的演绎尺度所带来的更大包容性有关，实际上，所有低层结构所在关系域的演绎呈现，在高层结构眼中都具有两面性，层次性质的表示符号已经明示了这一点。关系域既可以承载确定性的演绎两面性，也可以承载不确定性的演绎两面性，前者可由单级层次分界来呈现，后者则涉及两级层次分界。组织结构中，高兼容变化性与低兼容变化性的演绎两面性，也是同步分界演绎两面性的体现；规范结构中，走强秩序与走弱秩序的演绎两面性，也是变动分界演绎两面性的体现；转换结构中，宽松态势与紧张态势的演绎两面性，也是组织分界演绎两面性的体现。不确定性的演绎两面性支撑了组织结构层面的错位关联，并最终呈现出了具有涌现特性的秩序性，在规范结构和转换结构层面，不确定性的演绎两面性呈现出了更为复杂的特性。

秩序性蕴含着因果关系，多层次的秩序性也意味着因果关系的多层次性。组织结构给出了序的派生机制，所衍生的组织秩序初步明确了序为何物，序的生成意味着事物与事物之间有了先后（或主次）之别，这是因果关系的最基本特点，组织秩序定义了因果关系的初始形态。规范结构在组织秩序的多样性表现之上，

---

① 王志康. 复杂性科学理论对辩证唯物主义十个方面的丰富和发展[J]. 河北学刊,2004(6):24-30,34.

演绎出了较宏观尺度上的演绎次序，它不关心各变化性之间的逻辑次序，而是关注变化性之上的不同走势之间的逻辑次序，这种涉及多样变化性的先后或主次关系定义了何为影响、何为反应，其中存在着关于变化的一连串演绎关联。规范秩序包容组织秩序的表现多样性，并演绎出了相较于组织秩序的宏观演绎一致性，它能够判定基层因果次序的具体表现，以及基层因果次序的演绎对立面，对因果逻辑的诠释也更进了一步，规范秩序可视为因果关系的加强形态。转换结构在规范秩序的多样性表现之上，演绎出了更宏观尺度上的逻辑次序，即不同秩序把控态势之上的演绎次序，相比于规范秩序，这当中存在着宏观次序是否成型的演绎条件，即规范结构对组织秩序演绎范围把控的松紧程度应当限定在适当的水平，过于紧张或过于宽松的态势把控都有可能导致规范性间的稳定相干难以建立，转换秩序也难以成型。相对于规范秩序的因果次序，转换秩序进一步明确了事物与事物之间建立演绎次序的前提条件和结果表现，其中的因果逻辑较为明朗，故而可视为因果关系的完全形态。

组织结构及以上的层次都蕴含着秩序性，基于此，秩序必然出现在四层次以上的系统中，这一结论的明确并不意味着用基于错位背反机制的秩序思维就能处理好所有的高层次系统。斜面系统中，秩序性是有高度代表性的，凹面系统和双凹面系统中，秩序并不是它们的全部，蕴含着不确定性的内卷关系（对应石头折返过程）即是错位背反机制所难以处理的。面对较复杂的系统时，秩序思维是有局限的，就像是用重复性思维来理解同步结构、用同步性思维来理解变动结构，其中必有关键性的逻辑关联被遗漏。

从变化性到秩序性，演绎模式上的一个显著区别就是对称性问题。对称性意味着不同观察视角下，系统仍然具有一致的特质。变化性蕴含着以层次分界为背景的低一层性质间的共存关系，有差异的两种内容之间的关系是互补的，两者能够并存，且任何一方看向另一方时都能得出异于自身的否定结论，两者的相互渗透即可演绎出变化性，其中没有关于谁先谁后、谁起谁止、谁主谁次等方面的硬性规定，而秩序性则明确了两种前景内容之间的一定演绎次序，它们之间的关系不再是双向对称的，从中演绎出了秩序性相对于变化性的**对称破缺**。从组织秩序到规范秩序，以及从规范秩序到转换秩序，也存在着类似的对称破缺：高层秩序内含着低一层性质间的共存关系，相异的低一层性质间相互排斥、互为否定，同时又能够稳定共存，其中存在着变化上的演绎对称性，但在高层结构看来，低一层性质间的共存关系当中存在着错位关联上的总体表现背反，共存双方之间的兼容性不再是对称的。对称性与不对称，同判定时所加工的层次深度，以及所依据的层次机制息息相关。

序的衍生机制隐含着价值的生成逻辑。凡是价值必然面临着关系的取舍，而与序有关的错位背反机制即涉及从关系扩展再到关系收缩的取舍操作。每一种依托于基层背景的错位关联形式即对应着基层结构间的关联关系，其演绎尺度与宏观背景相当，也就是与所在结构的总体尺度相当，两种相反错位形式的相互对照体系，就是一个比宏观背景更为宏大的关系尺度，它超出了所在结构的演绎尺度，其中存在着关系的扩展。而背反关系则给出了基层结构在共存表现上的对立，其中存在着确定性与不确定性的分野，相互对照下即明确了何为有效的共存、何为无效的共存，从而决定了错位形式的选择与摒弃，其中存在着关系的收缩。通过一扩一缩，最终的关系尺度依然与所在结构的总体演绎尺度一致。基于上述分析，可以给出价值的一种定义：价值意味着在更宏观尺度上演算当前尺度上的关系逻辑，使得当前关系的存在能够与宏观尺度看齐。价值运算蕴含着尺度上的前瞻（关系扩展）与回首（关系收缩），从而对存在概念赋予了更深层次的意义——存在不仅仅是着眼于当前尺度，还可以牵涉更宏观的尺度，宏观尺度上的存在对应着基层关系在宏观尺度上的分化与选择。层论的第四个建构层次被定义为主体性建构，主体通常被理解为可以进行价值运算的系统，这呼应了价值概念的定义。

秩序性蕴含着变化导向、组织逻辑，它是变动规律、运作规则的一般范式，凡是自行呈现出一定演绎规律的系统均可称为自组织系统。普里戈金认为："有序和组织可以通过一个'自组织'的过程从无序和混沌中'自发地'产生出来[①]。"迈因策尔指出："在物质的演化中，从基本粒子层次到星系的宇宙结构都可以观察到自组织过程……许多非生物系统也显示了自组织行为，分子晶体是自组织结构，胶束、乳胶以及脂质呈现种类繁多的自组织行为[②]。"自组织在自然界中广泛存在，其组织行为可用主体性建构来初步阐释。四个逐级包容的相干性层级是主体性建构的必要条件，任意一个超过三个层级的复杂交互系统之中，都有可能催生出新的主体组织。生态系统是一个多层次的复杂交互系统，在生态系统的演化当中，不断有新的物种产生。社会经济系统同样是一个多层次的复杂交互系统，其演化过程当中会不断产生出新的主体系统（机构、企业、行会、财团等），社会越复杂，互动越频密，从中裂变出来的新型主体形态就越多。

---

① 阿尔文·托夫勒. 前言:科学和变化[A] //普里戈金,斯唐热. 从混沌到有序——人与自然的新对话[M]. 曾庆宏,沈小峰,译. 上海:上海译文出版社. 2005.

② 克劳斯·迈因策尔. 复杂性思维:物质、精神和人类的计算动力学[M]. 曾国屏,苏俊斌,译. 上海:上海辞书出版社,2013:88,91.

2.5 源于纠缠有度的规范性

规范性是规范结构的演绎性质，规范结构和转换结构当中都蕴含着规范性。

2.5.1 规范结构层面的规范性

规范结构中存在着以同步性为起点的两级相关程度对立（见 2.4.2.1 节说明）。如果以重复性为分析起点，就可以发现三级相关程度对立。其中：各重复性间的相关程度对立可定义同步分界；各同步性间的相关程度对立可定义变动分界；各变化性间的相关程度对立可定义组织分界。规范结构内含五个演绎层次，更多的层次带来更为复杂的前景与背景相干，为演绎机制和演绎性质的诠释带来更多的困难。

规范结构中的高层相关程度对立可由图 2-8（c）来刻画，中层相关程度对立可由图 2-6（c）来刻画，基层相关程度对立可由图 2-4（c）来刻画，三者结合起来，可得到图 2-21 的层次关系图。图中的基准性质为重复性，m 的下标以及 3 个单向前置箭头表示基于重复性的四级层次化约束，其中存在着以重复性为起点的四级层次扩展：第一级是重复性与重复性之间的高相关（见小方框部分），它代表的是一定的同步性（共有 8 种，总体蕴含同步性之上的三层对立统一）；第二级是由同步分界所联系起来的同步性与同步性之间的高相关（见大方框部分），它演绎的是变化性（共有 4 种，总体蕴含变化性之上的两层对立统一）；第三级是由变动分界所联系起来的变化性与变化性之间的高相关，它演绎的是秩序性（共有 2 种，总体蕴含着秩序性之上的对立统一）；第四级是由组织分界所联系起来的秩序性与秩序性之间的组合关系。规范结构当中存在着由两组同步分界、一组变动分界、一种组织分界所构成的三级分界相干体系，形成更为复杂的背景演

绎关联，对规范结构演绎特性的考察，需要分析这三级分界相干体系的一般
表现。

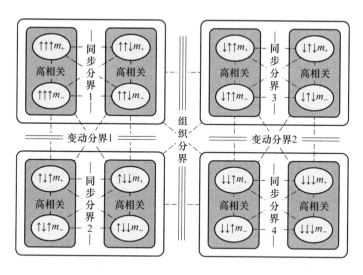

图 2-21　规范结构中的三级背景相干体系

　　在进行三级分界的分析前，我们先来看两级分界的演绎表现。2.4.2.1 节给
出了针对规范结构的两级分界演绎表现，即组织秩序不同走势之间的演绎次序，
这一结论建立在组织分界对变动分界间不同错位形式下的秩序性分化表现的背反
判断之上，其演绎基础为同步性，由于隐蔽了最基层的重复性以及相应的同步分
界，这一分析过程并没有阐明各同步分界在相干体系中的演绎表现。若要考察三
级层次分界间的演绎关联，就需要以重复性为分析起点。图 2-21 是对图 2-16（a）
的细化，其中的所有同步性均拆解为重复性，最底层的同步分界也得以呈现。当
以重复性为分析起点时，规范结构中存在着 4 种能够分化出高相关重复性组合的
同步分界，其中蕴含着同步分界之上的两层对立统一性。把各同步分界视作基本
的要素，这 4 种要素的不断复现中同样可分离出它们在相关程度上的不同，一类
是同步分界间的低程度相关，另一类是同步分界间的高程度相关〔如图 2-22（a）
所示〕。同步分界间的所有低程度相关等同于同步分界之上的层次分界，相比于
2.3 节小结部分所提炼的各级层次分界（如图 2-13 所示）来说，这是更为复杂的
层次分界，其中蕴含着层次分界衍生逻辑的双重运算。为描述方便，这里将同步
分界间的所有低程度相关关系称之为同步分界^2，这里的指数表明其阶数。分化
基本演绎性质的各级层次分界构成一阶层次背景，同步分界^2 构成二阶层次背景，

也就是背景之上的背景，它所分化出来的不再是代表着确定性的基本演绎性质，而是一阶背景间的高相关关系，这是基于不确定性之上的演绎确定性，不确定性源于一阶背景，确定性源于一阶背景间的高相关，它比一阶背景间的低相关（也就是二阶背景）的确定性要高一些，这里出现了不确定性之上的演绎对立性。

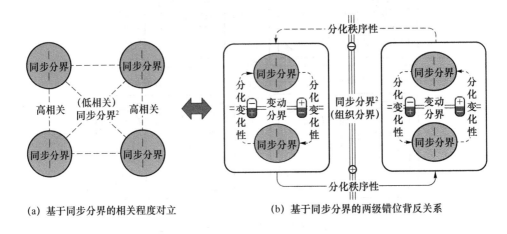

(a) 基于同步分界的相关程度对立　　　　(b) 基于同步分界的两级错位背反关系

图 2-22　规范结构中的两级错位背反关系

对同步分界[2]的演绎功能有多种理解方式：一是通过自身所蕴含的不确定性，反衬出了具有演绎确定性的高相关同步分界组合；二是作为二阶演绎背景，分化出了各高相关同步分界组合之间的类型差异，两种类型均构成相对于二阶背景的演绎前景；三是代表着高相关同步分界组合之间的渗透与勾连，整体形成二阶背景支撑下的不同前景间的演绎协同关系。同步分界[2]的这些功能同组织分界相对应，它亦是规范结构的代表性组件。两种代表组件构成考察规范结构的不同剖析视角，其中同步分界[2]以同步分界间的高相关为前景要素，组织分界则以变化性间的高相关为前景要素，前者演算的是一阶背景间的关系，可以突出功能流转，后者演算的是基本性质之间的关系，可以突出功能呈现。由于层次关系的复杂性，在不同的考察视角下，所承担的角色和逻辑可以不同，在考虑总体上的演绎特性时，需要尽量综合不同的视角。越是高层结构，越具有多样性的关系或角色呈现，否则不足以体现高层结构本身的演绎复杂性。

规范结构中，4 种同步分界之间既有高相关，也有低相关，同步分界间的高相关意味着各变化性分化情况在不同错位形式下的背反表现相对明朗，从而反衬出较为明确的秩序性；同步分界间的低相关意味着各变化性分化情况在不同错位形式下的背反表现相对不明，所反衬出的是秩序性的对立面——无组织。同步分界间的高相关能够被同步分界[2]进一步分化，形成蕴含着互补性差异的两套高相关组合，每一套组合中存在着同步分界间的错位关联，它们内嵌于不同变动结构的组合关系之中，不同错位形式带来依托于变动分界的不同变化性分化表现，表现上的背反即浮现出了基于一定错位形式的组织秩序，两套同步分界的高相关组合带来两种组织秩序，它们构成依托于组织分界的共存关系。两种变动分界可形成较宏观尺度上的错位关联，它们内嵌于不同组织结构的组合关系之中，不同错位形式带来依托于组织分界的不同秩序性分化表现，表现上的背反浮现出了基于较宏观错位形式的规范秩序。由此，规范结构中存在着两级错位背反关系，一个是基层的错位背反（衍生组织秩序），一个是高层的错位背反（衍生规范秩序），两者催生了具有嵌套关系的两级秩序相干。图 2-22（b）示意了这一关系，其中两个方框内的演绎关系均为基层错位背反，由同步分界和变动分界所演绎，两个方框之间的演绎关系为高层错位背反，由变动分界和组织分界所演绎。这里的组织分界具有角色多样性：一是作为二阶背景（同步分界[2]），其功能是分化出具有高程度相关的两套同步分界组合，并支撑着两套组合关系之间的演绎协同；二是作为一阶背景（组织分界），其功能是分化基于基层错位背反关系所衍生的组织秩序，并建立各组织秩序间的演绎协同关系。缺乏前一种角色，多样性同步分界间的关系就会比较混乱，无法从中分离出较为确切的同步分界间错位关系；缺乏后一种角色，具有演绎确定性的规范秩序就难以产生。整个规范结构中存在着微观层面的组织秩序与宏观层面的规范秩序的演绎相干，关于两级秩序之间的关联逻辑与演绎特性还有待进一步的考察。

高层结构均源于低层结构的组合演绎，高层结构能够分化出低层结构的演绎类型差异，进而评判低层结构的表现多样性，低层结构没有针对自身的差异识别能力，这种相对于高层结构的低层演绎多样性，在低层结构看来只是自身层次演绎性质的重复，其中存在着低层演绎机制的内在一致性。规范结构中存在着走强秩序与走弱秩序的演绎协同，两种秩序对于组织结构来说都是秩序性的体现，其中存在着相对于组织结构内在机制的演绎一致性。走强秩序与走弱秩序都代表着变化上的演绎趋势，蕴含着演绎确定性的两种走势与蕴含着演绎不确定性的组织分界一起构成宏观尺度上的统一性，这是组织分界这一层次背景支撑下的相异变化趋势上的统一性，所达成的规范结构包容秩序演绎多样性与趋势演绎互补性，并呈现出了较宏观尺度上的一致性。这种基于相异演变趋势组合相干的宏观统一性与整体一致性，构成相对于组织结构演绎一致性之上的一具无形框架，它框定了组织秩序的宏观演绎形态，这一宏观尺度上的规定即构成秩序性的**演绎范畴**（也可称为演绎范围）。为与更宏观层面的范畴相区别，这里称其为**规范范畴**。层论中，任何高层结构相对于低层结构来说都相当于演化上的一具无形框架，因此范畴概念理论上可用于任何包含低层演绎多样性的层次结构中，之所以在规范结构中才提出来，是因为这里的范畴主要刻画的是趋势上的演绎限度。对于规范结构来说，规范范畴规定了组织秩序的演绎上限，其中蕴含着变化趋势的总体限度，定域性也因为这一限度而得以定义，它亦是范畴的典型特点呈现。组织秩序与规范范畴之间存在着较为复杂的逻辑关联，一方面，组织秩序的定义涉及演绎尺度的扩展与收缩，扩展意味着向规范结构的渗透，另一方面，规范秩序定义了超出组织结构的新特性、新机制，它能够区分和评判组织秩序的不同演绎表现，由此演绎出了自下而上的关系渗透与自上而下的关系规制，这种微观尺度与宏观尺度的演绎相干反映了范畴及其所针对对象之间相互依托、相互成就的演绎特性。

组织结构中，同步分界只有一组，其演绎关联没有高相关与低相关之别，而规范结构中不仅存在着分界间错位关系在相关程度上的区别，还存在着错位关系在演绎尺度上的区别，其中较宏观层面的错位关联演绎出了规范秩序的一致性，较微观层面的多组错位关联演绎出了组织秩序的多样性，后者能够被组织分界所分化，并建立起了不同组织秩序间的演绎协同关系。相对于组织结构的组织秩序来说，规范结构中的组织秩序演绎面临着新的问题：基层的每一套错位背反关系均不是完全独立的演绎关系，各套错位背反关系在演绎一定组织秩序的同时，还要满足宏观尺度上的约束——两套基层错位背反关系所衍生的各组织秩序既要建立演绎协同，又要形成相关程度上的对立，以支撑变动分界和组织分界所演绎的错位关系与背反关系。也就是说，规范结构中的各组织秩序既涉及自身尺度上的错位背反关系制约，又涉及宏观尺度上的错位背反关系制约，这种双重制约会对基层秩序产生怎样的影响呢？

组织结构中，同步分界所分化出来的相异同步性间的演绎协同关系在整个组织结构看来既可以演绎出高兼容变化性，也可以演绎出低兼容变化性，其中存在着同步分界所在的关系域相对于组织结构的演绎两面性，它亦是同步分界类型差异的体现，相异类型间的协同支撑了组织结构中的错位关联。规范结构中，变动分界所分化出来的相异变化性间的演绎协同关系在整个结构看来既可以演绎出走强秩序，也可以演绎出走弱秩序，其中存在着变动分界所在的关系域相对于规范结构的演绎两面性，这是更宏观尺度上的演绎两面性，它在支撑着宏观尺度上错位背反关系整体演绎一致性的同时，也呈现出了微观尺度上错位背反关系在相应关系域上的演绎两面性，它呼应的是变动分界所在关系域中的秩序走势演绎两面性。这种基于基层错位背反关系演绎两面性而带来的互补演绎性质共享同一关系域的表现，可称为**纠缠**关系，在规范结构中，它是秩序性与秩序性之间的纠缠，也可以视为变动分界不同演绎类型间的纠缠。图 2-22（b）用符号示意了两级错位背反机制下的纠缠关系，其中每一个变动分界所支撑的背反表现不是唯一的，而是两套错位背反表现的叠加（用两组⊕⊖符号表示），每一套表现对应着一种组织秩序，同一变动分界所在关系域可支撑两种互补的秩序演绎类型，在实际考察时，所演绎的秩序类型只能是两者居其一，具体呈现的是哪一种组织秩序，要看与之相协同的另一变动分界的支撑表现。

下面结合凹面系统来具体说明规范结构中的纠缠与范畴表现。图 2-23 示意了凹面系统中的三级层次分界，其中同步分界共有 4 种，变动分界共有 2 种，组织分界有 1 种。从变动分界所支撑的一组同步分界间错位关联的背反表现中可演绎出微观尺度上的秩序（组织秩序），从组织分界所支撑的一组变动分界间错位关联的背反表现中可演绎出宏观尺度上的秩序（规范秩序）。宏观层面的规范秩序具有整体演绎一致性，具体表现为走强秩序（下滑过程）与走弱秩序（上滑过程）之间的响应次序，整个循环过程表现为这一次序的不断复现；微观层面的组织秩序具有演绎多样性，一种为变化增强，另一种为变化减弱，它们构成两种互补的变化趋势。在石头的来回滑动过程中，变化增强与变化减弱这两种变化趋势总是相伴相随，两者的协同关系因整体上的演绎循环而不断复现，呈现出了宏观秩序上的演绎一致性以及变化趋势上的总体统一性，它规定了组织秩序随机演绎的总体限度，它是规范范畴的体现。凹面系统中，变动分界在每一侧斜面上所分化出来的相异变化性之间既可以演绎出走强秩序，也可以演绎出走弱秩序，等同于变动分界与同步分界所演绎的错位背反关系具有两面性，它与组织秩序在同一斜面上的演绎两面性相呼应，其中存在着基层错位背反关系演绎两面性所带来的互补性质共享同一关系域的情况，这就是凹面系统中的纠缠关系。

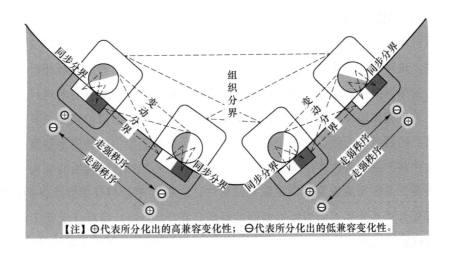

【注】⊕代表所分化出的高兼容变化性；⊖代表所分化出的低兼容变化性。

图 2-23　凹面系统（规范结构）中三级分界所演绎的秩序纠缠（以重复性为基准）

　　凹面系统由两个斜面所构成，如果把斜面上的高处变化性视为因，低处变化性视为果，那么凹面系统即演绎出了组织结构层面所难以理解的矛盾现象：高处的变化性能引发低处的变化性，并带来变化性的增强，低处的变化性也能够引发高处的变化性，并带来变化性的减弱，两种互补的变化走势在同一个斜面上都具有一定的演绎确切性（无论哪种走势，各变化性分化情况的背反表现在单一方向上均较为明朗）。在规范结构看来，矛盾双方存在着宏观尺度上的逻辑统一性，具体体现在走强秩序引发走弱秩序的响应次序当中，这一次序既可由左斜面发起，也可由右斜面发起，无论由哪个斜面发起，其走势上的衔接逻辑在变动分界与组织分界的两级相干体系中具有演绎一致性。

　　规范范畴所对应的宏观演绎一致性与总体趋势统一性，意味着规范结构对组织秩序的规定或约束，范畴以外的演绎关系成为内部组织秩序所难以企及的关系，范畴相对于组织秩序的这种限定和阻碍表现，可用控制概念来描述，控制是针对一定秩序或规则而言的，控制并不意味着秩序或规则的消失，而是秩序或规则的存在走势有总体上的规定与限度，它初步明确了秩序之上的管控态势。控制蕴含着跨尺度上的辩证性矛盾，一个是微观尺度上的自在性，另一个是宏观尺度上的局限性。与控制相对的概念是自由，它表明一定组织秩序的演绎不受其他秩序的牵绊，没有其他秩序能够与之建立互补性的演绎协同，整体表现与无纪律存在一定的对应关系。

　　概而言之，规范结构层面的规范性可以有多种考察角度。一是三级相关程度对立，它们分别定义了相应尺度上的层次分界，由此衍生出同步分界、变动分界、组织分界这三级层次背景间的演绎相干；二是两级错位背反关系，演绎出了组织秩序、规范秩序这两级秩序的演绎相干；三是由二阶背景同步分界[2]而支撑的各前景（蕴含着高程度相关的同步分界组合）间的演绎协同关系；四是变动分界所在关系域中存在着相异组织秩序间的纠缠关系；五是组织秩序的随机演绎存在着宏观尺度上的范围限定。这些只是考察规范结构的一部分视角，更多的考察视角可参考第4章的相关内容。

2.5.2 转换结构层面的规范性

转换结构中存在着以变化性为起点的两级相关程度对立（见2.4.2.2节说明）。如果以同步性为分析起点，就可以发现三级相关程度对立。其中：各同步性间的相关程度对立可定义变动分界；各变化性间的相关程度对立可定义组织分界；各秩序性间的相关程度对立可定义规范分界。转换结构中的高层相关程度对立可由图2-10（c）来刻画，中层相关程度对立可由图2-8（c）来刻画，基层相关程度对立可由图2-6（c）来刻画，三者结合起来，可得到图2-24的层次关系图。图中的基准性质为同步性（$m_\pm$），$m_\pm$前的4个单向箭头表示基于同步性的四级层次化约束，其中存在着以同步性为起点的四级层次扩展：第一级是同步性与同步性之间的高相关（见小方框部分），它代表的是一定的变化性（共有8种，总体蕴含变化性之上的三层对立统一）；第二级是由变动分界所联系起来的变化性与变化性之间的高相关（见大方框部分），它演绎的是秩序性（共有4种，总体蕴含秩序性之上的两层对立统一）；第三级是由组织分界所联系起来的秩序性与秩序性之间的高相关，它演绎的是规范性（共有2种，总体蕴含着规范性之上的对立统一）；第四级是由规范分界所联系起来的规范性与规范性之间的组合关系。转换结构当中存在着由规范分界所支撑的一组组织分界以及两组变动分界间的关联演绎，形成以同步性为基准的三级背景相干体系。

2.4.2.2节给出了针对转换结构的两级分界演绎表现，即不同规范性之间的演绎次序，这一结论建立在规范分界对组织分界间不同错位形式下的规范性分化

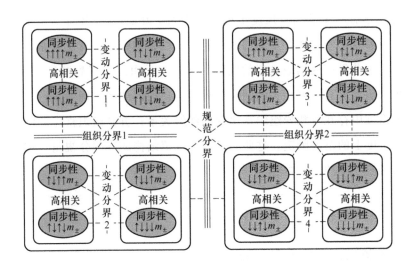

图 2-24　转换结构中的三级背景相干体系（以同步性为基准）

表现的背反评价之上，其演绎基础为变化性，这一分析过程没有阐明被隐蔽的各变动分界的演绎表现。若要考察三级层次分界间的演绎关联，就需要深挖至较为基础的同步性。图 2-24 是图 2-18（a）的细化，其中的所有变化性均拆解为同步性，变动分界也得以呈现。当以同步性为分析起点时，转换结构中存在着 4 种能够分化出高相关同步性的变动分界，其中蕴含着基于变动分界的两层对立统一性。把各变动分界视为基本要素，则可从一系列变动分界的关联演绎中分离出相关程度上的不同，一类是变动分界间的低程度相关，另一类是变动分界间的高程度相关〔如图 2-25（a）所示〕。变动分界间的所有低程度相关等同于变动分界之上的层次分界，可称为变动分界²，这是比同步分界²高一级的二阶层次背景，其演绎功能有多种理解方式：一是通过自身所蕴含的不确定性，反衬出了具有演绎确定性的高相关变动分界组合；二是作为二阶演绎背景，分化出了各高相关变动分界组合之间的类型差异，两种类型均构成相对于二阶背景的演绎前景；三是代表着高相关变动分界组合之间的渗透与勾连，整体形成二阶背景支撑下的不同前景间的演绎协同关系。变动分界² 的这些功能同规范分界相对应，它亦是转换结构的代表性组件。两种代表性组件构成考察转换结构的不同剖析视角，其中变动分界² 以变动分界间的高相关为前景要素，规范分界则以秩序性间的高相关为前景要素，对转换结构演绎特性的考察，需要结合这两方面来进行。

　　转换结构中，变动分界之间既有高相关，也有低相关，高相关意味着不同错

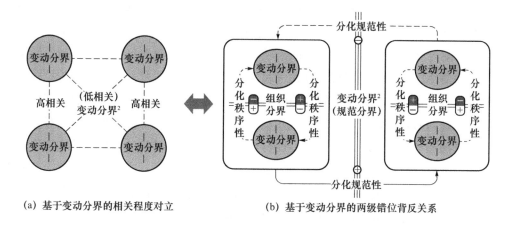

(a) 基于变动分界的相关程度对立　　　　(b) 基于变动分界的两级错位背反关系

图 2-25　转换结构中的两级错位背反关系（以同步性为基准）

位形式下的秩序性分化情况的背反表现相对明朗，从而反衬出较为明确的规范性，低相关意味着不同错位形式下的秩序性分化情况的背反表现相对不明朗，所反衬出的是规范性的对立面——无纪律。变动分界间的高相关能够被变动分界^{2}进一步分化，形成蕴含着互补性差异的两套高相关组合，每一套组合存在着变动分界间的错位关联，它们内嵌于组织结构的组合关系之中，不同错位形式带来依托于组织分界的不同秩序性分化表现，表现上的背反即映衬出了基于一定错位形式的规范秩序，两套变动分界的高相关组合带来两种规范秩序，它们构成依托于规范分界的演绎协同关系。两种组织分界可形成较宏观尺度上的错位关联，它们内嵌于不同规范结构的组合关系之中，不同错位形式带来依托于规范分界的不同规范性分化表现，表现上的背反映衬出了基于较宏观错位形式的转换秩序。由此，转换结构中存在着以同步性为起点的两级错位背反关系，一个是基层的错位背反（衍生规范秩序），一个是高层的错位背反（衍生转换秩序），从而形成两级秩序的演绎相干。图 2-25（b）示意了这一关系，其中两个方框内的演绎关系均为基层错位背反，由变动分界和组织分界所演绎，两个方框之间的演绎关系为高层错位背反，由组织分界和规范分界所演绎。这里的规范分界具有角色多样性：一是作为二阶背景（变动分界^2），其功能是分化出具有高程度相关的两套变动分界组合，并支撑着两套组合关系之间的演绎协同；二是作为一阶背景（规范分界），其功能是分化基层秩序组合演绎而衍生的规范性，并建立各规范性间的演绎协同关系。

　　转换结构中，规范分界所分化出的不同规范性具有范畴管控态势上的不同，一种趋于宽松，另一种趋于紧张，无论哪种表现，都属于规范性的体现，在规范结构看来它们具有内在的演绎一致性。宽松态势和紧张态势均构成管控上的演变趋势，这是比秩序走势更为复杂的演绎趋势，蕴含着演绎确定性的两种规范范畴与蕴含着演绎不确定性的规范分界一起构成宏观尺度上的统一性，这是规范分界这一层次背景支撑下的相异管控趋势上的统一性，所达成的转换结构包容范畴演绎多样性与管控上的演绎互补性，并呈现出了更宏观尺度上的一致性。这种基于相异管控趋势组合相干的宏观统一性与整体一致性，构成相对于规范结构演绎一致性之上的无形框架，它框定了规范范畴的宏观演绎形态，这一宏观尺度上的规定即构成规范性的**演绎范畴**。为与规范结构层面的范畴相区别，这里称其为**转换范畴**。规范秩序不等于规范性，类似地，转换范畴不等于跨期性，转换范畴是用规范结构的演绎逻辑来剖析转换结构的演绎表现，其中必然存在着逻辑关联上的不完全性。

转换结构中存在着多重的演绎两面性。变动分界所分化出来的相异变化性间的演绎协同关系在规范结构看来具有两可性，其中存在着变动分界所在的关系域相对于规范结构的演绎两面性，依托于组织分界这一演绎两面性支撑着规范结构层面的错位背反关系。组织分界所分化出来的相异秩序性间的演绎协同关系在整个转换结构看来既可以演绎出宽松态势，也可以演绎出紧张态势，其中存在着组织分界所在的关系域相对于转换结构的演绎两面性，这是更宏观尺度上的演绎两面性，依托于规范分界的演绎两面性支撑着更宏观尺度上的错位背反关系整体演绎一致性的同时，也反衬出了微观尺度上错位背反关系在相应关系域上的演绎两面性，它呼应的是组织分界所在关系域中的规范范畴演绎两面性。这里同样存在着基于错位背反关系演绎两面性而带来的互补演绎性质共享同一关系域的表现，这就是转换结构层面的**纠缠**关系，它是规范性与规范性之间的纠缠，具体表现在不同管控态势间的演绎纠缠。

下面结合双凹面系统来具体说明转换结构中的纠缠与范畴表现。图 2-26 示意了双凹面系统中的三级层次分界，其中变动分界有 4 种，组织分界有 2 种，规范分界有 1 种。从组织分界所支撑的一组变动分界间错位关联的背反表现中可演绎出微观尺度上的秩序（规范秩序），从规范分界所支撑的一组组织分界间错位关联的背反表现中可演绎出宏观尺度上的秩序（转换秩序）。宏观层面的转换秩序具有整体演绎一致性，具体表现为范畴宽松（对应石头从外侧斜面的高处滑下后的范畴失稳态势，内侧斜面兜不住）与范畴紧张（对应石头从内侧斜面滑入后的范畴回稳态势，外侧斜面兜得住）之间的响应次序，整个循环过程表现为这一次序的不断复现；微观层面的规范秩序具有演绎多样性，一种管控态势趋于宽松，另一种管控态势趋于紧张，它们在整个结构中表现为两种互补的把控趋势。在石头的来回滑动过程中，宽松态势与紧张态势这两种把控趋势总是相伴相随，两者的协同关系因整体上的演绎循环而不断复现，呈现出了转换秩序的整体一致性以及把控趋势上的总体统一性，它规定了规范性随机演绎的总体限度，它是转换范畴的体现。双凹面系统中，组织分界在每一个凹面中所分化出来的相异秩序性之间既可以演绎出宽松态势，也可以演绎出紧张态势，等同于组织分界与变动分界所演绎的错位背反关系具有两面性，它与规范范畴在同一斜面上的演绎两面性相呼应，其中存在着基层错位背反关系演绎两面性所带来的互补性质共享同一关系域的情况，这就是双凹面系统中的纠缠关系。

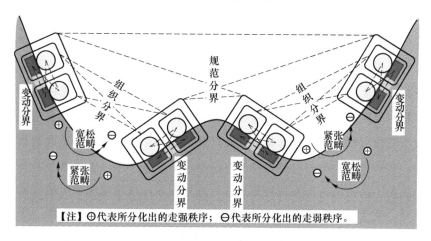

图 2-26　双凹面系统（转换结构）中三级分界所演绎的范畴纠缠（以同步性为基准）

　　转换结构中存在着控制概念的分化，具体体现在或宽松、或紧张的秩序把控态势当中，宽松促进了范畴间的交涉，紧张保障了交涉的稳定性。无论是宽松范畴，还是紧张范畴，都能够包容走强秩序与走弱秩序，这种包容性也预示着转换结构层面的控制并不着眼于细节，而是侧重于更宏观尺度上的演绎一致性。

　　概而言之，转换结构中也蕴含着规范性，考察其表现同样有多种角度：一是三级相关程度对立，并衍生出变动分界、组织分界、规范分界这三级层次背景间的演绎相干；二是两级错位背反关系，并演绎出规范秩序、转换秩序这两级秩序的演绎相干；三是由二阶背景变动分界[2] 而支撑的各前景（蕴含着高程度相关的变动分界组合）间的演绎协同关系；四是组织分界所在关系域中存在着相异规范范畴间的纠缠关系；五是规范性的随机演绎存在着宏观尺度上的范围限定。

小 结

　　自然当中能够稳定演绎的事物通常蕴含着一定的规律，对规律的提炼是理解和把握事物生成演变的关键所在。然而，任何给定的规律都无法保障绝对的可靠，如何理解规律既有高度代表性又不是绝对可靠的两重表现？范畴概念可以解释这种两重性。范畴定义了秩序或规律的适用范围，范围之内，秩序或规律的可靠性能够得到保障，范围之外，秩序或规律的可靠性难以得到保障。

　　范畴概念表明一定秩序的演绎是有界限的，范畴所明确的边界对应的是具有互补演绎趋势的多样性基层秩序在宏观尺度上的演绎一致性，它框定了基层秩序的总体演绎范围，并成为基层秩序与外部系统演绎相干的障碍。范畴对秩序的"管控""隔离"意味着事物之间的联系并不具备任意性、普遍性，而同步结构可建立在任意重复性之间，这一关系暗示了联系的任意性、普遍性。不同层级上出现了关于联系的不同定性，这一差别源于考察视角的不同。说联系的普遍性是从结构的整体出发，其中没有关于联系应当如何建立的具体约定，说联系的有限性是从结构的局部出发，此时结构的整体特性成为建构联系的前提和约束条件，由此导致了定性上的不同，因此我们既可以说联系具有任意性，也可以说联系具有条件性、有限性。最底层的基元之间的联系源于共存关系，但没有对共存形式做具体的规定，故能冠以任意性和普遍性，越到高层，结构越复杂，结构间的联系越多样化，关于联系的规定越多，对联系的要求也越深入、越具体。变动结构中，联系有高相关与低相关的区别，其中存在着相关程度上的规定；组织结构中，联系有高兼容性与低兼容性的区别，其中存在着兼容向度上的规定；规范结构中，联系有走强或走弱的区别，其中存在着演变趋势上的规定；转换结构中，联系有范畴宽松与范畴紧张的区别，其中存在着管控态势上的规定。同一基准下，越深入的规定，对应着越宏观的联系尺度，以及越复杂的联系机制。

　　范畴的明确通常对应着秩序演绎环境的明确，范畴的存在意味着秩序承载平台的存在。范畴包容和承载秩序的表现多样性，范畴中的各秩序之间既有差异性，又有协同性，相异秩序之间存在着演变趋势上的互斥以及宏观尺度上的共存关系，这一表现在社会系统中通常称为**竞争**。秩序间的拉扯会影响到宏观层面的演绎范畴，有特定范畴的秩序与无特定范畴的秩序反衬出了受限秩序与自主秩序的区别，受限意味着有互补走势的协同演绎，其中隐含着对宏观层面一致性的顺应，自主意味着没有与其他相异秩序建立稳定协同关系，其中隐含着对宏观层面一致性的破坏。趋势隐含着变化的导向，它是秩序或规则在现实中的反映，相异趋势上的统一意味着演绎的总体稳定性，具体体现在趋势的可放任、可收敛。稳定不等于变化的演绎一致性，也不等于秩序的演绎一致性，而是指互补演变趋势协同演绎而达成的总体一致性，它对应着秩序演绎多样性之上的宏观统一性，从这个意义上来说，稳定性依附于范畴概念，并着眼于范畴当中的多样性秩序演绎关系在整体上的可复现、可持续。

上文所提到的范畴概念主要是指规范结构所演绎的规范范畴，其演绎特性同样适用于转换结构所演绎的转换范畴，只是范畴所限定的对象不再是组织秩序，而是规范范畴。规范结构和转换结构都蕴含着规范性，范畴是阐释规范性的核心概念。范畴一方面约束了基层机制，另一方面又起源于基层机制的关联演绎，演绎相干所达成的总体演绎形式成就了基层机制的演绎范畴。一定的机制背后，总是有无序与混乱相伴，在规范结构中表现为无组织，在转换结构中表现为无纪律，它们成为反衬机制演绎确定性的参照，并在范畴的明确上起到重要的支撑作用。除了范畴概念，对规范性的阐释还有许多其他的思路，下面从两级背反、纠缠关系来说明规范性的演绎特点。

秩序性意味着错位背反，规范性意味着双层错位背反，这一演进关系浮现出了错位背反机制上的层次性，与层次结构因层级递进而带来的关系跃进表现类似，机制也会因为层级的提升而涌现出不一样的功能表现。错位背反机制中，错位对应着低层分界间的对向关联，背反对应着不同关联形式下的高层分界分化表现的对立，对立关系中的演绎确定性成为定性整个错位背反关系的关键所在。错位背反意味着对不同错位形式下的高一层分界分化情况的扬与抑，没有正面的肯定与反面的否定就不足以成为序，换句话说，序既然呈现出来，就存在着明确的是非判断。双层错位背反关系中，总体的是非判断生成于较宏观尺度上的背反关系之中，与此同时，基层尺度上的背反关系有了新的表现，其对应的不同错位形式不再是完全的非彼即此的关系，而是能够并存演绎，其中既有相异性又有协同性，形成相互交织的纠缠关系。单斜面系统中只有下滑次序没有上滑次序，而在单凹面系统中两种次序能够并存，且可以共享同一斜面。单凹面系统中只有稳定范围，没有失稳范围，而双凹面系统中既有失稳范围，也有回稳范围，两者能够并存，且可以共享同一凹面。这些案例给我们的启示是：当缺乏宏观层面上的演绎对立性时，基层相异关系间的矛盾往往表现为"你死我活"的关系；当有了宏观层面上的演绎对立性时，基层的矛盾双方有可能形成稳定的共存关系。社会系统中，在缺乏外部竞争力量时，不同主体间的矛盾难以消弭，除非形成明确的主次关系，而在有了共同的外部竞争力量后，不同主体间的既有矛盾是有可能长期存在下去的，其中的主次关系不再具有绝对性，外部竞争可以包容和支撑内在的演绎表现多样性，哪怕是相互竞争的表现。

衍生规范性的双层错位背反关系中，基层矛盾的调和意味着宏观尺度上演绎一致性的成型，这使得预测系统在宏观尺度上的演绎表现成为可能。规范结构中存在着组织结构间的相干，从中能够演绎出变化走势各异的组织秩序，若当前呈现的是变化走强的组织秩序，那么很有可能牵引出变化走弱的组织秩序，这一衔接关系即对应着基层秩序走势矛盾在宏观尺度上的调和。转换结构中存在着规范结构间的相干，从中能够演绎出管控表现各异的规范范畴，若当前呈现的是引发势态失稳的宽松范畴，那么很有可能牵引出弥补失稳态势的紧张范畴，这一衔接关系即对应着规范范畴的态势矛盾在宏观尺度上的调和。这一结论影射了社会与历史的演化规律，它给我们的启示是，任何一件有重要现实意义的事件，都不会只局限于事件本身所在的那个时空，而是会与后续事件发生潜在的关联，从这种关联和对照中更容易理解每个事件的历史意义。历史有它的周期循环，就如同石头滑动过程的循环，从循环当中总是可以发现事件与事件之间的有序关联。

演绎规范性的两级错位背反关系中，基层错位背反关系存在着相对于宏观错位背反关系的演绎两面性，进而带来互补演绎性质共享同一关系域的演绎表现，它也是两面性质间纠缠关系的体现。规范结构中的纠缠关系建立在有着互补变化趋势的相异组织秩序之间，转换结构中的纠缠关系建立在有着互补管控态势的相异规范范畴之间。在所在结构的低一层尺度上的定域关系中，所在层次分界所分化出的差异双方都有可能呈现，但具体呈现哪一种，要看与之协同的另一定域关系的演绎表现，这一特性与量子纠缠现象有几分神似，这也是称其为纠缠关系的原因所在。纠缠与五级层次体系有关，其中存在着四种基层分界、两种中层分界、一种高层分界的演绎相干，四种基层分界所带来的两套高相关基层分界组合关系与两种中层分界相对应，后者成为分化基层分界高相关组合关系间协同演绎关系的背景，由于中层分界不是一种而是两种，由此带来分化基层分界高相关组合关系间相干表现的两套标准（可理解为两套"中层指导意见"），进而催生了基层分界组合关系间协同演绎的双面性，它呼应的是高层分界所分化出的两种互补性质。

规范性的演绎表现在许多方面与社会系统存在着对应性。范畴、限制、管控、约束、影响、竞争、自主、自由、受限、稳定等概念都与规范性有关，它们也是描述社会系统的常见概念。社会系统中存在着许多有着各种行动趋向的主体，不同主体之间或竞争或联合，形成极为多样化的交互表现，同时整体上又保持着一定的和谐与稳定，其表现与规范结构类似，这也是为何称规范结构的建构过程为社会性建构的原因所在。

总而言之，规范结构和转换结构中都蕴含着规范性，规范性衍生于五级层次结构、三级层次分界、双层错位背反以及有二阶层次分界的系统之中。规范性对应着两种尺度上的秩序演绎，高层秩序包容基层秩序的表现多样性，高层秩序源于基层秩序组合演绎所带来的趋势分化，成型于互补趋势间的有序衔接，两种趋势的协同演绎所达成的总体一致性定义了相对于基层演绎一致性的宏观演绎范畴。对规范性的诠释可用**纠缠有度**来描述，纠缠是比错位更为复杂的一种演绎形式，它对应着基层性质在定域中演绎两面性的稳定复现关系，有度表明的是基层性质随机演绎的总体范畴。

2.6　源于范畴交涉的跨期性

转换结构中存在着以同步性为起点的三级相关程度对立（见2.5.2节说明），如果以重复性为分析起点，就可以发现四级相关程度对立，进而可定义出同步分界、变动分界、组织分界、规范分界等层次分界。转换结构中从高到低的相关程度对立可分别由图2-10（c）、图2-8（c）、图2-6（c）、图2-4（c）来刻画，四者结合起来，可得到图2-27的层次关系图。图中的基准性质为重复性，m的下标以及四个单向前置箭头表示基于重复性的五级层次化约束，其中存在着以重复性为起点的五级层次扩展：第一级是重复性与重复性之间的高相关（见小方框部分），它代表的是一定的同步性（共有16种，总体蕴含同步性之上的四层对立统一）；第二级是由同步分界所联系起来的同步性与同步性之间的高相关（见中方框部分），它演绎的是变化性（共有8种，总体蕴含变化性之上的三层对立统一）；第三级是由变动分界所联系起来的变化性与变化性之间的高相关（见大方框部分），它演绎的是秩序性（共有 4 种，总体蕴含秩序性之上的两层对立统一）；第四级是由组织分界所联系起来的秩序性与秩序性之间的高相关，它演绎的是规范性（共有 2 种，总体蕴含着规范性之上的对立统一）；第五级是由规范分界所联系起来的规范性与规范性之间的组合关系。转换结构当中存在着四组同步分界、两组变动分界、一组组织分界以及一种规范分界所构成的四级分界间的演绎相干，形成一套极为复杂的多背景交互体系。

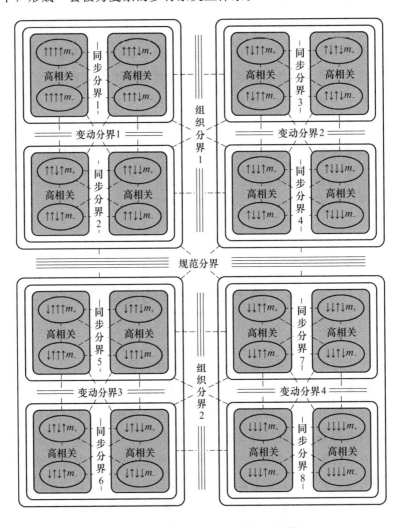

图 2-27 转换结构中的四级背景相干体系

2.5.2节给出了针对转换结构的三级分界相干表现，其演绎基础为同步性，要考究四级层次分界的演绎关系，需要在此基础上进一步深挖。图 2-27 是图 2-24 的进一步细化，其中的所有同步性均拆解为重复性，此时被隐蔽的 8 种同步分界凸显出来，成为充实原有高层分界演绎关系的新基石。8 种重复性意味着基于重复性的两级相关程度对立〔见图 2-14（a）的说明〕，类似的，8 种同步分界意味着基于同步分界的两级相关程度对立，这当中，微观层面的相关程度对立可定义二阶背景同步分界[2]，宏观层面的相关程度对立可定义更高一级的二阶背景变动分界[2]，由此带来两级二阶背景的相干〔如图 2-28（a）所示〕，基于二阶背景的层次化体系初步建立。这一体系当中，变动分界[2] 构成演绎背景，两种同步分界[2] 构成演绎前景，前景的功能表现由变动分界[2] 所分化，并形成依托于变动分界[2] 的演绎协同关系。

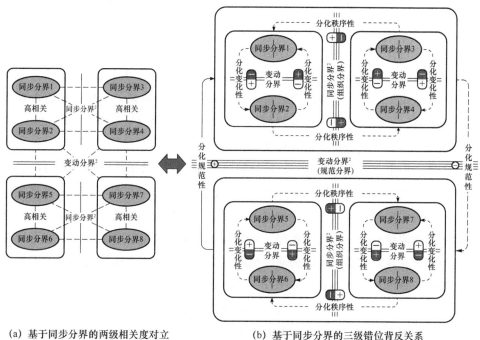

(a) 基于同步分界的两级相关度对立　　　　(b) 基于同步分界的三级错位背反关系

图 2-28　转换结构中的三层错位背反关系

同步分界[2] 的功能有多种理解，一是代表着同步分界间的低程度相关，二是对应着变动分界间的高程度相关，三是作为组织分界的另一种角色。变动分界[2] 的功能亦有多种理解，一是代表着变动分界间的低程度相关，二是对应着组织分界间的高程度相关，三是作为规范分界的另一种角色。同步分界[2] 以及变动分界[2]

演绎功能的理解要结合各自的多重角色来进行。基于同步分界的两级相关程度对立中，基础层面的相关程度对立共有两套（由变动分界²所分化），每一套均存在着同步分界间的两组高相关组合（由同步分界²所分化），每组高相关组合能够在变动分界的支撑下演绎出一定的组织秩序，所衍生的两种秩序之间存在着组织结构所在关系域上的纠缠关系（见 2.5.1 节的解析）。宏观层面的相关程度对立针对的是四组高相关同步分界间的再组合表现，也就是变动分界间的再组合表现，从中可分离出变动分界间的两组高相关组合，它们在组织分界的支撑下均可演绎出一定的规范秩序，两种规范秩序存在依托于规范分界的演绎协同关系。整个转换结构中存在着两种组织分界以及一种规范分界的演绎相干，它们可演绎出转换秩序。简言之，转换结构中存在着三级错位背反关系，基层错位背反由同步分界和变动分界所演绎（衍生组织秩序），中层错位背反由变动分界和组织分界所演绎（衍生规范秩序），高层错位背反由组织分界和规范分界所演绎（衍生转换秩序），图 2-28（b）示意了这一多级错位背反关系的大体架构，其中存在着 4 种组织秩序（见包含变动分界的四个小方框），2 种规范秩序（见包含组织分界的两个大方框），以及 1 种转换秩序（见规范分界所联系的两个大方框），形成三级秩序间的演绎相干体系。这是比两级秩序更为复杂的演绎体系，单层秩序蕴含着错位背反关系，两级秩序蕴含着有界纠缠关系，三级秩序又会演绎出什么关系呢？这一问题，需要从基层秩序的宏观演绎矛盾性说起。

转换结构中存在着相异规范范畴之间的演绎协同，关于协同的方式与机制还有待进一步明确。从秩序性生成机制的解析思路中（见 2.4 节）可以了解到，若要进一步说明规范范畴间的演绎协同关系，需向结构内部深挖，这就涉及各规范范畴的内部演绎成分——组织秩序。规范范畴意味着组织秩序在宏观尺度上的限制与约束，它规定了组织秩序的演绎范围，这将使得范围之外的秩序相干不复存在，然而，转换秩序的存在挑战了这一论断。转换秩序对应着不同规范性间的衔接次序，次序的明确对应着各规范性中演绎确定性（组织秩序）与不确定性（组织分界）之间的相干，其中存在着相异规范性当中的组织秩序勾连，这就打破了规范范畴对组织秩序的限制与规定，这何以可能？

所有的低层结构，在高层结构看来都存在着表现多样性，低层结构眼中的演绎一致性在具有更宏观演绎尺度的高层结构看来不具有绝对性，规范范畴亦如此。规范范畴间的差异体现在组织秩序控制能力的分化上，一种表现为组织秩序的把控能力转弱，另一种表现为组织秩序的把控能力转强，前者意味着范畴宽松，后者意味着范畴紧张，控制的松紧能够解释不同范畴中的组织秩序何以能够建立演绎相干。当规范范畴对组织秩序的限定过紧时，组织秩序确实难以形成对外交互，当规范范畴对组织秩序的限定过松时，组织秩序将自主运行，虽然能够与外部建立交互，但也容易彻底失控。而适度且适时的范畴限定则有机会建立组织秩序的跨范畴稳定交互，其中适度的宽松使得组织秩序有机会脱离约束并建立与原范围之外的其他秩序间的演绎关联，从而形成不同范畴中组织秩序间的渗透勾连，而适度的紧张又能够使得已经发生的组织秩序相干关系回归可控的水平。对于组织秩序的跨范围相干，相应规范范畴的宽松与紧张的演绎表现不是任意的，而应当是相互配合、相互协同的关系，否则就难以保障总体相干的稳定性。一个紧张，另一个也紧张，那么秩序相干就难以发生，一个宽松，另一个也宽松，那么秩序相干就难以稳住，只有宽松与紧张相互协调、相互配合起来才有可能达成总体上的演绎稳定性。转换范畴即成型于相异规范范畴间的演绎协同，协同方式围绕着组织秩序的跨范围交互而进行，其中存在着组织秩序的范围转换，即从宽松范畴转变至紧张范畴，这种范畴的跨越呼应的是转换结构整体层面的性质——跨期性。组织秩序穿透规范范畴的演绎矛盾能够被转换范畴所消解，转换范畴蕴含着规范范畴之上的对立与统一，其中的对立体现在秩序同范围关联时的把控关系明确与秩序跨范围勾连时的把控关系混乱的矛盾上，统一体现在两种对立表现的共存上。

转换结构中，组织秩序的跨范畴相干是有条件的，它起于范畴的宽松，止于范畴的紧张，有起有止的规定既是演绎次序的体现，也是演绎界限的体现，前者呼应的是转换秩序，后者呼应的是转换范畴，它们都是对转换结构演绎特性的诠释。范畴对应着一定机制间的演绎纠缠，转换结构内含着两级范畴，一种是管控秩序性的规范范畴，另一种是调控规范性的转换范畴，这意味着纠缠关系的两重演绎，基层的纠缠关系建立在有着不同变化趋势的组织秩序之间，宏观的纠缠关系建立在有着不同管控态势的规范范畴之间。无论是基层的纠缠关系，还是宏观的纠缠关系，都存在着演绎角色的两面性：基层两面性具体表现为一定关系域中的组织结构既有可能表现出走强的秩序，也有可能表现出走弱的秩序，宏观两面性具体表现为一定关系域中的规范结构既有可能演绎出宽松的范畴，也有可能演绎出紧张的范畴。两面性意味着两方面都存在，具体情况要结合与之存在协同关系的其他关联结构的表现来看。当具有协同关系的秩序演绎两面性结合范畴演绎两面性时，就衍生出了一种特别的关系：彼方组织秩序因自身范畴宽松而导致的失控能够被此方规范结构的紧张范畴所弥补，此方组织秩序因自身范畴宽松而导致的失控也能被彼方规范结构的紧张范畴所弥补，其中存在着组织秩序管控力度的双面交涉，各规范结构的组织态势失稳均能被对方的紧张范畴所弥补，这一过程即构成演绎稳定性的**交换**。交换概念揭示了两级纠缠关系的现实意义，也进一步诠释了不同规范范畴究竟是如何建立演绎协同的。

转换范畴当中存在着相异规范范畴间的相干，一种规范范畴中，有两类相互影响的组织秩序，另一种规范范畴中，也有两类相互影响的组织秩序，两种范畴间的相干使得同一范畴中的两个秩序在相互影响的同时，也会牵连到另一范畴中的两个秩序，这种组织秩序联动关系在跨范畴中的勾连，可以用**交涉**概念来形容，其中的响应次序不仅存在于当前规范范畴中，还存在于不同的范畴之间，后者是更宏观尺度上的响应关系。具体来说，范畴的交涉当中，同一范畴中的一个组织秩序影响另一个组织秩序，然后又牵涉着另一范畴中的两个组织秩序间的演绎次序，跨期性所刻画的就是这种跨范畴间的秩序交涉过程，跨期性意味着宏观尺度上的范畴关联将带来微观尺度上演绎秩序的长程关联。交涉与交换概念有相近之处，两者都与范畴中的秩序相干有关，其中交换概念立足于基层秩序并侧重于秩序管控的双向互补，交涉概念立足于演绎范畴并侧重于范畴间的内部影响。

下面结合双凹面系统来具体说明转换结构的演绎表现。图 2-29 示意了双凹面系统的四级层次分界，其中石头与附近路面色块间的跨类型关联构成同步分界（见小方框内的 4 条虚线，共有八组），石头或附近路面在同一斜面的跨区域关联构成变动分界（见穿过小方框的 4 条虚线，共有四组），石头与附近路面组合在凹面中的跨斜面关联构成组织分界（见穿过大方框的 4 条虚线，共有两组），同一斜面上的石头有序运动过程（见大方框部分）在跨凹面间的关联构成规范分界（见大方框外的 4 条虚线，仅一组）。系统中存在三级演绎秩序：一是石头在同一斜面上的运动次序，它对应的是组织秩序；二是石头有序运动在同一凹面中的响应次序，具体表现为石头从一侧的走强秩序引发对侧的走弱秩序的演绎过程，它对应的是规范秩序；三是石头响应过程在两个凹面间的交涉次序，具体表现为石头从趋于宽松的响应过程到趋于紧张的响应过程间的有序衔接，它对应的是转换秩序。双凹面系统的整体演绎特性难以通过秩序来勾勒，需要结合秩序性之上的深层次逻辑。当石头在同一个凹面中来回滑动时（不突破其短板），其总体演绎范围构成规范范畴，它规定了组织秩序的演绎界限。当石头在双凹面的外侧斜面较高点滑下时，规范范畴对组织秩序的范围限定被打破，范畴出现失稳态势，两个凹面间的秩序相干也得以建立，秩序在凹面间的跨范围交涉也得以形成，此时，组织秩序在任一侧凹面的失控能够被对侧凹面所弥补，双向互补即蕴含着石头在两个凹面间的秩序把控稳定性的交换，并且这一过程存在着总体上的演绎一致性。

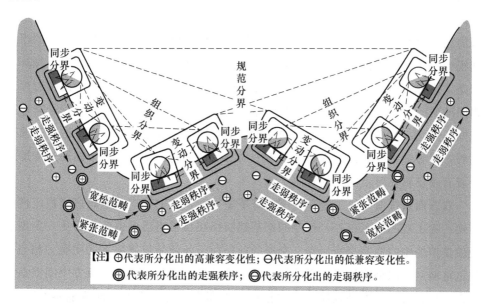

图 2-29　双凹面系统中四级分界所演绎的两级纠缠与范畴交涉

　　双凹面系统中的每一个凹面均能明确出一定的演绎范围，石头从原有演绎范围的跨越，意味着突破了原有范围的壁垒，双凹面系统的两个内侧斜面所形成的凸面即构成秩序跨越的壁垒，凸面顶部相对于凹面底部的高差越大，则壁垒越高，反之则壁垒越低。越高的壁垒，跨期演绎的可能性越低，其极限情况就是范围间的相干彻底消失，等同于两个独立的凹面系统；越低的壁垒，跨期演绎的可能性越高，其极限情况就是壁垒完全消失，以至于融合为单一的凹面系统。从壁垒的异动情况来看，单凹面系统是双凹面系统的特例，单凹面系统的总体演绎特性在双凹面系统中也必然有所体现，如定域关系中的稳定纠缠、互补趋势上的总体演绎界限等。

　　双凹面系统依然可以演绎出循环运动，我们直观印象中的循环过程通常有一个隐藏的参照系，那就是网罗一切尺度的时钟系统，使得无论是外卷的过程，还是折返的过程，都有较为分明的逻辑先后性，但层论视角中的演绎循环是没有确切的时钟系统做参照的，层论是一套多尺度、多机制、多标准的多层次采样统计系统，每一层次上的数据分析运用的是较为粗糙的对立分化逻辑，从而将目标系统类型化、结构化，对目标系统的认识依赖于这些多层次结构性数据的有机融合。层次分析的深度不同，层论体系对演绎循环的认识也有所不同，具体有：一是把每一个循环周期视为基元，不断循环就构成基元的不断复现；二是把循环周期视为分立的两个半周期，两方面能够在循环周期当中实现共存，循环就构成两方面的同步关联；三是把循环理解为多组同步类型间的组件关联与组件勾连所带来的相关程度对立，并在总体上呈现反复的变化、异动；四是把循环当中的半周期视为一系列相关程度对立关系再组合所凸显出来的某种变化导向，整个循环过程是变化导向的不断复现；五是把循环过程视为有着互补演变导向的两种有序逻辑间的演绎协同，整体上呈现出变化导向的总体演绎界限，它承载着相异有序逻辑间的纠缠；六是把循环过程中的每一个半周期视为有起伏、有壁垒的有序演变过程，突破壁垒的起伏过程即涉及多个局部范围之间的交涉，整个循环过程即对应着有序逻辑在跨范围上的双向交涉。

双凹面系统演绎出了组织秩序的跨范畴交涉，其中存在着范畴演绎稳定性的交换。除了双凹面系统外，秩序的跨范畴演绎在日常生活中也较为常见，典型表现就是市场中的商品交换活动。交换的前提在于各商品权属关系的明确，相当于规范范畴对组织秩序演绎范围的规定。交换的推进则对应着交易双方中间壁垒的打破，使得各方对商品权属关系的把控不再那么绝对，相当于规范范畴的宽松。交换的完成则在于商品权属关系的替换，原来被打破的权属关系又重新建立，相当于规范范畴的紧张。这一过程中，任一方对原有商品的失控均被另一方所承接，其中存在着商品权属关系的交换，相当于组织秩序总体演绎稳定性的交换。实际的交易活动大多不是以货易货，而是借助于货币来进行，货币本身也可进行权属关系的交替，但货币的作用不止于此。相对于以货易货来说，货币类似于化学反应中的催化剂，它自身没有多少损耗，但能够降低另一方的交易壁垒，松动另一方的权属关系，使得稳定性的交换得以进行，从这个意义上来说，货币的价值可以用可调节的范畴宽松程度来衡量，范畴的可宽松程度与交易壁垒的降低程度有关。双凹面系统中的稳定性交换，以及市场经济活动中的交易行为，都源于范畴的失稳，终于范畴的回稳，并在失稳与回稳的纠缠关系当中建立了更宏观尺度上的演绎稳定性。自然界中存在着形形色色的物质交换过程，跨期性背后的交换逻辑暗示了为什么系统中的交换是必要的，因为它是从局部稳定性迈向全局稳定性的有效手段。

转换结构是层论的第六个层次，转换结构中存在着四级层次分界相干，三级秩序相干，两级范畴相干与两重纠缠关系，进而演绎出了不同于低层结构的全新演绎性质——跨期性。诠释转换结构演绎特性的关键词是交换，交换是比纠缠更为复杂的演绎形式，交换当中蕴含着秩序、范畴上的双重纠缠关系，交换概念既强调秩序的双向演绎，也强调范畴的双面演绎，两者的综合才能成就交换，交换是跨期性的重要体现，也是发展的必然。

2.7 层次相干中的丰富演绎特性

层论体系中，每一个层次都有其特有的性质，它是所在层次演绎功能的体现，也是界定和区分不同层次的核心标记。从前文的阐述中可以看到，各层次的演绎性质并不是孤立的存在，而是有着极为密切的逻辑关联，从这些关联中，可以一窥层论体系的丰富演绎规律。下面简要提炼几点。

（1）关系的普适（关系普适律）

关系普适律：同样层次跨度下的关系演绎通常表现出演绎一致性、普适性。

推动科学发展的一个基本动力，就是不断寻求事物演绎当中可能出现的某种机制普适性或逻辑一致性。在层论中，普适性或一致性既是层次演绎的起点，也是层次演绎的目标，所有的深层次关系都是建立在基础的一致性或普适性之上，没有一致性或普适性做铺垫，层次分析将难以深入推进。

事物的逻辑一致性或机制普适性，主要表现在事物的一般性存在之上。存在是事物的基本属性，不同的层次上，对存在的理解也有所不同。具体来说，基元视角下，事物的存在意味着其代表特性的不断复现或一致呈现；同步结构视角下，事物的存在意味着组成要素间的相互关联；变动结构视角下，事物的存在意味着不同联系形式的演绎协同，以及联系程度对立；组织结构视角下，事物的存在意味着变化关系的先后次序；规范结构视角下，事物的存在意味着承载秩序随机演绎的范围或环境；转换结构视角下，事物的存在意味着秩序的跨范围交涉。从存在，到联系，到变化，到次序，到范围，到交涉，它们都具有一般性，这种一般性当中即蕴含着某种演绎一致性与机制普适性。

一致性或普适性是有条件的，它局限于一定的层次深度（层级跨度），并且只做相应尺度上的一般性归纳，而不做该尺度之上的对照与比较。对照操作表面看似乎是针对一定关系结构的，实际上同时涉及针对方和对照方，两方的结合显然是比单方更为宏观的演绎关系，其中存在着更多的变量，这一操作改变了层次深度，故而得出的结论会有所不同。对于多个系统来说，当不做比照时，各系统都具有重复性，一旦相互对照起来，就会发现重复性的逻辑千姿百态，指定系统的重复性在对照方看来将不再具有一致性。同步性、变化性等高层性质的对照表现与此同理。

在科学研究中，从规模数据中所提炼出来的演绎一致性通常都可以打上普适的标签。普适律表明了关系演绎的一般性，它们代表着质的判定，当引入对照和比较系统时，等同于引入量上的具体规定，这就不可避免地会出现实际表现上的偏差，这些偏差成为衍生全新特性的索引，当附带着新维度、新特性的宏观层次成型时，低层次演绎机制的普适性就会被宏观层次所分化。换句话说，普适律是相对的，普适律本身也是可以分层次的。

（2）关系的建构（关系建构律）

关系建构律：所有的高层结构都离不开低层结构的建构与支撑。

所有的高层结构都建立在低层结构的组合演绎关系之上，低层结构是成就高层结构的基本组件，低层演绎性质是化育高层演绎性质的基本素材。

同步性建立在不同重复性的共存关系上，变化性建立在不同同步性的共存关系上，秩序性建立在不同变化性的共存关系上，规范性建立在不同秩序性的共存关系上，跨期性建立在不同规范性的共存关系上。高层结构依赖于多样性基层结构的存在，基层结构的消失，将难以建构出高层的结构。每上升一个层级，对事物的存在关系即作了进一步的规定，相应的共存逻辑也更显复杂。共存关系中基层性质的"不同"并非表明低层结构演绎一致性的破坏，而是低层结构在关联演绎时所带来的演绎尺度扩展，性质的不同即表现在低层结构向宏观尺度渗透时的类型分化当中，其中隐含着宏观维度的加持。

（3）关系的对立（关系对立律）

关系对立律：所有层次结构的演绎性质都存在对立面，低层结构演绎表现的对立与统一即衍生出高一层结构。

任何的层次性质都有其对立面，但层次结构自身无法认识和评判其对立面，只有在承载层次结构演绎多样性的宏观尺度中才能评判其对立面，这是因为，所有的对立面都衍生于多样性之间的非一致性，其中：

- 无复现（$m_+ \leftrightarrow m_-$）是重复性（m）的对立面，无复现衍生于不同重复性之间的对照关系中；
- 异步性（$\uparrow m_\pm \leftrightarrow \downarrow m_\pm$）是同步性（$m_\pm$）的对立面，异步性衍生于相异同步性之间的重复性勾连关系中；
- 平庸性（$\uparrow \updownarrow m_\pm \leftrightarrow \downarrow \updownarrow m_\pm$）是变化性（$\updownarrow m_\pm$）的对立面，平庸性衍生于

相异变化性之间的同步性勾连关系中；

- 无组织（$\uparrow\updownarrow\updownarrow\,m_{\pm}\leftrightarrow\downarrow\updownarrow\updownarrow\,m_{\pm}$）是秩序性（$\updownarrow\updownarrow\,m_{\pm}$）的对立面，无组织衍生于相异秩序性之间的变化性勾连关系中；

- 无纪律（$\uparrow\updownarrow\updownarrow\updownarrow\,m_{\pm}\leftrightarrow\downarrow\updownarrow\updownarrow\updownarrow\,m_{\pm}$）是规范性（$\updownarrow\updownarrow\updownarrow\,m_{\pm}$）的对立面，无纪律衍生于相异规范性之间的秩序性勾连关系中。

对立同基层结构的组合演绎有关，对立源于各基层结构间的相互对照与关联渗透，当不做对照时，一系列基层结构的演绎一致性即凝炼出来。所有的层次性质都代表着演绎确定性，所有层次性质的对立面都代表着演绎不确定性。多层次相干体系中，确定性与不确定性是相对的，在较高层次看来，基层的不确定性相比确定性具有更大的确定性。低层结构向高层结构的演进必然伴随着自身演绎性质与其对立面的融合，这一融合关系依赖于低层结构间的组合演绎，当从中呈现出基于低层演绎性质的对立与统一关系时，即意味着高层结构的成型。

（4）关系的差异（关系差异律）

关系差异律：基层结构间因关联与对照而反衬出来的各自确切表现上的形式之分即构成差异。

差异关系可细分为两种：一个是仅由两方所构成的互补性差异；另一个是由多方所构成的多样性差异。层论主要探讨的是互补性差异。

差异、对立是层次体系中的关键性基础概念，两者有着本质上的不同。对立中的一方构成确定性，另一方构成不确定性，而差异双方均构成演绎确定性。差异关系的背后一定有不确定性做反衬，这里的不确定性要么源于非一致性间的相互对照，要么源于差异各方之间的渗透勾连。对立的双方不具有任何层次上的演绎一致性，而差异双方具有相对于低一层结构上的演绎一致性。对立双方具有宏观层面的统一性，而具有互补性的差异双方并不构成对立统一关系，差异双方连同其背后的不确定性一起才构成对立统一关系。差异常伴随着层次结构的量变，而对立常伴随着层次结构的质变。

差异、对立虽有不同，但两者是相互蕴含的。对立当中潜藏着差异关系——能够评判对立，说明除了基本面的定性标准外，必有否定基本面的另一套定性标准（该标准可以不用具体指明，但一定得有），否则对立面无法进行界定，这里两套标准间的关联与对照即可衍生差异关系。差异当中也潜藏着对立关系——差异对应着具有演绎确定性的互补两方面，每一方面都内含着相对于自身演绎性质的评判标准，两套标准交叉判定所带来的互斥关系即构成各方面之上的对立。从这里可以看到，差异与对立都涉及相互间的交叉验证，对立将蕴含着不确定性的交叉关系作为研判的关键一方，而差异则是回到交叉的两方。例如，男人、女人构成差异关系，男人与非男人之间、女人与非女人之间、人和非人之间均构成对立关系。

同步结构中，m_+ 与 m_- 是差异关系，m_+（或 m_-）与 $m_+ \leftrightarrow m_-$ 之间是对立关系。其他高层结构中的差异与对立关系请见表 2-1。

（5）关系的继承（关系继承律）

关系继承律：高层结构皆继承了所有低层结构的演绎性质、演绎机制。

2.1 节说明了各层次结构都具有整体上的重复性、一致性；2.2 节说明了同步结构及以上的高层结构都蕴含着对立统一性，它们都存在着基于低一层结构之上的同步性；2.3 节说明了变动结构及以上的高层结构都蕴含着差异互渗关系，它们都存在着基于低两层结构之上的变化性；2.4 节说明了组织结构及以上的高层结构都蕴含着错位背反关系，它们都存在着基于低三层结构之上的秩序性；2.5 节说明了规范结构及以上的高层结构都蕴含着有界纠缠关系，它们都存在着基于低四层结构之上的规范性。从这些关系中可以看到，任何一个低层结构的演绎性质均在高层结构中有所体现，从该性质的呈现上可以看到低层结构与高层结构的逻辑相似性。当所有的低层结构都具有演绎性质的可继承性时，意味着任一高层结构均继承了所有低层结构的演绎性质。高层结构既继承了所有低层结构的演绎性质，也继承了所有低层结构演绎性质的对立面。

关系的继承对应着两种情况：一是高层结构对低层结构演绎关系的包容，高层结构承认低层结构在基层尺度上演绎的合法性；二是高层结构整体上表现出低层结构的演绎特性，等同于更宏观尺度上的低层特性呈现。这两种情况在各高层结构中均存在。

除了层次性质的继承关系外，层次机制、层次内部的组件关系等也都具有可继承性，其中的原理将在下一章中说明。

（6）关系的跃迁（关系跃迁律）

关系跃迁律：所有高层结构都表现出了与低层结构不一样的演绎性质，该性质不能从低层结构的性质与功能中予以解释，这种全新的性质呈现即代表着性质上的跃迁。

不同的层级有着不同的演绎特性，从低层级到高层级存在着演绎性质的跃迁，跃迁条件同低层结构的数量多寡无关，同低层结构组合演绎而达成的一定关联逻辑有关。具体来说，重复性上升为同步性的条件，跟重复性的数量多寡无关，跟不同重复性之间的共存与否有关；同步性上升为变化性的条件，跟同步性的数量多寡无关，跟同步性相干时不同重复性组合关系的相关程度对立有关；变化性上升为秩序性的条件，跟变化性的数量多寡无关，跟变化性之间错位关联时的分化表现背反有关；秩序性上升为规范性的条件，跟秩序性的数量多寡无关，跟秩序性之间的竞争协同与有界纠缠有关；规范性上升为跨期性的条件，跟规范性的数量多寡无关，跟各范畴间的稳定交涉有关。

关系跃迁通常伴随着系统在宏观尺度上的涌现，无论是演绎形态还是演绎机制上都表现出了全新的特点。高层结构融合了所有低层结构的演绎特性，不同的层次上，融合方法并不相同，总体上的演绎逻辑及其关系呈现也有较大的不同，层次跨度越大，高低层演绎性质间的隔阂就越显著，层次跨度越小，高低层演绎性质间的逻辑关联性就越强。演绎性质的跃迁并不是随意的，而是有着相应的演化逻辑，从层级的递进关系中可以了解宏观性质的派生路径和派生机制，进而降解了性质涌现的神秘性。

（7）关系的扬弃（关系扬弃律）

关系扬弃律：高一层结构在继承低一层结构演绎性质的同时，也蕴含着对低一层结构演绎性质的否定，两方面的结合即构成高层结构相对于低一层结构的扬弃关系。

基元的重复性强调无参照、无尺度约定下的自在，同步结构的同步性强调联系、差异，变动结构的变化性强调渗透、勾连，组织结构的秩序性强调有序衔接、定向兼容，规范结构的规范性强调范围、限制，转换结构的跨期性强调交涉、联动。这当中，同步结构所强调的联系一方面存在着整体上的自在性，另一方面又否定、区分了单方面的自在，整体构成相对于存在关系的扬弃；变动结构所强调的渗透关系一方面肯定了不同结构间的联系，另一方面破除了联系的整体性，细化出了内部联系与内外联系的区别与对立，整体构成相对于联系关系的扬弃。组织结构所强调的有序关联源于不同的错位关联形式，它是渗透、勾连的体现，与此同时，错位背反所衍生的次序关系破除了渗透关系的可逆性、对称性，整体构成相对于变化关系的扬弃；规范结构所强调的范围一方面可承载和调节一定的秩序，另一方面又否定了秩序演绎的绝对性，整体构成相对于秩序关系的扬弃；转换结构所强调的交涉一方面否定了既有范围限制能力的绝对性，另一方面又演绎出了更宏观尺度上的范围限定，整体构成相对于范围关系的扬弃。

从这些描述中可以发现，高一层结构一方面继承了低层结构的演绎特性，使得该特性能够在宏观尺度上继续发挥作用，另一方面又蕴含着对该演绎特性的否定，它不是直接的否定，而是对其在宏观尺度上演绎局限性的揭露，相当于辩证性的否定，这两方面成就了高层结构对低层结构演绎特性的扬弃。哲学领域存在着一个长期悬而未决的根本性问题：辩证矛盾的本质是什么？层论中，辩证性否定与层次递进高度呼应，因此辩证矛盾的本质可理解为相邻层级间演绎关系的混用，与之相对的，逻辑矛盾可理解为同一层次中演绎确定性与不确定性的混淆。

扬弃律与跃迁律有相似的地方，也有侧重点的不同，两者都是高层相对于低层而言的，其中跃迁律重点强调高层演绎性质不同于低层结构的新异性，扬弃律重点强调高层对低层既继承又否定的多重性。

（8）关系的综合（关系综合律）

关系综合律：高层级结构的演绎性质是所有低层级演绎性质的综合呈现。

关系继承律是基于低层结构的演绎机制来考察其在高层结构中的表现，由于所有的低层性质均被高层结构所继承，这意味着高层结构蕴含着所有低层结构的演绎性质。高层结构不仅仅蕴含着所有的低层结构演绎性质，高层结构的总体演绎特性也是所有低层结构演绎性质的综合呈现，这里的综合不是直接的混合，而是低层性质在不同尺度上演绎关系的结合，其中存在着不同解析路径的整合。

同步结构是重复性在微观和宏观两级尺度上的综合呈现，微观尺度上的重复定义了基元的一致性，宏观尺度上的重复性意味着基元间的关联一致性，它是同步性的重要体现。变动结构是三级尺度上的重复性，或两级尺度上的同步性的综合呈现。组织结构是四级尺度上的重复性，或三级尺度上的同步性，或两级尺度上的变化性的综合呈现。规范结构是五级尺度上的重复性，或四级尺度上的同步性，或三级尺度上的变化性，或两级尺度上的秩序性的综合呈现。转换结构是六级尺度上的重复性，或五级尺度上的同步性，或四级尺度上的变化性，或三级尺度上的秩序性，或两级尺度上的规范性的综合呈现。

关系的综合意味着高层结构对低层演绎对立性和表现多样性的包容。低层的演绎对立性预示着低层结构间的某种不相容关系，高层结构因为更宏观的演绎尺度而使得低层结构间不相容的关系能够各得其所，高层结构的共存机制融合了低层结构间的演绎矛盾性，高层结构的分化功能区隔了低层结构间的表现多样性。高层结构的包容性体现在，低层结构具体呈现的是不相容关系中的哪一种，高层结构并不关心，高层结构侧重的是不相容各方有机结合所达成的宏观演绎一致性。

（9）关系的互含（关系互含律）

关系互含律：高层包含低层，低层蕴含高层。

关系继承律表明低层性质依然在高层结构中发挥作用，其中存在着低层性质对高层结构的蕴含，这一蕴含关系涉及尺度上的扩展，但性质演绎的层级跨度是一致的。关系综合律表明高层结构是所有低层结构演绎性质的综合，其中存在着高层结构对低层结构及其性质的包含，当收缩考察的尺度时，高层结构中的低层演绎特性就凸显出来。

莫兰指出："部分存在于整体之中，整体也存在于部分之中[①]"，关系互含律表现出了类似的特点，其中低层级的演绎性质能够覆盖所有高层级，高层级则涵括所有低层级的演绎性质。这句话表面看似乎是相互矛盾的，其实不然，因为其中存在着演绎视角和演绎方法的区别。低层性质对高层的包含，是基于一种简单的、有限层次的、相对孤立的演绎视角，以低层演绎逻辑来探测复杂事物的演绎表现，这种视角下事物的丰富逻辑内涵会趋于"坍缩"，因为低层既难以完全"看透"复杂事物的深层演绎结构，也难以"理解"这些结构的来龙去脉，低层视角下的复杂事物是浓缩了关系维度的简化层次，如此才能与低层的演绎逻辑相适配。高层对低层的包容，是基于一种多层次相干的综合演绎视角，它能够界定低层本身所不能把握的演绎矛盾性，推演低层在随机演绎当中的稳定趋向，追溯低层迈向复杂性的可能演绎途径。

高低层之间演绎性质的相互蕴含，使得同一事物既可以用低层级演绎视角来探测，也可以用高层级演绎视角来考究。系统一直在那里，不同的视角下既可以有不同的逻辑呈现，也可以有相似的逻辑呈现，只要把握好相应关系的层次深度以及总体上的层次跨度即可。

（10）关系的重塑（关系重塑律）

关系重塑律：高层结构能够否定和重塑低层结构的定性判断。

高层结构成型于低层结构之上的对立与统一，高层结构包容低层结构的演绎性质及其对立面，在面对低层结构时，高层结构既有可能给出与低层结构一致的判断，也有可能给出与低层结构相反的判断，还有可能给出其他既非肯定也非否定的判断。以基元为例，基元具有演绎重复性，在同步结构看来，一定的基元有可能是可重复的，也有可能是无复现的；在变动结构看来，一定的基元有可能与其他基元是高相关的，也有可能与其他基元是低相关的。这里，变动结构对基元演绎表现的界定隐含着其他的潜在变量，越是高层次，关系判定所涉及的潜在因子越多，所给出的关系定性越有别于基层的判定。类似地，同步结构、变动结构等层次结构的性质判定也能够被更高层次的结构所重塑。

关系重塑律意味着同样的内容，在不同的层次当中有着不同的定性以及不同

---

① （法）埃德加·莫兰. 复杂性思想导论[M]. 陈一壮，译. 上海：华东师范大学出版社，2008：76.

的意义。高层结构蕴含着更宏观尺度上的演绎一致性，相对而言，低层结构的演绎一致性在高层结构所在的尺度中则存在着更多的演绎可能性，它们不能被低层结构所界定，高层结构的重塑即附带着对低层结构同各种潜在环境间逻辑关系的再评判。

（11）关系的公约（关系公约律）

关系公约律：低层结构的演绎性质可视为所有高层级演绎性质的共有部分。

关系继承律意味着低层结构的演绎性质在所有高层结构中都有所体现，关系跃迁律意味着各层次结构的演绎性质各不相同，两者结合起来即可推知，当不同层级结构混合在一起且保持各自的独立性时，最低层次的演绎性质就是这一混合系统的最大公有部分。换句话说，孤立、散乱的多层次结构，其最大共识局限于较低层级的演绎性质之上。只有不同结构不断相干且充分渗透与融合，才能成就更宏观尺度上的共识，这一共识是结构性的而非统计性的。换句话说，各基层结构越离散、越独立，整体共识越低阶，各基层结构越相干、越渗透，整体共识越高阶。达成更宏观层面的共识意味着更为强大的力量，但也会带来一些副作用——共识当中越是低层的结构，因为高层的重塑而被异化得越严重，这里的异化是指低层结构被赋予的自身所难以把握的高维度约束，它制约着低层结构的方方面面。

小 结

对各层次演绎机制和演绎性质的理解不能脱离于层次与层次之间的关联，前文提炼了层次相干中的一些特点，它们不是层次关系的全部，还有许多的演绎特色可供挖掘，下面简单补充几点。

单层次系统因为没有对比性而难以体现层次为何物，多层次系统中因为涉及层次上的不同，使我们更容易感悟层次的轮廓。当要进行层次解耦时，一定要设定具有演绎一致性的基准关系，没有基准做铺垫，就无法明确基准之上的层次跨度、所达结构以及演进机制。基准不同，对层次的定性也会有所不同，反过来，基准相同，但剖析出的层次数不同，那么界定出的性质也会有所不同。对目标系统的定性，与从目标系统中剖析出来的层次深度密切相关。对层次的剖析有两种路径：一是深挖，即不断从系统内部探寻更微观尺度上的演绎一致性；二是外拓，即以目标系统为基准，不断在更宽广的关系相干中提炼其演绎表现。这两种路径具有演绎等价性。

低层更抽象，高层更具体。越是低层的性质，逻辑演绎上的规定越少，可适配性越显宽泛，故而表现越抽象。越是高层的性质，逻辑演绎上的规定越多，可适配性越显狭窄，故而表现越具体。以重复性为例：在基元层面，重复性没有机理上的明确规定，其内涵依实际情形而定，同步性规定了联系形式上的可重复，变化性进一步规定了相互渗透上的可重复，秩序性进一步规定了因果次序上的可重复，规范性进一步规定了演绎范畴上的可重复，跨期性进一步规定了范畴交涉上的可重复。其他层次性质在高层结构中同样有着越来越深入、越来越具体的规定。关系公约律表明，低层性质是所有高层结构的共同因子，相当于所有高层结构的共性抽象；关系综合律表明，高层性质是所有低层性质的综合，高层融合了所有低层结构的演绎特性，它是对系统演绎更为全面、更为深入、更为具体的规定。

对于任何复杂系统来说，当只考虑重复性时，相当于把它视为一个整体；当考虑同步性时，就涉及了它的成分；当考虑变化性时，就涉及了成分间的分化与渗透；当考虑秩序性时，就涉及了不同分化手段错位关联上的表现背反；当考虑规范性时，就涉及了双重背反上的秩序纠缠；当考虑跨期性时，就涉及了双重纠缠之中的稳定性交换。从低层到高层的关系演进，关键在于不确定性的引入，其中：同步结构的建立需要引入蕴含着非一致性的无复现，变动结构的建立需要引入蕴含着低程度相关的异步性，组织结构的建立需要引入异变不显的平庸性，规范结构的建立需要引入主次不明的无组织，转换结构的建立需要引入范畴不彰的无纪律。

总体上来看，层论体系既可以作为解构复杂系统层次特征和演绎特性的工具，也可以视作人们认识和理解周边事物演绎关系的逻辑框架，事物的演绎表现与处理事物的思维逻辑在层论中存在着诸多方面的相似性。下文将从分界的角度来进一步阐述层论与个人认识能力之间的对应关系。

2.8 基于分界的功能演进

在层次结构内部关系的解析中，分界是无法绕开的概念，抓住分界，就抓住了层次分析的关键。分界蕴含着演绎不确定性，依托于分界，即可解构系统所内含的各种演绎确定性，解构的过程，即分界演绎功能展现的过程，解构的层次深度不同，功能的演绎复杂度亦有所不同。

（1）存在分界下的同层演绎性质

存在分界对应着层次结构演绎性质的对立面，其中蕴含着非一致性、不确定性，而层次性质则意味着一致性、确定性，存在分界的功能主要体现在这种反衬关系之中，它规定了层次结构演绎性质的存在界限，也对照出了演绎性质的特定性、针对性，这是演绎更复杂逻辑关系的基础。

存在分界所反映的是层论体系中的一种最基本的相互关系——存在与不存在（或一致与不一致）的对立关系。所有深层次的演绎逻辑都与这一基本关系有关。

（2）层次分界下的低一层演绎性质

存在分界探讨的是两层次体系中的演绎关系，而层次分界探讨的是三层次以上演绎体系中的关系。层次分界由结构中的低程度相关所定义，它能够分化出具有类型互补性的两种高程度相关。具体来说：

- 同步分界可分化出具有互补性差异的两种同步性，一种表现为彼关联形式（$\uparrow m_\pm$)，另一种表现为此关联形式（$\downarrow m_\pm$)；
- 变动分界可分化出具有互补性差异的两种变化性，一种表现为高兼容性（$\uparrow\updownarrow m_\pm$)，另一种表现为低兼容性（$\downarrow\updownarrow m_\pm$)；
- 组织分界可分化出具有互补性差异的两种秩序性，一种表现为走强秩序（$\uparrow\updownarrow\updownarrow m_\pm$)，另一种表现为走弱秩序（$\downarrow\updownarrow\updownarrow m_\pm$)；
- 规范分界可分化出具有互补性差异的两种规范性，一种表现为宽松范畴（$\uparrow\updownarrow\updownarrow\updownarrow m_\pm$)，另一种表现为紧张范畴（$\downarrow\updownarrow\updownarrow\updownarrow m_\pm$)。

概而言之，层次分界能够实现对低一层结构演绎性质的**分化**，并建立所分化性质之间的演绎协同关系。对低层性质进行分化的前提，是高一层结构已经成型，分化的过程附带着高一层结构演绎维度在低一层结构上的投射，所给出的关系属于由上而下的经验性描述。

依托于层次分界的关系分化，同依托于存在分界的关系对立，两者具有本质上的不同。关系分化演绎出的是差异间的相互渗透，关系对立演绎出的是互斥或矛盾关系。与分化相近的概念是分割，当高层所分离出的基层演绎类型只有两种时，可用分化概念，当分离出的基层演绎类型有多种时，可用分割概念。

（3）层次分界下的低两层演绎性质

组织结构中，变动分界能够分化出不同的变化性，而各变化性当中存在着同步分界对同步性的分化，当立足于变动分界来看同步性时，各同步性的演绎不是任意的，而是有着宏观层面的两级约束，第一级约束是不同同步性之间的差异互渗关系，第二级约束是不同差异互渗关系之间的再协同，两级约束最终演绎出了整体层面上的关联次序，这对于变动分界来说是相对容易理解的，对于同步性来说则如同一股凌驾于自身之上的额外"力量"，使其不自觉地步入宏观层面的某种有序逻辑当中。从变动分界来看，推动同步性步入宏观有序的演绎"力量"，可以用**引导**概念来描述，引导即促使所分化出的各组同步性协同关系之间建立主次或先后分明的有序衔接关系。引导概念同样是由上而下的经验描述，它比分化概念更进一步。对于变动分界来说，变化性是其所分化出来的前景，同步性是变化性这一前景之中的前景，引导意味着变动分界对前景中的前景的作用，等同于对基层性质做微观和宏观两个层面上的操作，微观层面演绎出变化性，宏观层面则对变化性做进一步的操作，演绎出的是变化的演变趋势、动向，两者结合即构成有针对性的指引、导向，针对的目标就是基层的前景（同步性）。

规范结构中，组织分界能够分化出不同的秩序性，而各秩序性当中存在着变动分界对变化性的分化，当立足于组织分界来看变化性时，各变化性的演绎不是任意的，而是有着宏观层面的两级约束，第一级约束是不同变化性之间的差异互渗关系，第二级约束是不同差异互渗关系之间的再协同，并演绎出整体层面上的规范秩序。两级约束所带来的有序演绎关系相当于组织分界对变化性的引导。

转换结构中，规范分界能够分化出不同的规范性，而各规范性当中存在着组织分界对秩序性的分化，当立足于规范分界来看秩序性时，秩序性的演绎不是任意的，而是有着宏观层面的两级约束，第一级约束是不同秩序性之间的差异互渗关系，第二级约束是不同差异互渗关系之间的再协同，并演绎出整体层面上的转换秩序。两级约束所带来的有序演绎关系相当于规范分界对秩序性的引导。

简而言之，层次分界相对于低两层演绎性质都表现为一种引导作用，其中存在着基层性质在超出自身尺度上的两个层面的关系制约。

引导作用可以解释"力"的概念从何而来，力或引导都表现为某种相对确切的演绎动向，从演化角度来看，动向对应着变化性随机演绎当中的关联表现背反，从经验角度来看，动向当中存在着宏观层面差异互渗关系对微观层面差异互渗关系的分化与调节。演化视角下，所有的演绎关系都可归结为演绎类型的不同、相关程度的不同，整体特性衍生于不同状态的随机分布关系当中；经验视角下，存在着宏观尺度上的多级关系约束，以及高层机制的向下投射。从这个意义上来说，"力"更像是经验视角下的产物。

（4）层次分界下的低三层演绎性质

规范结构中，组织分界能够分化出不同的秩序性，而各秩序性当中存在着变动分界对同步性的引导，当立足于组织分界来看同步性时，同步性的演绎不是任意的，而是有着宏观层面的三级约束：第一级约束是不同同步性之间的差异互渗关系，第二级约束是不同差异互渗关系之间的关联演绎（衍生出组织秩序），第三级约束是不同组织秩序之间的再协同（演绎出规范范畴）。这三级约束对于组织分界来说是容易理解的，但对于同步性来说则如同一股额外的"力量"，使其步入某种有序逻辑的同时，还要与另一种走势相反的有序逻辑相竞争，并达成演绎范围上的总体稳定。从组织分界来看，推动同步性步入这一复杂演绎关系的"力量"，可以用**管理**概念来描述，管理确保承载着同步性的有序变化能够与有着相异趋势的其他有序变化和谐共存，以实现整体上的稳健。管理概念依然是由上而下的经验描述，它比引导概念更进一步。对于组织分界来说，管理功能的实现附带着自身演化经验在同步性上的投射，其中存在着相对于同步性的三重尺度上的关系制约。

转换结构中，规范分界能够分化出不同的规范性，而各规范性当中存在着组织分界对变化性的引导，当立足于规范分界来看变化性时，变化性的演绎不是任意的，而是有着宏观层面的三级约束：第一级约束是不同变化性之间的差异互渗关系，第二级约束是不同差异互渗关系之间的关联演绎（衍生出规范范畴），第三级约束是规范性之间的再协同（演绎出转换范畴）。变化性之上的三级约束相当于规范分界对变化性的管理，以确保承载着变化性的演绎范畴能够与有着相异态势的其他演绎范畴和谐共存，从而实现整体上的稳健。

简而言之，层次分界相对于低三层演绎性质都表现为一种管理作用，其中存在着基层性质在超出自身尺度上的三个层面的关系约束。在企业经营活动中，管理通常表现为针对一系列业务倾向的奖惩分配，其中既有针对一定倾向的强化措施，也有针对一定倾向的弱化措施，相当于走强秩序与走弱秩序有主有次的明朗分化，其内涵同规范结构是类似的。

（5）层次分界下的低四层演绎性质

转换结构中，规范分界能够分化出不同的规范性，各规范性当中存在着组织分界对同步性的管理，当立足于规范分界来看同步性时，同步性的演绎有着宏观层面的四级约束：第一级约束是不同同步性之间的差异互渗关系（衍生变化性），第二级约束是不同变化性之间的演绎协同（演绎出组织秩序），第三级约束是不同组织秩序之间的演绎协同（演绎出规范性），第四级约束是不同规范性之间的演绎协同（演绎出跨期性）。这四级约束对于规范分界来说是容易理解的，但对于同步性则如同一股额外的"力量"，使其步入有序逻辑间竞合关系并达成一定演绎范畴的同时，还要与另一种演绎范畴中的有序逻辑建立关联，以保障有序逻辑在有着不同管控态势的各范畴间交涉时的总体演绎稳定性。从规范分界来看，这一推动同步性迈向复杂交涉关系的"力量"可用**权衡**概念来描述，权衡力图弥合同步性在各规范范畴中的不同管理势态，在保障全局稳定的同时能够推动同步性的演绎范围有序变迁。

权衡概念依然是由上而下的经验描述，它比管理概念更进一步，权衡功能的实现附带着规范分界演化经验在同步性上的投射，其中存在着相对于同步性的四重尺度上的关系约束。

（6）经验性投射中的跨尺度相干

当立足于高层结构来考察低层结构的演绎表现时，通常得到的是高层结构对低层结构所施加的某种作用、某种功能，这是我们习以为常的一种认知模式，大多数涉及物体状态关联的动词描述中都蕴含着作用或功能上的呈现，因为过于熟悉而使我们容易漠视动词背后可能存在的层次机制。换句话说，当提到功能这一概念时，实际上潜藏着关系制约的多层次性，功能是基础组件上的多层次关系约束的综合呈现，功能的复杂度与关系约束的层次深度息息相关。这里的制约、约束是指加载至演绎确定性之上的逻辑关联，它能达成宏观尺度上的演绎一致性。

从对立，到分化，到引导，到管理，到权衡，层次分界相对于基层性质的演绎功能逐级深入，功能背后的层次约束关系也愈趋复杂化。五个概念都表现为高层对低层的某种演绎关系，其中存在着高层演化经验在低层结构上的经验性投射，相当于提前预演低层结构在高层尺度上的可能演绎走向。在没有经验加持的情况下，这种从微观迈向宏观的跨尺度演绎将面临无尽的未知变量，其走向也将难以预测。经验性投射是自上而下的，它以已经演化成型的高层结构为依托，来考察低层结构不断向宏观尺度渗透与演化时所应遵循的演绎逻辑。当低层结构的演化不成功时（难以达成更宏观尺度上的演绎一致性），低层结构难以向高层结构迈进，当低层结构的演化较为成功时（达成更宏观尺度上的演绎一致性），其走向就与高层结构的演绎经验相贴合，高层结构也因此而具备对低层结构演化走向的指导与预判，这种经验性的加持对于低层结构来说即相当于外部所施加的一股力量。

经验性投射并不是简单的类比迁移，而是依附于经验的一种跨尺度相干，即把宏观层面的演化历史向微观层面的演绎结构投射，从而获得针对微观结构的演化脉络认知，这一认知超出了微观结构本身的演绎尺度，其中隐含着微观结构如何顺应更宏观演绎尺度的生存"智慧"。分化、引导、管理、权衡等概念都是"智慧"的体现，概念背后的层级跨度越大，其"智慧"的程度越凸显。对于个人来说，智慧与年龄高度相关，但智慧不取决于年龄，智慧取决于人们能够把握的跨尺度演绎带宽。这个带宽不宜过窄，否则所能把握的生存空间就较为有限。这个带宽也不是越宽越好，因为它有可能过于宏大而超出了个人的能力上限。由于宏观结构对基层性质的重塑能力，对宏观层面的深度认识也将反衬出个人有限能力所带来的诸多不确定性，这些不确定性当中必然存在着与宏观愿景相去甚远的演化走向，关系预判上的落差是一把双刃剑，它有可能激励个人，也有可能反噬自身。

描述经验性投射的五个概念都是日常使用的一般概念，在不同的系统、不同的语境中，可以找到许多类似的功能逐级深入的概念系列。对这些概念的考察与反思，可以让我们感悟高层结构演化经验相对于基层结构的意义。经验性投射虽然依托于宏观尺度，但着眼的是微观结构，微观结构成为宏观尺度当中的针对性标的，因此这一投射逻辑也构成典型的目标视角。层论的多尺度相干体系为目标在一定尺度范围中的演化脉络提供了丰富的素材库，脉络的呈现过程可用一个我们极为熟悉的概念来描述，这就是"演绎"。演绎是逻辑学的灵魂所在，也是思维的重要展现，层次框架为透视与解剖演绎的逻辑依据提供了体系性的方法论参考。

为了便于理解经验性投射当中的演绎智慧，下面引入具体的例子来说明。一只刚出窝的小鹦鹉，我们不知道它今后的每一天会在哪里觅食，会玩耍些什么，会碰到什么事情，但鹦鹉若能健康地活着，我们大概率会知道它在什么时候寻找伴侣、什么时候筑巢和孵养后代，这种标志性行为的相对确定性无法建立在"一天"这种时间尺度上，但是可以建立在"月份""季节""年度"等更宏观的尺度上。这里就存在着全生命周期下的宏观层面经验向还处于生命初始阶段的小鹦鹉的投射，使得某种相对确切的逻辑链条衍生于其中，它超出了小鹦鹉当前的知行能力。成年人在面对幼儿时，常常会对幼儿的各种行为表现指指点点，并斥责某些行为可能带来的潜在后果，这当中即附带着成人的过往经验，这种经验在较长远的时间尺度上是有较大概率复现的，但对于幼儿来说很多时候是无效的，因为幼儿很难对超出自身认知能力的关联逻辑进行消化理解，尤其是还未进行附带着潜在危险的各种行为体验时。也就是说，经验的投射要与目标的能力相适配，当能力的提升是一个相对漫长的过程，经验的加载也应当循循渐进，当能力已经建立时，经验的投射也不是直接迈向能力的高点，而是要从低到高的全方位灌输，因为高层智慧的呈现是一个跨越多个层级的系统性工程，基层与中层的支撑不可或缺，否则只能是空中楼阁。

对事物演绎关系的有效把握，既需要自上而下的经验视角，也需要自下而上的演化视角，从演化角度来看经验的形成，可以避免落入经验的教条，从经验角度来看演化的过程，可以缩减演化的盲目、提升演化的效率。

第 3 章

层论演绎体系的建构原则

侯世达确信，人们大脑中那些"浮现"出来的现象（如想法、希望、表象、类比、意识和自由意志）的解释都基于一种怪圈，一种层次相互作用，其中顶层下到底层并对之产生影响，而与此同时它自身又被底层所确定[①]。层次演化论充分展现了这种逻辑上的怪圈——低层蕴含高层，高层包含低层，每一个层次都与其他层次有相干性，每一个层次都在一定的尺度上牵制或塑造着其他层次。复杂问题不能简单地自下而上地进行解释，更难以自上而下地进行评判。第 2 章对层论的解析综合运用了多种思路，其中既有自下而上的逐级演进（从低层到高层逐级展开），也有自上而下的框架式解构（基于给定层次关系图的拆解分析），还涉及无关具体层级的泛化迁移（同跨度下共用同一种机制）。

多方位解析下，层论体系的演绎全貌初步得到呈现，但这并不能消弭我们心中的诸多疑惑：层论体系何以如此？层次间的相干何以可能？层论体系究竟是如何建立起来的？建构层论体系的底层原则是什么？

3.1　层级演进的逻辑相似性

简单事物有简单的定性标准，复杂事物有复杂的定性标准，统一理论通常尝试用尽可能少的标准，来解释尽可能多的事物演化，这就不可避免地涉及有限标准的复用和泛化，如果有效，那么不同的事物在演绎标准、性质呈现、衍生机制等方面必存在着或多或少的相似性。生活中有许多来自不同领域的相异事物是可以进行相互类比的，词典的概念解读中也大量践行着易词而释的原则，这预示着不同事物之间的相似性、不同概念之间的相通性是广泛存在的。层论体系中也有着较为多样化的逻辑相似性，尤其是在跨层级、跨尺度的功能演进当中，它们对层论来说有着特殊的意义。下面简单罗列几点。

（1）演绎性质在跨尺度上的逻辑相似性

性质相似性：低层结构的演绎性质，在所有的高层结构当中都有所体现。

从基元到转换结构，均蕴含着某种演绎逻辑上的一致性，它们都可以用重复性来描述；从同步结构到转换结构，均蕴含着低一层演绎性质之上的共存关系，

---

① 　（美）侯世达. 哥德尔、艾舍尔、巴赫：集异壁之大成[M]. 翻译组，译. 北京：商务印书馆，1996：937-938.

它们都可以用同步性来描述；从变动结构到转换结构，均蕴含着低两层演绎性质之上的相关程度对立，它们都可以用变化性来描述；从组织结构到转换结构，均蕴含着低三层演绎性质之上的两级相关程度对立，它们都可以用秩序性来描述；从规范结构到转换结构，均蕴含着低四层演绎性质之上的三级相关程度对立，它们都可以用规范性来描述。

上述五种演绎性质中，每一种均具有跨尺度、跨层次上的逻辑相似性。

（2）演绎机制在跨尺度上的逻辑相似性

机制相似性：成就层次结构总体特性的演绎机制，在所有的高层结构当中均有所体现。

从同步结构到转换结构，均蕴含着低一层演绎性质之上的对立与统一关系，它们可视为不同尺度上的同步性；从变动结构到转换结构，均内含着低一层性质间的差异互渗关系，它们可视为不同尺度上的变化性；从组织结构到转换结构，均内含着两级分界上的错位背反关系，它们可视为不同尺度上的秩序性；从规范结构到转换结构，均内含着三级分界上的两级错位背反关系以及有界纠缠关系，它们可视为不同尺度上的规范性。

上述四种演绎关系均可视作相应层次性质的衍生机制，每一种衍生机制均具有跨尺度、跨层次上的逻辑相似性。

（3）确定性与不确定性对应关系在跨尺度上的逻辑相似性

变动结构及以上的层次结构中，低两层性质间的跨类型勾连构成所在结构中的低程度相关，它定义了所在结构的层次分界，它是不确定性的体现，也是所在结构的代表性组件。层次分界与所在结构的整体演绎性质相呼应，这一性质在高一层结构看来，则对应的是高一层分界所分化出来的低两层结构间的高程度相关，它代表着高一层结构的局部演绎确定性。换句话说，所在结构中的演绎不确定性与高一层结构中所分化出来的局部演绎确定性之间存在着对应关系。具体来说：变动结构中重复性与重复性之间的低程度相关，与组织结构中同步性与同步性之间的高程度相关存在对应性；组织结构中同步性与同步性之间的低程度相关，与规范结构中变化性与变化性之间的高程度相关存在对应性；规范结构中变化性与变化性之间的低程度相关，与转换结构中秩序性与秩序性之间的高程度相关存在对应性。

（4）演绎背景与演绎前景对应关系在跨尺度上的逻辑相似性

层次分界是所在结构的代表性组件，也是所在层次当中的演绎背景，它以自身的不确定性而反衬出了层次当中蕴含着确定性的各演绎前景。高一级的层次分界所分化出来的低两层结构间的高程度相关除了代表局部上的演绎确定性，也构成高一层结构的演绎前景。不确定性与确定性之间的对应关系即意味着低一层结构的演绎背景与高一层结构的演绎前景间的对应关系，具体来说：变动结构中的演绎背景为同步分界，它与组织结构中的演绎前景（变化性）相对应；组织结构中的演绎背景为变动分界，它与规范结构中的演绎前景（秩序性）相对应；规范结构中的演绎背景为组织分界，它与转换结构中的演绎前景（规范性）相对应。

（5）层次分界在跨尺度上的功能相似性

高层结构能够重塑低层结构的关系判定，也能够预判低层结构的演化走向，把高层结构的演化经验投射至指定的低层结构之上，这一演绎关系对于低层结构来说相当于关系预演，对于高层结构来说相当于功能呈现。高层结构可由相应的层次分界来代表，当经验投射时的层次跨度一致时，层次分界的功能呈现是相似的。表3-1汇总了这一相似逻辑，其中，针对低一层演绎性质，层次分界都表现为分化作用；针对低两层演绎性质，层次分界都表现为引导作用；针对低三层演绎性质，层次分界都表现为管理作用。

表3-1　层次分界的功能相似性

层次分界的演绎功能	功能的具体表现
分化（针对低一层演绎性质）	同步分界对同步性的分化
	变动分界对变化性的分化
	组织分界对秩序性的分化
	规范分界对规范性的分化
引导（针对低两层演绎性质）	变动分界对同步性的引导
	组织分界对变化性的引导
	规范分界对秩序性的引导
管理（针对低三层演绎性质）	组织分界对同步性的管理
	规范分界对变化性的管理
权衡（针对低四层演绎性质）	规范分界对同步性的权衡

（6）一阶层次分界与二阶层次分界的逻辑相似性

一阶层次分界和二阶层次分界的演绎功能是相似的，具体可通过以下几个方面体现出来：一是两者都对应着基层组件间的低程度相关，其中蕴含着组件间关联关系的不确定性；二是两者都能执行分化功能，并隔离出内含着高程度相关的相异前景；三是两者均对应着相异前景之间的关联与渗透关系；四是两者均可作为相异前景的演绎背景，并支撑着前景间的演绎协同关系。主要的区别在于，一阶层次分界的前景是低一层结构的演绎性质，其中蕴含着确定性，而二阶层次分界的前景是一阶层次分界，其中蕴含着相对于层次性质不确定性。

（7）基层相对于高层演绎两面性的逻辑相似性

所有低层结构在所在关系域的演绎呈现，在高层结构眼中都具有两面性，具体可分为两种情况：一是基于确定性的演绎两面性，二是基于不确定性的演绎两面性。

低层结构所在关系域对应的是低层结构的演绎尺度，高层结构上的观察依托的是高层结构的演绎尺度，后者包容前者，当前一种尺度上所呈现的演绎关系未做具体要求，并基于更具包容性的宏观演绎逻辑来观察时，该尺度上的演绎关系就具有两可性，具体体现在高层结构所分化出来的具有互补性差异的两种低层性质上。低层结构所在关系域的演绎两面性，同层次性质的符号表示法中所蕴含的低层性质两可性（见表 2-1 第 4 列）相呼应。对于低层结构来说，只有自身的两面性才能与高层结构的演绎尺度相匹配，对于高层结构来说，两面性意味着高层结构对低层演绎多样性的包容，高层结构不关心低层结构的具体性质表现，高层结构侧重的是低层结构相异性质协同演绎所达成的宏观一致性。从同步结构一直到转换结构，都蕴含着低一层结构的演绎两面性。

当基于较宏观的层次分界来看待较微观的层次分界时，即演绎出了不确定性的演绎两面性，具体体现在微观层次分界在所在关系域中演绎表现的两面性，两种表现与宏观层次分界所分化出的具有互补性差异的两种低一层演绎性质相对应。由于层次分界本身蕴含着不确定性，层次分界的演绎两面性带来了更大的不确定性，依托于两面性的共存关系带来了微观层次分界间的不同错位关联形式，不同关联形式下所对应层次分界的分化表现中存在着确定性与不确定性的对立，对不确定性的过滤即可完成对微观层次分界演绎两面性在宏观尺度上的整体定性。从组织结构到转换结构，都蕴含着基层分界相对于高一层分界演绎功能的两面性，从规范结构到转换结构，都蕴含着这种两面性的双重演绎。

3.2 层论体系的立论基础——层次相对论

跨尺度、跨层次，以及尺度转换、层级结构等是整体论和还原论综合的关键，也是打破学科壁垒、解决跨学科的复杂问题的有效途径①。

层论体系中的诸多跨尺度、跨层次间的逻辑相似性，都在暗示着同一种演绎关系——尺度无关性。尺度无关意味着一定的关系演绎逻辑可以进行不限具体尺度的泛化迁移，这是提升理论解释能力、扩展理论应用范围的重要依托。尺度无关表明了关系演绎的相对性，一定的演绎逻辑并不是局限在特定的尺度上，尺度成为逻辑演绎的相对性因素，而非绝对性因素。层论中，不同演绎逻辑之间的本质性区别不是取决于尺度，而是取决于尺度之上的跨度，整个层论体系正是依据这一原则而搭建起来的，具体可分为五个方面。

定理 1 层论体系中，任意相邻层级间的演进皆是相关性建构。

层论体系中，所有高层结构皆源于低一层结构间的组合演绎，相关性建构即是针对组合演绎关系的建构机制，当组合关系中演绎出了基层性质的对立面，并形成对立关系之上的整体一致性时，即意味着相关性建构的达成。换言之，相关性建构源于基层结构间的组合演绎，成型于基层结构之上的对立与统一，对立主要体现在基层尺度上的非一致性，统一主要体现在共存双方的整体演绎一致性。

定理1指出了如何在既有的层次结构之上建构新层次，通过不断运用相关性建构，即可衍生出越来越宏观的演绎层次。定理1的演进机制是对立统一关系，它是辩证法的基本规律，也是搭建层次体系的最基本原则。

从基元到同步结构，从同步结构到变动结构，从变动结构到组织结构，从组织结构到规范结构，从规范结构到转换结构，这五种情形都是相邻层级间的演进，它们都可归结为相关性建构。

定理 2 层论体系中，任意隔一层级间的演进皆是作用性建构。

定理2与定理1的不同之处在于，定理1是关于两个相邻层级之间的演进关系，其层级跨度是1，而定理2是关于三个层级间的演进关系，其层级跨度是2。连续运用两次定理1，也可以得到三个演绎层级，但是定理1不能评判第一个层级和第三个层级之间的确切演绎关系，这一问题要借助于定理2来阐明。

作用性建构源于一系列基元以及同步结构的组合演绎，其中存在着不同尺度上的演绎相干，当从中衍生出变化性时，即意味着作用性建构的完成。变化性是变动结构的演绎性质，变化性蕴含着重复性之上的两级对立统一性，以及相关程度上的高低对立、相异关联形式间的相互渗透，这些都是比存在上的对立统一更为复杂的关系呈现。

---

① 王翠平. 科学层级论及相关尺度问题研究——以生态学为例[J]. 河南社会科学,2018,26(7):105-109.

定理 2 指出了如何建立比当前结构高两个层级的演绎结构。层论体系中，从基元到变动结构的演进、从同步结构到组织结构的演进、从变动结构到规范结构的演进、从组织结构到转换结构的演进等四种演进关系均属于作用性建构。

定理 3 层论体系中，任意隔两层级间的演进皆是主体性建构。

定理 3 涉及四个演绎层级，其层级跨度是 3，这一跨度下的层级演进关系既不能由定理 1 单独阐明，也不能由定理 2 单独阐明。

主体性建构源于一系列基元、同步结构以及变动结构的组合演绎，其中存在着尺度多样性、联系多样性以及变化多样性，当从中衍生出秩序性时，即意味着主体性建构的完成。秩序性是组织结构的演绎性质，它表明的是演绎次序、逻辑先后，因果关系孕育其中，推理或预测也成为可能。秩序由错位背反关系所衍生，相对于衍生变化性的差异互渗关系来说，它是更为复杂的关系呈现。

定理 3 指出了如何建立比当前结构高三个层级的演绎结构。层论体系中，从基元到组织结构的演进、从同步结构到规范结构的演进、从变动结构到转换结构的演进，这三种演进关系均属于主体性建构。

定理 4 层论体系中，任意隔三层级间的演进皆是社会性建构。

定理 4 涉及五个演绎层级，其层级跨度是 4，这一跨度下的层级演进关系不能由定理 1、定理 2 或定理 3 单独阐明。

社会性建构源于一系列基元、同步结构、变动结构以及组织结构的组合演绎，其中存在着尺度多样性、联系多样性、变化多样性、秩序多样性，当从中衍生出规范性时，即意味着社会性建构的完成。规范性是规范结构的演绎性质，它表明的是秩序的演绎范畴，它意味着一定次序或规则是有边界、有限度的，次序的随机演绎必然伴随着互补趋向的演绎协同。规范性由三级层次背景、两级错位背反关系所衍生，它是比秩序更为复杂的关系呈现。

定理 4 指出了如何建立比当前结构高四个层级的演绎结构。层论体系中，从基元到规范结构的演进、从同步结构到转换结构的演进，这两种演进关系均属于社会性建构。

定理 5 层论体系中，任意隔四层级间的演进皆是发展性建构。

定理 5 涉及六个演绎层级，其层级跨度是 5，这一跨度下的层级演进关系不能由定理 1、定理 2、定理 3 或定理 4 单独阐明。

发展性建构源于一系列基元、同步结构、变动结构、组织结构以及规范结构的组合演绎，其中存在着尺度多样性、联系多样性、变化多样性、秩序多样性、范畴多样性，当从中衍生出跨期性时，即意味着发展性建构的完成。跨期性是转换结构的演绎性质，它表明的是不同规范秩序间的影响、不同演绎范畴间的交涉，它意味着组织秩序对原有范畴的突破，并融入新的范围限定之中。跨期性由四级层次背景、三级错位背反关系所衍生，其演绎复杂性更进一步。

定理 5 指出了如何建立比当前结构高五个层级的演绎结构。层论体系中，从基元到转换结构的演进属于发展性建构。

 小　结

表 3-2 汇总了 5 个定理所对应的层次演进明细。不同的层级代表了不同的演绎尺度，越是高层级，涉及的尺度相对越宽广、越宏大。六层级体系中，每一个定理对应一个或多个建构路径，它们横跨了既定的所有层级，最为特别的是，同一定理中的演进逻辑与起始层次无关，仅与层次间所跨越的层级数量有关，呈现出了可在各种尺度上演绎而性质保持一致的**标度对称性**。换句话说，每一个定理都是尺度无关的，所对应的演绎机制、所定性的演绎性质都是相对的，基于此，这里将 5 个定理统称为**层次相对论**。

表 3-2　层次演化论当中的同跨度演进一致性

定　理	建构路径	对建构路径的定性
定理 1 相关性建构 （跨一层）	基　元 → 同步结构	同步性
	同步结构 → 变动结构	同步性之上的同步性
	变动结构 → 组织结构	变化性之上的同步性
	组织结构 → 规范结构	秩序性之上的同步性
	规范结构 → 转换结构	规范性之上的同步性
定理 2 作用性建构 （跨两层）	基　元 → 变动结构	变化性
	同步结构 → 组织结构	同步性之上的变化性
	变动结构 → 规范结构	变化性之上的变化性
	组织结构 → 转换结构	秩序性之上的变化性
定理 3 主体性建构 （跨三层）	基　元 → 组织结构	秩序性
	同步结构 → 规范结构	同步性之上的秩序性
	变动结构 → 转换结构	变化性之上的秩序性
定理 4 社会性建构 （跨四层）	基　元 → 规范结构	规范性
	同步结构 → 转换结构	同步性之上的规范性
定理 5 发展性建构（跨五层）	基　元 → 转换结构	跨期性

层次相对论所演绎下的层级体系不是几个层次的简单整合，而是一个有着复杂演绎关联的深度耦合系统——每一个定理都牵涉到所有演绎层级（包括途经的中间层级），每一个定理又都与其他 4 个定理存在着干系。每一个定理对应一类建构路径，对建构路径的整体定性，以及对路径所达成层次结构演绎性质的界定，两者具有同一性（见表 3-2 第 3 列），这意味着层次结构演绎性质的多重意义：它既是所在层次结构自身演绎表现的判定，也是对一定跨度上演绎相干关系的定性和评判，换句话说，层次性质既是自身特性的呈现，也是演绎历史的呈现，不同层次跨度上的演进关系可通过层次性质来体现。各层次结构的演绎性质相互间既存在一定的相通性，又存在着较大的区别，层次相对论明确了层级演绎体系在什么条件下具有逻辑相似性，在什么条件下具有逻辑不一致，其中的关键即在于层次跨度是否相同。

层次相对论是整个层论体系的立论基础。层论体系所给出的六个具体层次结构，以及相应的层次性质和层次演绎机制等信息，都是依据层次相对论的五个定理而一步步迭代试错出来的，凡是与五个定理有冲突的演绎关系或逻辑设定都被摒弃，所留下来的各层次结构皆以五个定理为主旨。六层级系统内含着多种层次跨度，五个定理对其中所有可能的层次跨度分别做了关于演进方面的相应规定，其中的任何一种跨层演进路径都能够依托于这些定理来进行建构，它们成为搭建层论体系的基石所在。不仅如此，因层级相干而衍生出来的一些概念，如层次分界、相关程度、因果次序、有界纠缠等，它们也存在演绎复杂度上的区别，它们之间的跨尺度演进关系同样可以套用层次相对论，从同步分界到规范分界，从一重相关程度对立到四重相关程度对立，从一级错位背反到三级错位背反，从一阶层次分界到二阶层次分界……都可以看到层次相对论的身影。

层论体系为什么以层次相对论为根基？关于这一问题，本书无法给出确切的答案。从知名学者对层次性问题的阐述中，以及演绎一致性对认识和理解事物的标杆作用当中，可以发现一些端倪。

司马贺指出，复杂性经常采取层级结构的形式，层级系统有一些与系统具体内容无关的共同性质[①]。贝塔朗菲指出，科学的统一性不是把所有的科学虚幻地还原为物理与化学，而是来自不同层次或不同领域中的秩序同型性、结构一

---

① （美）司马贺. 人工科学：复杂性面面观[M]. 武夷山译. 上海：上海科技教育出版社，2004：170.

致性①。普里戈金指出，极为重要的是，复杂性的进化范式的存在不仅是在宏观描述层次上，而且在一切层次上②，进一步地，普里戈金畅想了关于远离平衡的"宇宙事实"的层次性演绎图景："它不对描述的任何基本方式作什么假设，每一个描述层次都隐含着另一个层次，也被另一个层次所隐含。我们需要的是多重化的层次，它们都联系在一起，任何一个都不要求突出③。"相对性原则（详见绪论部分）基本贴合这些论述，层次相对论可视为相对性原则的具体实例。

大自然究竟是按照什么基本思想和规则进行设计的？面对这一问题，柴立和指出重整化思想可能是其中的一个主要候选者——多尺度相互耦合的复杂系统分析需要重整化方法，理解分形结构的物理机理需要重整化方法，考察自然界的统一性与多样性需要重整化方法④。重整化思想默认系统在临界点附近的跨尺度表现是自相似的，层次相对论定义的是跨尺度上的演绎一致性，它也是相似性的重要体现，建构于层次相对论之上的层论体系展现出了极为丰富的自相似特性（见3.1节说明），这一体系也能够相对直观地帮助我们理解自然界的多样性与统一性。

K. G. Wilson 指出，科学中有一些问题具有共同的特征，即复杂的微观行为支配着宏观效应⑤。霍兰指出，复杂系统可通过还原为构成系统的各个简单部分间的相互作用来解释，在系统的每一个观察层次上，可持续地由前一层次组合而成的模式束缚着后一层次上的涌现模式，这种前后相互牵制的层次关系是进行科学研究的一种核心特征⑥。层次相对论隐含着层次间的相互牵制关系：因为尺度无关性，每一个定理都可以牵涉所有层次，定理的演绎机制就构成相应层次的制约关系；每一个定理又都与其他定理存在着联系，层次跨度较低的定理虽然说明不了层次跨度较高的演绎关系，但各定理的连续运用或组合运用也可以迈向较高的演绎层次，它们整体构成对较高层次跨度的另一种剖析视角，层次相对论中有

① （美）冯·贝塔朗菲. 一般系统论：基础、发展和应用[M]. 林康义，魏宏森译. 北京：清华大学出版社，1987：44-45.

② （比）伊·普里戈金(I. Prigogine)，（法）伊·斯唐热(I. Stengers). 从混沌到有序：人与自然的新对话[M]. 曾庆宏，沈小峰译. 上海：上海译文出版社，2005：296.

③ （比）伊·普里戈金(I. Prigogine)，（法）伊·斯唐热(I. Stengers). 从混沌到有序：人与自然的新对话[M]. 曾庆宏，沈小峰译. 上海：上海译文出版社，2005：300.

④ 柴立和. 重整化方法及其应用的研究进展[J]. 现代物理知识，2005，17(2)：32-35.

⑤ WILSON K G. The renormalization group and critical phenomena[J]. Reviews of Modern Physics，1983，55(3)：583-600.

⑥ （美）约翰·霍兰(John Holland). 涌现：从混沌到有序[M]. 陈禹，等译. 上海：上海科学技术出版社，2006：9.

着极为丰富的等价组合路径（详见4.1节表4-1），它们也预示着层次间极为复杂的相互牵制关系。

人们对现实事物的理解与把握，通常依赖于一定的标杆。灯塔能够指示航行方向，钟表能够同步团体的工作节奏，法规能够规范社会行为，这当中，灯塔、钟表、法规等均可视为标杆，它们对系统的运作起到重要的指示和参照作用。一件事物能够成为标杆，基本条件是其演绎特性的一致性，不具备一致性的标杆将引发混乱与无序——当灯塔漂泊不定，当钟表时快时慢，当法条不清不楚，相应的系统就无法对标，指示或比照就无从进行。人们对知识的理解与把握，同样依赖于一定的标杆，且标杆的演绎表现依然要求具备一致性，各个成熟学科当中处于核心地位的基础知识都可视为相应领域应用实践的参考标杆。标杆的指示与参照作用可以进一步推广至一切事物当中，一致性代表了确定性，又反衬了不确定性，抓住了一致性，就可以从中体会事物的本质特性，也可以从中感悟事物呈现不一致、不稳定的问题和原因，一致性成为梳理万千事物演绎与变化的重要标尺。

层次演绎方法论要成为理解和把握复杂事物的有力帮手，同样需要蕴含着一致性的标杆。依托层次相对论而搭建的层次演化论既有各层次自身层面的演绎一致性，也有各层次在跨尺度上的演绎一致性。层次自身的演绎一致性体现在各层演绎性质的普适性上，其中基元反映了存在的一般性，同步结构反映了联系的普遍性，变动结构反映了变化的任意性，组织结构反映了规律的根本性，规范结构反映了范围的必然性，转换结构反映了交涉的经常性。层次演化论以重复性为演绎起点，重复性是一致性的重要体现，重复性迁移至各个层次当中，即表明各个层次在自身层面上的演绎一致性。层次间跨尺度上的演绎一致性体现在层次相对论的五个定理当中，这些一致性要求一方面保障了层次演绎方法论的泛化迁移能力，另一方面成为各个演绎层次本质特性的制约与规定。

许多专业学科的发展都在追求一致性，通过对既有理论的不断查漏修补来革除可能存在的各种瑕疵，以求达到更为完美的状态。层次演化论反其道而行之，将演绎一致性作为层次分析的基础和起点，将一致性和普适性作为跨层演绎的首要准则，以此来搭建层次性的演绎体系，这一思路并非主观臆测。从统计学的经典规律到物理学中的相变现象，从自然数系列的神秘规律到量子力学的精确预测，普适性作为一种被广泛记录和验证的模式在各种不同尺度和领域中展现了其惊人的一致性[①]。

一定条件上的演绎一致性，是解耦系统层次的关键信标。在我们的直觉中，层次分解似乎是较为容易的，尤其是所要求的层次数不多的情形中。而在层论演绎体系中，解耦系统的层次有其特别的规定，它不是简单地将系统按照尺度宽窄或者范畴大小来进行剖分，而是要求所解耦的层次必须满足层次相对论。当系统的层次数较少时，层次相对论对层次解耦的要求体现得并不明显，同时较少的层次数对于理解系统来说也是相对粗糙的。解耦的层次数越多，越有助于理解系统的演绎全貌，然而，给出能够满足层次相对论五个定理的层次体系并不是一件简单的事，中间需要经过反复的优化迭代，这个过程不一定有令人满意的结果，但这一过程是非常值得尝试的，一旦找到完全符合五个定理的多层级体系，将极大地促进我们对系统的理解，因为层论体系有丰富的分析工具帮助我们去剖析和演绎系统的方方面面。

层次相对论是开放的，也是不完全的，因为层级体系并没有要求一定是六个层级，层级间的跨度也不是局限在五级以内，当面临更大规模的层级体系，以及更为丰富的层级跨度时，层次相对论可以做演进关系上的相应扩展，这种扩展理论上是没有限度的。层次相对论的扩展不同于具体定理的泛化迁移，五个定理可以面向任何的演绎基础，并迁移至任意数量的层级体系当中，这种迁移并不意味着层次相对论的扩展，只有给出更高跨度的定性结论，才是有效地扩展。层次相对论既有定论，又是开放的，其中潜藏着无限可能性。

---

① 集智俱乐部.众里寻一:从复杂性中探索普适规律[EB/OL].(2023-12-02)[2024-03-31].https://swarma.org/? p=46921.

第 4 章

层论演绎体系的定态分析

对层次性的研究，是形成新的方法论的基础。通过层次性，有助于我们更加完整、准确地把握辩证演化的自然观的全部内涵，有助于我们在进化的系列中理解及调整整体与整体之间的关系[①]。

层论中，每一个层次结构都有代表其禀赋的综合定性，以及成就其特性的演绎机制，越到高层，演绎性质和演绎机制所对应的逻辑关联就愈趋复杂。面对简单的系统，我们可以即刻感悟系统的结构和特性，但面对复杂系统、复杂问题时，我们能够获悉系统的一系列局部关联，而难以快速把握系统的演绎全貌。造成这一困境的原因有很多，其一是调用复杂模式来处置复杂问题时存在着切入点的选择多样性和加工路径的演绎多样性，其二是用于辅助思考的自然语言的表征能力匮乏问题，这些都会极大地影响处理的效率。相较于自然语言来说，图式结构更适合于描述复杂系统当中纵横交错的演绎关系。本章我们将尝试用图式结构来勾勒层论体系由简入繁的演化全貌。

4.1 层论体系的多样化解析路径

层次相对论是搭建整个层论体系的基本原则，层次相对论的五个定理同演绎起点无关，对于任意给定的基础，都可以运用这些定理，定理运用之后的结果又可以作为新的基础，然后继续运用下去，从而形成定理的叠加、复用。每一个定理均界定了演绎前后的层次跨度，加上起点层次，就可以计算出定理叠加运用后所能达到的层次数。由于起点的多样性，叠加的方法多样性，到达同一个目标层次的路径可能有许多。

图 4-1 示意了各层次结构间的跨层演绎进路，其中每一个箭头均对应着一步到位的跨层演绎，这样的箭头共 15 条，首尾相接的箭头组合则构成连续演进路线，等同于定理的叠加运用。图 4-1 是表 3-2 的另一种呈现形式，也是层次相对论的直观展现。

以基元为起点，以高层结构为目标，则目标结构的层级越高，从起点到目标结构的演进线路就越多。表 4-1 罗列了目标结构的所有可能的历史演化路径，它们都是以基元为建构起点，且每一条组合路径都是连续的（不存在箭头交叉或层

---

① 董春雨，姜璐. 层次性：系统思想与方法的精髓[J]. 系统辩证学学报，2001，9(1)：1-4.

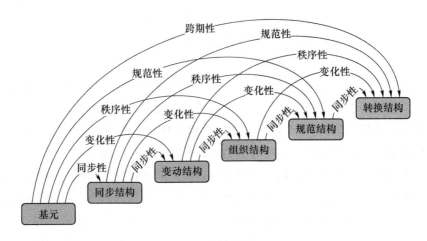

图 4-1 各层次间的演进路径

级中断的情况），其中，同步结构的演化路径有 1 组，变动结构的演化路径有 2 组，组织结构的演化路径有 4 组，规范结构的演化路径有 8 组，转换结构的演化路径有 16 组，总共 31 组，它们代表着解构系统层次特性的 31 种剖析视角。较复杂的路径由多条子路径所构成，每一条子路径又可以进行类似的拆解，如果进一步考虑各条子路径的组合多样性，那么总体上的演进路线将远远不止 31 种。

表 4-1 各层次结构的多样化演化路径

同步结构	变动结构	组织结构	规范结构	转换结构
同步性	双层同步性 变化性	三层同步性 同步性·变化性 变化性·同步性 秩序性	四层同步性 同步性·同步性·变化性 同步性·变化性·同步性 变化性·同步性·同步性 同步性·秩序性 双层变化性 秩序性·同步性 规范性	五层同步性 同步性·同步性·同步性·变化性 同步性·同步性·变化性·同步性 同步性·变化性·同步性·同步性 变化性·同步性·同步性·同步性 同步性·同步性·秩序性 同步性·秩序性·同步性 秩序性·同步性·同步性 同步性·变化性·变化性 变化性·同步性·变化性 变化性·变化性·同步性 同步性·规范性 规范性·同步性 变化性·秩序性 秩序性·变化性 跨期性
1 组	2 组	4 组	8 组	16 组

注：符号 · 表示合成算子，其具体意义见 4.4 节的说明。

每一种演化路径都是探究系统生成机制或演进历史的一套方法论，路径的不同，预示着考究系统的方法、视角上的差异。起点和终点相同的不同路径具有总体上的演绎等价性，这使得基于不同视角来考察同一系统时都具有其一定的合理性。

从起点层次来看，可以通过多样化路径来把握系统的后续演绎走向。把给定系统视作基元，通过叠加不同的建构方式，置入不同的环境，加载不同的演绎交互，系统就会有不同的生成演变，跟踪所有可能的建构手法和建构结果，就为把握系统的发展演变建立了丰富的资料库。

从目标层次来看，可以通过多样化路径来解构系统的历史演绎过程。成就系统的历史演化路径有很多，了解系统可能的演绎基础、演进脉络，可以对系统的当前表现有更为深刻地理解。

在实际应用中，针对同一事物可以运用不同的方法，而每一种方法的演绎基点和演进逻辑是有所不同的，得出的结论也有可能存在差异。越是复杂的问题，通常对应的演绎层级越高，这也意味着全面把握其演绎全貌的难度越大，人们相互达成共识的可能性越低。客观世界是充满各种复杂性的，也是各种可能性的总和，每个人抽取它的方式存在多样性、不确定性。由此，明确在什么基点上，基于什么样的路径和脉络，依托什么样的机理和方法来开展信息的加工与处理就是必须弄清楚的问题，这是科学知识得以有效积累的前提。

4.2　层次结构的定态分析

复杂系统都有多面性，当我们直面复杂系统时，所看到的通常是它在当下的特定剖面，虽然这一剖面不能告诉我们系统的全貌，但依然呈现出了一些有用信息。通过梳理系统可能存在的各种剖面，并综合考究各种剖面之间的关系，也能够使得我们对系统形成相对完整的认知。这种落脚于具体剖面的分析思路称为**定态分析**。定态分析下，系统中要素与要素之间的局部相干关系是相对明确的，相当于系统演绎关系的即时拍照。与之相对的是动态分析，即系统中所有演绎要素之间的关系是较为灵活的，要素与要素之间在不同尺度、不同层次上有着或深或浅的演绎相干，对系统的评判来源于这些灵活相干关系的综合考察。第2章的层次结构分析都可归结为动态分析。

定态分析可通过图式中的要素间确切关系来反映。图式中的主要关系有两种，一种是基本要素，用**端**来表示，另一种是要素与要素之间的关联关系，用**边**来表示。端是存在或性质上的反映，端有层级之分，最基层的端由实心圆表示，可称为基元端，高层端由实心圆叠加外圈来表示，外圈数量越多，端的层级越高，端的层级对应端的总圈数（包括实心圈），有几个圈，就称为几级端。边是端与端间高相关的反映，边的两端可以是同一层级，也可以是不同层级，但连线必须是在同层圈之间，连的圈是什么层级，相应的边就是几级边。图 4-2 是组织

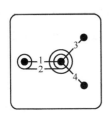

图 4-2 边的连线方法

结构的一种定态图式，图中右侧有两个基元端，左侧有一个二级端，中间为三级端，边由两端连接而成，其中边 1、边 3、边 4 都是连在实心的基元端之间，它们都属于基层边，边 2 连在二级端和三级端的第二层圈之间，故构成二级边。图式中，多级端通常视作一个整体，其描述由端的最外圈的层级来代表，多级边也是类似的，图 4-2 中的边 1 和边 2 应视为一个整体，其描述由边 2 来代表，边 1 可视为边 2 的内部关系。

定态分析图式须满足**端边约定**，具体要求如下。

- **规则 1**（关于**端的约定**）：基元端的基元种类数为 1，基元端之上每增加一个外圈（增加一个层级），所含基元种类就翻一倍，对于一个层数为 i 的端来说，其所含基元种类为 2^{i-1} 个。给定图式的基元种类总数等于图式中所有端的基元种类数之和，这一数值为 2^{n-1}，其中 n 指的是整个图式所对应的层数。

- **规则 2**（关于**边的约定**）：两个及以上端组成的结构为多端结构，多端结构必有连边，多端结构中不允许出现没有连边的孤端。边连于两端的同层圈之上，只有先出现低层边，才允许出现高层边。基层边的边数记为 1，j 层边的边数记为 2^{j-1}，两个端之间的连边总数等于两端之间最高层边的含边数。一个端可能同时与多个其他端相连，无论连接多少个端，每一个端的总连边数须为 2^{i-1} 条（i 为该端的层数），整个结构中的总边数等于所有两端间含边数之和，数值为 2^{n-2} 条。

端边约定中，每个端的外接边数与端本身所含的基元种类数是一致的（同为 2^{i-1}），端的所有边代表了该端所能处理的外部关系，它与端本身的层级是匹配的，有多高的层级，就有多宽广的关系处理能力。

端边约定是定态分析图式的基本规定，它融合了层次思想，这也使得它同数学中的一般图论有所不同，主要体现如下。

- 图论中的节点和边一般没有层级之分，而定态图式中的端和边均有层级之分。
- 图论中节点与节点之间通常只有一条连线，而定态图式中端与端之间可以有多条连线。
- 图论中单个节点可以外连的节点数一般没有限制，相应的连边数也没有限制，而定态图式中每一个端的总连边数是固定的（取决于其层级）。
- 图论中的边一般表示某个变量（如距离），而定态图式中的边意味着端与端在一定尺度上的高相关性，并且两端间连边数越多，代表着关联的层级越高、协同越深入。高相关代表着演绎确定性，定态图式中的不确定性暗藏在各端之间的非连接关系之中。
- 图论中的节点与边通常是对系统要素间联络形态的刻画，而定态图式则是对系统一定视角下的内在演绎逻辑的高度抽象。
- 图论的网络结构随系统实际表现的演化而演化，而定态图式可以根据端边约定自行演化。

层论是关于层次进化与层次关系的演绎体系，定态分析图式是尝试勾勒层次关系以及层次演化的形式化方法，端、边作为定态图式的基本要素，可以理解为物质与物质的关系，可以理解为机制以及机制的协同，也可以理解为一定的性质（对应端）与一定的矛盾（对应边）。层论体系的 6 个层次结构都可以用定态图式来表示，越是高层级，考察的视角越丰富，相应的图式呈现也越多样化。

4.3 基础层次的定态图式

第 2 章给出了各层结构的动态图式（层次关系图），定态图式以动态图式为母版，并在此基础上叠加了端边约定，所呈现出的结构样式较层次关系图也有所区别。下面先介绍前 4 个层次的定态图式。

（1）基元的定态图式

基元的定态图式用单个实心圆表示，其表示符号为 m。基元的图式只有 1 种

（如图 4-3 所示），该图式为孤端结构，边的数量为 0。

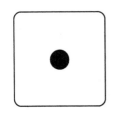

图 4-3　基元的定态图式

（2）同步结构的定态图式

同步结构有如下两种定态图式。

一种是二分视角，如图 4-4（a）所示，图中有两个基元端、一条连边。各基元端相互构成对照关系，故而映衬出了各基元端在重复性的不同。边表示两个基元间的相关性，由于仅有一条边，等同于没有其他的相关关系做参照，这样的相关性仅仅表明两个基元间的共存关系，至于共存方式则没有特别规定，这种没有明确规定的共存关系，通常称为联系。基元间的共存在整体上的描述为同步性，相应的表示符号为 R。

另一种是整体视角，如图 4-4（b）所示，图中仅有一个端，相应的表示符号为 m^2，其中 m 表示重复性，指数 2 表示两级尺度上的重复性，我们可称其为双层重复性，其中微观尺度上的重复性表示内部基元的存在，宏观尺度上的重复性表示同步结构整体上的存在。

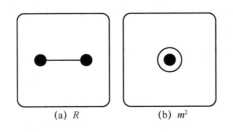

(a) R　　　　(b) m^2

图 4-4　同步结构的定态图式

同步结构的两种图式对应着考察同步性的两种视角，相对于基元来说有了考察方式上的分化，一个着眼于成分与成分间的关系，另一个着眼于蕴含着内部成分的整体呈现，这也是面对任何事物时的两种最基本的考察方法。

（3）变动结构的定态图式

变动结构有 4 种定态图式，如图 4-5 所示，它们对应着考察变化性的 4 种视角。

子图（a）是四分视角，其中存在 4 种基元端，以及两条基层边，边的交叉代表边与边之间的相关，等同于基层边之上的同步性，整体构成双层同步性，用符号 R^2 表示。滚石系统中，微观同步性为石头内部色块间（或路面内部色块间）的同步关联，宏观同步性为石头与路面的共存关系，在宏观同步性的衬托下，微观同步性更为明确，不再是一般的联系，而是分化和对照出了具体的同步形式。

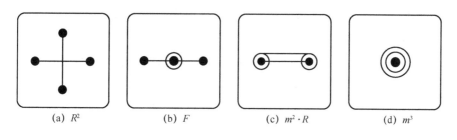

(a) R^2　　　　　(b) F　　　　　(c) $m^2 \cdot R$　　　　　(d) m^3

图 4-5　变动结构的定态图式

子图（b）是中心视角，其中的二级端处于中心节点，可称其为核心端，两侧的基元端构成分支端。由于各端的级别不完全一致，这样的结构可归结为**异端结构**，与之相对的是同端结构，子图（a）、子图（c）都是同端结构。子图（b）中，核心端与图 4-4（b）中的孤端不同，其两侧均有连边关系，它可理解为相异基层同步性（即两条边）中的局部重复性在同一区域相勾连，其中蕴含着同步性间的相互渗透，因此该核心端代表的是异步性，与之相连的两个基元端则对应着相异同步类型当中的重复性。渗透关系起着核心地位的现实案例有许多，例如各需求链条中的需求要素在某个市场当中的集中呈现。滚石系统中，核心端可理解为石头或路面内的色块不同步，两个分支端分别对应石头色块、路面色块，对这一系统的分析有两种思路。

一是以石头为焦点，将滚石系统理解为石头相对于路面的随机滚动，石头色块的分布可能在路面的任何一个地方，其总体分布尺度向路面看齐，但石头中所有色块间的同步关系则局限于石头这一相对有限的局部空间内，由此呈现出基层重复性的分布尺度超出其宏观演绎稳定性所对应尺度的矛盾性，弥合这种矛盾的形式就是石头相对于路面的运动变化，即通过石头的运动来承载石头色块在更大尺度范围中的随机分布，同时兼顾石头自身尺度的稳定性。

二是以路面为焦点，将滚石系统理解为路面相对于石头的随机扰动、震荡，路面色块的分布可能在石头的近点，也可能在石头的远点，相对于石头的分布位置具有随机性，但路面色块相对于路面自身而言，其分布位置是相对固定的，这当中同样存在着矛盾，弥合矛盾的方式是路面的整体变动，它既能够承载路面各色块间的分布不变性，又能够实现其色块位置相对于石头的随机性。

两种思路都表现为同类型内部关联的演绎确定性（对应分支端所在边中的重复性关联），以及跨类型间内外勾连的不确定性（对应核心端），这两方面的协同是变化性的显著特点。

两种思路都是围绕端的关系展开的，还可以围绕边的关系来分析。子图（b）中有两条边，可分别理解为滚石系统中的石头同步性、路面同步性，整体上表示两种同步性之间的演绎协同关系。子图（b）是变动结构的代表性图式，用符号 F 来表示。

子图（c）是二分视角，由两个二级端所构成，每个二级端均有连边，等同于同步结构 R〔见图 4-4（a）〕中的每一个重复性都与其他类型中的重复性发生勾连，形成同步性之上的异步性叠加关系，整体体现的依然是变化性。图式中有一条基层边，一条二级边，基层边代表着微观尺度上的同步性，二级边代表着宏观尺度上的同步性，因此这一图式也可理解为不同尺度上的同步性相干。子图（c）的表示符号为 $m^2 \cdot R$。

子图（d）是整体视角，只有一个三级端，其表示符号为 m^3，可称为三层重复性，它表明变动结构有三个演绎层级，其中存在着三级尺度上的重复性。

（4）组织结构的定态图式

组织结构有 14 种定态图式（暂不考虑有孤端的多端结构，原因在 4.5 节说明），如图 4-6 所示，它们对应着考察秩序性的 14 种视角。

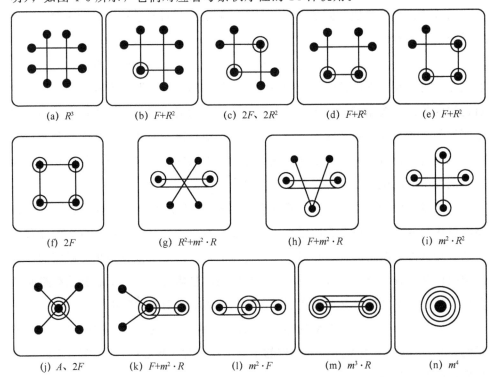

(a) R^3 (b) $F+R^2$ (c) $2F$、$2R^2$ (d) $F+R^2$ (e) $F+R^2$

(f) $2F$ (g) $R^2+m^2 \cdot R$ (h) $F+m^2 \cdot R$ (i) $m^2 \cdot R^2$

(j) A、$2F$ (k) $F+m^2 \cdot R$ (l) $m^2 \cdot F$ (m) $m^3 \cdot R$ (n) m^4

图 4-6　组织结构的定态图式

这些图式都可视为两个变动结构间的组合关系，它们均可理解为变化性之上的同步性，其中：子图（a）可视为两个 R^2 结构的排列，整体可用符号 R^3 来表示；子图（b）可视为 F 结构和 R^2 结构的排列；子图（c）可视为两个 F 结构的排列，或者两个 R^2 结构的排列（有两组基元端叠加在一起）；子图（d）可视为 F 结构和 R^2 结构的排列（有一组基元端叠加在一起）；子图（e）可视为 F 结构和 R^2 结构的排列（有两组基元端叠加在一起），或两个 F 结构的排列（有一组基元端叠加在一起）；子图（f）可视为两个 F 结构的排列（有两组基元端叠加在一起）；子图（g）可视为 R^2 结构和 $m^2 \cdot R$ 结构的排列；子图（h）可视为 F 结构和 $m^2 \cdot R$ 结构的排列；子图（i）可视为两个 $m^2 \cdot R$ 结构的排列，也可视为 m^2 算子与 R 结构的合成（合成算法见 4.4 节说明）；子图（j）可视为两个 F 结构的排列（有两个二级端叠加在一起），整体用符号 A 来表示；子图（k）可视为 F 结构和 $m^2 \cdot R$ 结构的排列（两个二级端叠加在一起）；子图（l）可视为两个 $m^2 \cdot R$ 结构的排列（两个二级端叠加在一起），也可视为 m^2 算子与 F 结构的合成，整体可用符号 $m^2 \cdot F$ 来表示；子图（m）可视为两个 $m^2 \cdot R$ 结构的叠加（有两组二级端叠加在一起），也可视为 m^3 算子与 R 结构的合成，整体可用符号 $m^3 \cdot R$ 来表示；子图（n）可视为两个 m^3 结构的叠加，整体可用符号 m^4 来表示。这里的叠加指的是两个或多个端合并为一个端（等同于建立渗透关系），合并后端的层级会提升。两个不同层级的端是不能直接叠加的，因为不满足端的约定，而三个以上的层级不一致的端有可能完成叠加。

14 种图式全部可以拆解为两个变动结构定态图式间的组合关系，它们均可理解为变化性间的演绎协同。这一关系中，各变化性既要保持自己的层级特色（同步性与异步性的演绎对立、相异同步性间的关联协同、不同尺度上同步性的相干等），又要与其他变化性建立演绎协同，这本身就是一种矛盾：一方面，能够确认具有协同关系的各方均为变化性，说明在协同关系当中的各变化性是能够进行界定和明确的；另一方面，对于既有的变化性来说，具有协同关系的其他变化性的加入，会对既有变化性的层次特性产生干扰，同步性与异步性的演绎对立等层次特性不再具有确切性与一致性。这种矛盾的解决依赖于变化性分化关系之上新维度、新机制的介入，使得各变化性的内部分化关系在整体上依然是可区隔的、可联系的，其整体表现就是主次、先后关系，从这个意义上来说，14 种图式都隐含着时序性。

除了 m^4 结构外，组织结构的所有图式均包含 4 条边（注意 $m^3 \cdot R$ 结构中的总边数由三级边来代表），这里的 4 是指同步性的两级约束，即结构中蕴含着关于同步性的两级分化维度，基层的分化维度明确了同步性的不同，高层的分化维度明确了高相关同步性组合关系间的不同，也就是变化性的不同。4 条基层边可演绎出基于同步性的相关程度对立，因此整体上也可理解为同步性之上的变化性。

对于更高层次的规范结构和转换结构来说，通过基础结构的随机排列，以及排列时灵活的端间叠加方式，可以衍生出极为丰富的定态图式（部分图式见附录 1），这里不做详细阐明。

4.4 图式的建构与命名

在基层定态图式的基础上，通过一定的方式，可以建构出更高层、更复杂的图式。一般来说，图式的建构方式主要有如下两种。

一是**合成运算**，相应算符为"·"，表 4-1 所列的建构路径基本都可用这一算符来描述。对于两个结构间的算式"$X \cdot Y$"，其运算方式是：将 Y 结构中的所有基元用 X 结构进行置换，如果 Y 结构中有多层端，则将该端最底层的基元核替换为 X 结构，同时保留该端的所有外圈，然后再优化所得图式的端边关系，直至圈中的边全部消除为止。优化时可通过叠加或拆分圈中结构来达到消除圈中的边。整个算式相当于以 Y 结构为中心、为框架，以 $X \cdot$ 为算子。图 4-7 示意了"$R \cdot F$"算式的合成过程，首先将 R 结构代入 F 结构的所有基元当中，得到子图（c），该图式的每个端中都有边，需要进行优化，图中示意了 3 种典型的优化结果，其中：子图（d）通过合并中间的圈中边、分拆两侧的圈中边而得到，子图（e）通过合并中间和一侧的圈中边、分拆另一侧的圈中边而得到，子图（f）通过合并三个圈中边而得到。这里没有考虑分拆中间端的情况，如果分拆，将形成非连通结构（不能用边将所有端串连起来的结构），它们也是合成的可能选项。

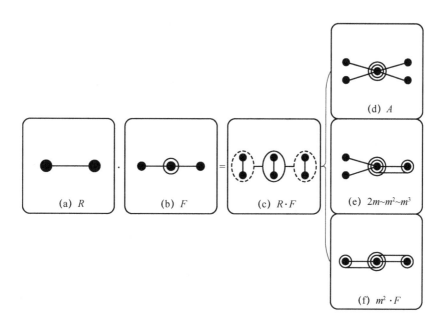

图 4-7　"$R \cdot F$"算式的图式合成

参与合成算子的结构越复杂，所衍生出来的图式通常越多样化。不是所有的合成运算都会得到多种图式。一般来说，如果算式中的 X 是多层重复性结构（m^n），那么结果通常只有一种。合成运算同运算顺序有关，顺序不同，运算结果也往往有所不同。

第二种是**排列运算**，相应算符为"＋"。给定算式"$aX+bY$"，其中 a、b 为系数，分别表示 X 结构和 Y 结构的数量，运算方式是直接将这些结构排列在一起，排列时各结构本身保持不变（整体上不做分拆或合并），不同结构之间相衔接的端可以合并，也可以不合并。图 4-8 示意了"$F+2R$"算式的图式运算过程，由于排列和衔接的多样性，所得图式也较为多样化。

合成运算相当于被合成结构的所有基元都进行了升级，这是既有结构迈向复杂化的一种基本演进方式，它是通过内部的裂变来完成的，通常会带来原有结构样式的改变。排列运算是通过不同结构间的关联来趋向复杂化的，原有结构的样式并不发生变化。合成运算相当于描述内因变化，排列运算相当于描述外因变化。合成运算当中的所有基础成分同时完成升级，而排列运算可视作一系列局部的关联与修整。合成运算有运算次序的区别，不同的次序，合成运算的结果可能大不相同，排列运算不用考虑运算次序，但要考虑关系分布的问题。

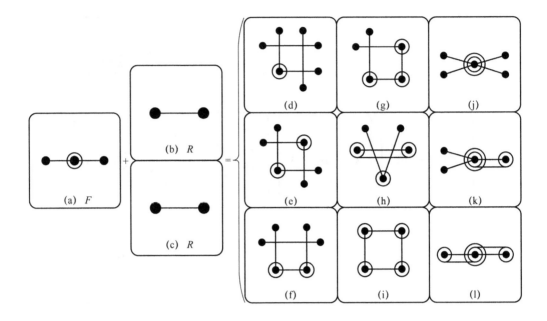

图 4-8 "F＋2R"算式的图式排列

层论的定态图式极为丰富，为了更好地区分，有必要对各图式进行命名。命名方法主要有四种：一是直接用特定的符号来命名，如 m、R、F、A 等结构；二是用合成算式来命名，如 $m^2 \cdot F$、$m^2 \cdot R^2$ 结构；三是用排列算式来命名，如 $2F$、$R^2＋F$ 结构；四是用数端的方式来命名，即数出每一种端的数量，然后中间用"～"符号隔开，例如图 4-6 中的子图（a）可用符号 $8m$ 来命名，子图（b）可用符号 $6m～m^2$ 来命名。这些方式可以组合运用，例如子图（h）命名为 $F＋m^2 \cdot R$，它是排列算式和合成算式的组合。有许多图式的命名方式不止一种，也有许多命名方式对应不止一种图式，这与定态图式更为精细化的结构呈现有关。

4.5 图式的折叠操作

层论体系中，基元之上的层次结构均有多个定态图式，越到高层，定态图式越丰富。同步结构及以上的层次结构中，其结构的完全展开式为 R^n 结构，我们可称其为 n 层同步性结构（如图 4-9 所示），所谓完全展开是指图式中只有基元端和基层边。同一层次结构中的所有其他定态图式都可通过 R^n 结构折叠而来，这里的折叠操作，是指把多个低层端合并为高层端，合并过程遵循端边约定，同时尽量兼顾折叠前的端边关系。

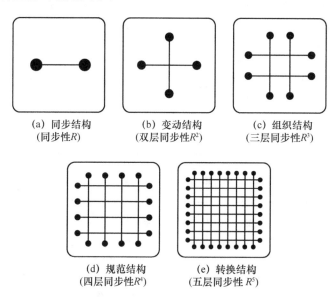

图 4-9　端、边完全展开的多层同步性结构

以组织结构为例，三层同步性（R^3 结构）是折叠的起点，其他的所有定态图式都可由这一结构折叠而来。图 4-10 示意了组织结构的一系列折叠方案（m^4 结构未列入，它对应着 R^3 结构的完全折叠），实际的折叠手法较多，其中有许多折叠结果具有拓扑等价性，它们被归为一种图式。R^3 结构派生出了组织结构的所有定态图式，每一个图式即对应着基于 R^3 结构的一定形式的端间协同关系，由此，R^3 结构相当于派生组织结构所有可能考察视角的母版，每一种折叠图式相当于母版的一种投影。层论体系中，除基元以外的每一个层次结构都有这样的一套母版，它们都属于多层同步性结构（R^n 结构），它们的呈现形式与空间的一般表现形式（网格平面）有相通之处，空间承载着物质演绎的各种可能性，恰如多层同步性孵化出层次结构的各种定态关联表现。

以多层同步性结构为母版的折叠手法主要分为三种类型：一是对称折叠，折叠后端的数量减半；二是局部折叠，每次仅对一组交叉边的两个端进行折叠；三是向心折叠，将有交叉边中的一半端进行折叠，形成中心核。这些折叠手法可以连续或组合运用，形成各定态图式间的一系列流转路径，图 4-11 示意了三种折叠手法及其部分流转路径。每折叠一次，图式的结构信息就减少几分。层论中，

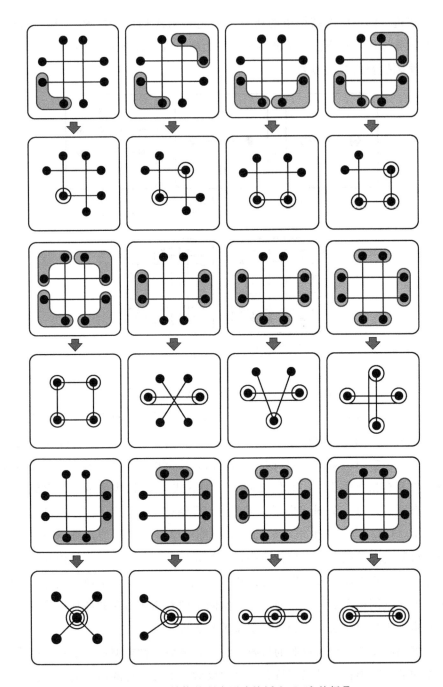

图 4-10　组织结构的所有图式均派生于 R^3 的折叠

　　所有的流转路径都是以多层同步性（R^n 结构）为起点，以多层重复性（m^n 结构）为终点，前者代表着结构的完全展开，后者代表着结构的完全统合。系统在不同的考察视角下会呈现出不同的定态，各定态之间的流转路径意味着考察系统的方法与思路的流转。

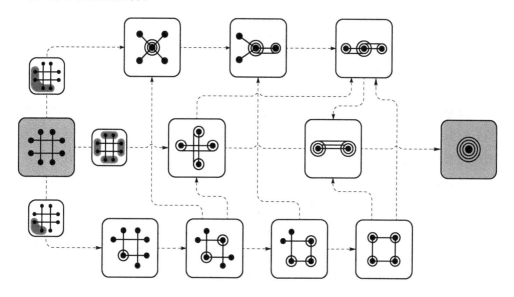

图 4-11　组织结构中部分图式的折叠手法及其流转路径

多层同步性结构中，还有一类比较特殊的折叠手法，折叠后形成的是不符合端边约定的多孤端结构（如图 4-12 所示），它的折叠以边为单位，完全压缩了基元之间的关联关系，折叠出来的是一批孤零零的个体，系统中可能存在的各种逻辑关联也因这种方法而被屏蔽掉，对系统的认识也存在着较大的局限。定态图式原则上不研究这类结构，不过，若要尝试分析结构演化历史当中的随机性、不确定性，多孤端结构还是有参考的必要。

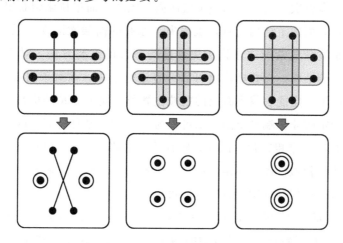

图 4-12　R^3 中以边为单位的折叠方式

4.6 图式的分拆与化简

复杂的定态图式难以理解，但通过适当的操作，可以转换为相对简单的结构，对复杂图式的理解，可通过化简操作和化简结果之间的关系来间接反映。对复杂定态图式进行化简的方法有多种，一是**折叠**，二是**拆解**，三是**粗粒化**。

进行折叠操作时，折叠得越深入，端的数量就越少，结构样式愈趋简单，结构中的端边关系也更容易做整体定性。

拆解是一种分割图式的方法，它可视为排列运算的逆运算，通过将复杂图式拆解为一批相对简单的图式，或是拆解为已经得到深入研究的基本图式，然后考察各图式的演绎性质，这一操作就是我们所常用的分析方法。折叠操作会忽略原有图式的部分结构信息，而拆解操作则会破坏原有图式的结构信息。

粗粒化是一种特殊的拆解运算，它要求拆解出来的每一个部分都是相同的，且原则上不能有剩余的部分，此时可以将拆解出来的同一结构作为粗粒化单位并全部替换为基元，然后合理排布这批基元间的连接关系，从而获得相对简洁的结构。进行粗粒化操作时，必须全盘操作，不能只操作图式中的一部分而不操作另一部分，并且每次操作时只能基于同一种粗粒化单位，最后所得图式依然要求满足端边约定。所有的低层结构都可作为粗粒化单位。粗粒化与折叠的不同在于，折叠无论进行多少次，它都是同一个层次内的图式，而粗粒化则获得的是更低层次的图式，它既损失了结构信息，也损失了原有的高层次演绎性质。虽然如此，粗粒化仍然是演绎复杂图式建构历史和建构基础的重要方法。对于折叠操作来说，只要是多端结构，折叠操作就可以一直进行下去，而对于粗粒化操作来说，从目标图式中不一定能够找到有效的粗粒化算子。同步性 R 结构是一个例外，任何满足端边约定的非孤端复杂图式都可视为 R 结构的某种排列，因此任何复杂图式都可以用 R 结构来粗粒化。此外，所有的低层结构，均可以在高层当中找到与之相似的结构，相似性体现在结构的连边形式完全一致，只是端和边的层级不一致，这种类型的相似性即预示着结构的可粗粒化。

图 4-13 示意了 3 种图式的粗粒化操作。其中，子图（a）对 $2m^2 \sim 3m^3$ 结构以 m^2 为单位进行粗粒化，源结构中的两个 m^2 端被粗粒化为基元端，3 个 m^3 结

构被粗粒化为 m^2 端，于是得到 $2m \sim 3m^2$ 的链式结构，其总体分布形式是与原结构高度相似的。子图（b）对 A 结构以 R 为单位进行粗粒化，由于核心端 m^3 内含 4 个基元，因此可以与 4 个分支配对形成 4 个 R 结构，粗粒化后形成 4 个基元，根据端边约定，4 个基元需要有两条连边，因此粗粒化的结果是 R^2 结构。子图（c）对 $m^2 \cdot A$ 结构进行以 F 为单位的粗粒化操作，核心端 m^4 可拆解为 2 个 m^3 端，并与 4 个分支配对形成 2 个 $m^2 \cdot F$ 结构，粗粒化后得到两个 m^2 端，根据端边约定，两个 m^2 端间应有两条连边，故粗粒化的结果是 $m^2 \cdot R$ 结构。

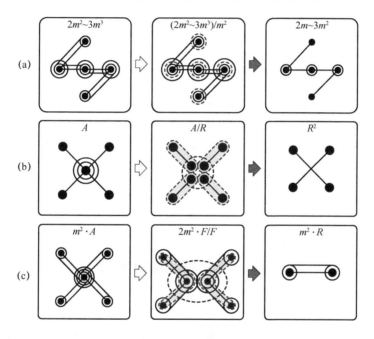

图 4-13　图式的粗粒化操作

上述 3 种粗粒化操作可用公式表示如下：

$$（2m^2 \sim 3m^3）/m^2 = 2m \sim 3m^2$$

$$A/R = R^2$$

$$m^2 \cdot A/F = m^2 \cdot R$$

其中，算符"/"表示粗粒化，该符号左侧是待粗粒化的源结构，右侧是粗粒化单元。

从图 4-13 中的三种粗粒化操作中可以看到，以 m^2 为粗粒化单位时，粗粒化后的图式与源图式高度相似，而以 R 或 F 为粗粒化单位时，粗粒化后的结构与源结构并不相似。不过，以孤端结构为单位进行粗粒化时，并不能保障粗粒化结果与源图式一定相似，具体来说，当对 $m^n \cdot X$ 结构以 m^k 为单位进行粗粒化时，如果源结构两端之间的连边低于 k 条，那么粗粒化时就会破坏源结构。例如，图 4-14 中，源结构是 $2m^2 \sim 3m^3$ 的另一种构型，当以 m^2 端为单位进行粗粒化时，两个 m^2 端被粗粒化为基元端，由于基元端最多只能有 1 条连边，原有的双向关联关系必然要被打破，只能保留一条连边，最终得到的结构与源结构没有相似性。

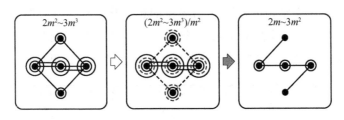

图 4-14　粗粒化操作对源结构的破坏

粗粒化操作相当于合成运算的逆运算。在进行粗粒化时，源结构的端与边同时受到影响。以孤单结构（m^n）为单位进行粗粒化时，可能涉及拆边工作（当端间的连边级别低于粗粒化单位的层级时），以非孤端结构（如 R、F 等）为单位进行粗粒化时，可能涉及拆端工作（尤其是那种有核且带分支的连通结构）。

4.7　图式的端边评价

对事物的认识，通常体现在对事物的定性和评价上，对事物的实践交互乃至引导把控，同样涉及对事物的评价。评价的深度与实践的效度息息相关，评价着眼于局部、着眼于当前，相应的实践就难以把握全局、引领后期，评价过于远大以至于超出自身的经验和能力，实践就难以推进。

对层次结构的认识，也可通过对结构的定性、评价来反映。评价过程源于评价方向被评价方的经验投射，投射的过程即对应着评价方的演绎尺度同被评价方的演绎尺度间的相干过程，没有相干性，评价就无法完成。基于此，两个相互独立的事物间是无法进行相互评价的。在定态图式中，如果把端视为结构，那么相干即意味着端与端之间的连接关系，相干关系既涉及多个端又涉及关联边。对端的评价要借助于端子来进行，**端子**是指一个端及其连边所构成的组件，且所有连边的另一端均缺省，因此端子是既有端又有边的不完整结构。端子的立足点是所在端及其所有连边间的整个相干关系，缺省端是这一结构当中的局部触发点，所加入的端（下称接触端）能够被端子所对应的结构所评价。端子与接触端之间的关系类似于函数 $f(\ )$ 与其自变量之间的关系，而函数与层次分界之间有着一定的逻辑相似性（见 2.3 节小结部分的说明），层次分界又能够对低层结构进行定性（见 2.8 节解析），相应地，端子也可以对所连接的接触端进行定性或评价。

图 4-15 示意了图式中的 5 种基本端子，它们都蕴含着不确定性，其中：子图（a）是 R 端子，体现的是无复现；子图（b）是 F 端子，体现的是异步性；子图（c）是 A 端子，体现的是平庸性；子图（d）是 S 端子，体现的是无组织；子图（e）是 D 端子，体现的是无纪律。各端子中的端可视为一系列结构间的渗透勾连，端子中的每一条缺省边所连接的结构可以是基元，也可以是高层端，还可以是其他各式复合结构，所连接的结构层级也可能超出端子所对应层级（例如，A 结构中的 4 个 R 端子均连接的是层级更高的三级端）。

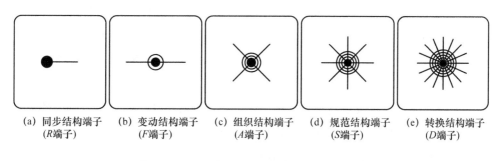

(a) 同步结构端子　　(b) 变动结构端子　　(c) 组织结构端子　　(d) 规范结构端子　　(e) 转换结构端子
　　(R端子)　　　　　 (F端子)　　　　　 (A端子)　　　　　 (S端子)　　　　　 (D端子)

图 4-15　5 种常见端子

端子中缺了端的边为缺省边，一些结构中，缺省边可能由高级边所构成，相当于多条基层边间的高相关，它们是基本端子的变种。三层以上的端子结构都有变种存在，越是层级高的端子，变种越多。图 4-16 示意了 A 端子及其变种，其中有平行关系的缺省边为高级边，它们共连于同一个缺省端。从端子的各变种中可以了解到，缺省边越集中（平行的边数越多），对外的关联层级越深入，缺省边越分散（不平行的边数越多），端的中心地位会相对更强一些。

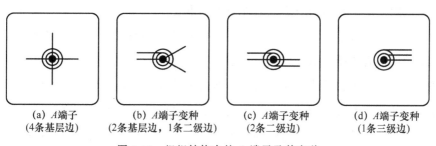

(a) A端子　　　　(b) A端子变种　　　　(c) A端子变种　　　　(d) A端子变种
(4条基层边)　(2条基层边，1条二级边)　(2条二级边)　　　 (1条三级边)

图 4-16　组织结构中的 A 端子及其变种

定态图式中，所有的多端结构都可视为基本端子及其变种的结合。由于边的相互性，图式中的每一条边对应的是两个端子，当以端子为要素来分析图式的表现时，所有的边均被重复考察，这一点应当注意。

立足于端子，就可以对相连的接触端进行评价。端子与接触端之间存在着层级的高低问题，不同情形下的评价表现会有所不同。当接触端的层级比端子的层级低时，端子可以对接触端进行较为全面地评价，层级相差越大，评价就可以更为深入。其中，R 端子可以对相连的基元端进行评价，F 端子及其变种可以对相连的基元端或二级端进行评价，A 端子及其变种可以对相连的基元端、二级端或三级端进行评价，S 端子及其变种可以对相连的四级以内的端进行评价，D 端子及其变种可以对相连的五级以内的端进行评价。当接触端的层级比端子的层级高时，端子也可以对接触端进行评价，但评价的深度不超过端子所在端的层级，换句话说，端子只能对接触端中低于端子层级的部分进行评价，这样的部分在层级更高的接触端中可以找到很多，若相互比对的话则使得端子的评价难以保障一致性，由此使得层级较低的端子在面向层级较高的接触端时是有"困惑"的。

无论接触端的层级是高是低，端子在进行评价时只针对能力边界以内的那部分，评价表现与层次分界的功能呈现有相通之处。

下面结合具体的图式来说明端子对接触端的评价表现。图 4-17 给出了 4 个基本端子及其接触端，所有接触端均为基元端，而且接触端与端子之间的层次跨度为相应层次当中所有定态图式中任意两端之间的跨度之最。这些图式中，子图（a）内含 F 端子，其对各基元端的评价是依附于类型有分的一定同步性当中的重复性；子图（b）内含 A 端子，其对各基元端的评价是依附于先后有应的一定变化性当中的重复性；子图（c）内含 S 端子，其对各基元端的评价是依附于趋势有争的一定秩序性当中的重复性；子图（d）内含 D 端子，其对各基元端的评价是依附于范围有涉的一定规范性当中的重复性。

除了针对接触端进行评价外，还可以针对边进行评价。接触端依附于端子，对端子的评价需借助于蕴含着端间相干关系的端子来进行，边依赖于两端，对边的评价要借助于蕴含着边间相干关系的结构来进行，F 端子及以上的结构（包括其变种）都蕴含着边间相干关系，等同于端子也可以对边进行评价，评价时依然是以端子中端及其所有缺省边间的相干关系为基准，评价表现与端子对接触端的评价类似。

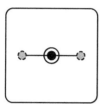
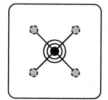
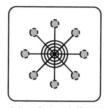
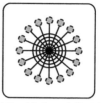

(a) *F*端子+2个基元端　　(b) *A*端子+4个基元端　　(c) *S*端子+8个基元端　　(d) *D*端子+16个基元端
　　（变动结构）　　　　　　（组织结构）　　　　　　　（规范结构）　　　　　　（转换结构）

图 4-17　基本端子及其接触端（均为基元端）

　　基于端子的评价有助于分析图式中的端间关系，把握图式的结构特点和意义，这一方法适用于结构相对简单的定态图式。较复杂的图式中，各端之间有着较为多样化的连接关系（如闭环、链式、多分支等），端与端之间的关系通常不取决于所在端，而是受其他端的影响，多方的影响纠葛在一起，难以给出对指定端或边的有效评价，这也是复杂性的一种典型表现。

4.8　典型的图式演进系列

　　层论中，越是高层的结构，符合端边约定的定态图式就越多，且数量的增长不是线性的，而是爆发性的增长。下文将以系列的方式对其中的典型图式进行简要概述。

（1）多层重复性演进系列

　　基元用于勾勒系统最为基础的存在关系，任何的存在一定蕴含着某方面的重复性。存在关系可用端来描述，图 4-18 示意了基于端的演进系列，它们可用符号 m^n 表示，我们可称其为 n 层重复性，n 代表结构的层次数，它与结构的圈数一致（包括基元的实心圈）。m^n 结构主要呈现的是端的层次信息，各个层次存在着演绎尺度上的区别，且较高的层次包容较低的层次。每一个层面的描述都是仅针对该层面的整体性而言的，每一个层面都对应着相应尺度上的某种演绎一致性。

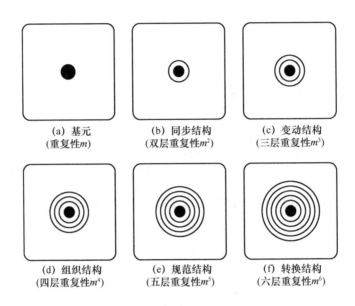

图 4-18　多层重复性演绎系列

图 4-18 所示的六个结构都属于孤端结构，它们都没有连边，等同于没有直接用于对照的关联方，这样的结构所反映的是一般性的、普适性的存在。任何一个描述现实事物的非特指概念单独拎出来时，都蕴含着这一特点。

基元是成就更复杂系统的演绎基础，复杂的层次结构都可视为不同基元间不断交互与耦合的结果。

任何系统在自身尺度上的重复性都是系统自身，无论重复多少次，因此有：

$$m \cdot X = \underbrace{m \cdot m \cdot m \cdots m \cdot}_{\text{任意个}} X = X$$

要建构比当前层次高一层的层次，可以运用算子"$m^2 \cdot$"，不断复用这一算子，就可以建构更高的层次，对于多层重复性结构来说，有：

$$m^n = \underbrace{m^2 \cdot m^2 \cdots m^2}_{n-1 \text{个}} = m^k \cdot m^{n-k+1}$$

其中，$2 \leqslant k \leqslant n$，且 $k \in N$。要注意的是，图式中的合成运算不同于幂指数运算，运算结果不是幂指数的直接相加。

算子"$m^3 \cdot$"建立的是比当前层次高二层的新层次，算子"$m^n \cdot$"建立的是比当前层次高 n-1 层的新层次。

（2）多层同步性演进系列

同步性用于勾勒事物之间的联系，任何的高层结构都蕴含着联系性。联系可用边来描述，4.5 节中的图 4-9 给出的是基于基层边的多层同步性演进系列，它们呈现出了多重尺度上的联系，所有的联系都表现为共存关系，越是宏观的尺度，其共存逻辑越复杂，对基层联系的规定也越深入。每上升一个层级，即建立了基于原有层级的对照关系，并裂变出了新的联系维度，越是高层级，对应着越丰富的关系裂变，以及越全面的参照维度。

多层同步性是派生所在层次各种定态图式的母版，图中的各种基元处在最为原始、最为平等的逻辑关联之中，图式的折叠流转意味着平级关系的不断破除、重组，并形成各式各样的关联呈现。从可流转或派生出的图式数量来看，多层同步性结构蕴含着所在层次当中最为多样化的折叠可能性，它对应着演绎和分析的最多潜在可能性，相当于所有演绎可能性的孵化器。

图式中各端层级都一样的结构可称为**同端结构**，图 4-19 给出了一系列的同端结构，它们皆是多层重复与多层同步性的合成结果，合成算式为 $m^i \cdot R^j$。与"$R \cdot F$"或"$R+F$"运算不同的是，$m^i \cdot R^j$ 的运算结果皆是唯一的。进一步地，给定任意结构 X，那么 $m^n \cdot X$ 的合成结构亦是确定的，且与原结构高度相似。合成算式 $m^n \cdot X$ 意味着将 m^n 视作 X 结构的基元，X 内部的所有关联演绎都是以 m^n 为单位而展开的。

同端结构还有其他的形态，具体在后文中说明。

（3）变化性演进系列

变化性是变动结构的演绎性质。变动结构有 4 种典型图式（如图 4-5 所示），其中有一个唯一的异端结构 F，它是变动结构的代表性图式。F 结构是最简单的异端结构，也是定态图式所衍生出来的首个异端结构。F 结构中，基于核心端的 F 端子能够对两个分支端进行评价，评价结果是两种重复性存在关联类型差异。基于分支端的 R 端子也能够对核心端进行评价，不过评价的只是核心端中的基元部分，R 端子能够明确核心端中各基元的重复性，但不能准确区分各重复性之间的关联程度表现。

异端结构中，层级最高的端可称为核心端，与核心端相连的低层端可称为分支端。根据端边约定，核心端的分支一定不止一个。图 4-20 示意了基于 F 结构的同型演进系列，它们均由一个核心端和两个分支端所构成，核心端代表着各分支之间的渗透勾连，其中蕴含着不确定性，两个分支端代表着不同分支类型中的组分，在核心端的衬托下，每个分支端均具有演绎两面性。具体来说，F 结构中

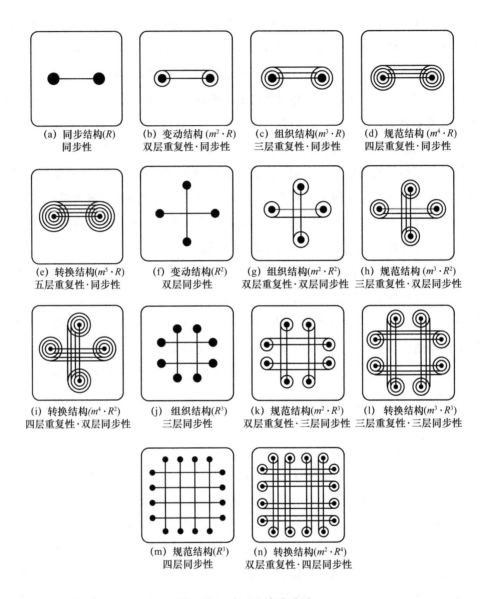

图 4-19　$m^i \cdot R^j$ 演进系列

每个分支端，可以是相应同步类型中的彼重复性或此重复性，$m^2 \cdot F$ 结构中的每个分支端可以是相应变化类型中的彼关联形式或此关联形式，$m^3 \cdot F$ 结构中的每个分支端可以是相应秩序类型中的高兼容变化性或低兼容变化性，$m^4 \cdot F$ 结构中的每个分支端可以是相应范畴类型中的走强秩序或走弱秩序。各分支端具体呈现的是两面性中的哪一面，并不影响核心端的功能，也不影响所在结构的整体性质。

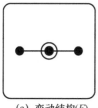
(a) 变动结构(F)
变化性

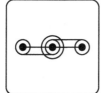
(b) 组织结构($m^2 \cdot F$)
双层重复性·变化性

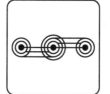
(c) 规范结构($m^3 \cdot F$)
三层重复性·变化性

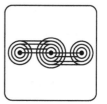
(d) 转换结构($m^4 \cdot F$)
四层重复性·变化性

图 4-20 基于 F 结构的同型演进系列

凡是异端结构必然蕴含着变化性。变动结构之上的层次结构中存在着较为多样化的异端结构，$m^n \cdot F$ 是异端结构中构型相对简洁的那一类，各分支之间并没有额外的连接关系，端边关系的界定也相对明朗。高层结构中会出现许多构型较为复杂的异端结构，端与端之间的连接关系较为丰富，这将使得局部端边关系在整体层面上的意义难以进行清晰的界定。

（4）同端闭环演绎系列

从组织结构开始，定态图示中首次出现了首尾相接的同端闭环结构，这样的结构在高层当中都会存在。图 4-21 示意了从组织结构到转换结构中的典型闭环结构，它们都是同端的，且只有一个环。子图（a）、（d）、（f）都是基于二级端的单环结构，每一个二级端及其相连的两条基层边即构成 F 结构，整个闭环由一

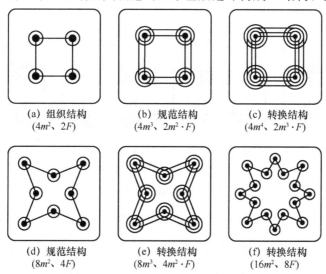
(a) 组织结构
($4m^2$、$2F$)

(b) 规范结构
($4m^3$、$2m^2 \cdot F$)

(c) 转换结构
($4m^4$、$2m^3 \cdot F$)

(d) 规范结构
($8m^2$、$4F$)

(e) 转换结构
($8m^3$、$4m^2 \cdot F$)

(f) 转换结构
($16m^2$、$8F$)

图 4-21 同端闭环演绎系列

系列 F 结构通过分支端的相互咬合而成，其中既有基于变化性的嵌套关系，也有基于变化性的演绎协同，整体蕴含着关于变化性的演绎连贯性。子图（b）、（e）都是基于三级端的单环结构，每一个三级端及其相连的两条二级边构成 $m^2 \cdot F$ 结构，整个闭环由一系列 $m^2 \cdot F$ 结构通过分支端的相互咬合而成，其中存在着基于秩序性的相互嵌套与演绎协同。子图（c）是基于四级端的单环结构，每一个四级端及其相连的两条三级边构成 $m^3 \cdot F$ 结构，其中存在着基于规范性的相互嵌套与演绎协同。这些结构都属于单环同端闭环结构，每个结构均由同一种端子拼合而成，结构的演绎复杂度可由端子的层级与数量来反映。

除了单一的闭环，同端结构还包括许多较为复杂的关联形式。图 4-22 示意了 4 个全连通的同端结构，其中任意两个端之间都有边相接，且存在着关联层级上的不同。这种有闭环的全连通结构首次出现在规范结构中。其中，子图（a）、（b）中的每一个三级端所延伸的三条边对应着与其他端内部成分间的关联，这些关联构成 $F+m^2 \cdot R$ 结构〔如图 4-6（k）所示〕，该结构演绎的是秩序性，整个图式意味着秩序性间的深度耦合关系。子图（c）、（d）中的每一个四级端所延伸的三条边对应着与其他端内部成分间的关联，这些关联构成 $m^2 \cdot F+m^3 \cdot R$ 结构，该结构演绎的是规范性，整个图式意味着规范性间的深度耦合关系。

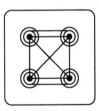 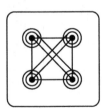 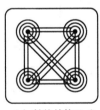 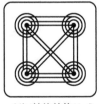

(a) 规范结构($4m^3$)　　(b) 规范结构($4m^3$)　　(c) 转换结构($4m^4$)　　(d) 转换结构($4m^4$)

图 4-22　同端全连通结构

图 4-23 示意了由 8 个 m^3 端所构成的同端多闭环结构，它们都不是全连通结构，但是各端之间依然存在着较为复杂的关联。除了所示的 12 种样式外，满足端边约定的 $8m^3$ 结构样式还有很多，如此多样化的演绎样式，意味着用固定视角去审视复杂系统的内在演绎关联，注定是片面的、不完整的、不到位的。

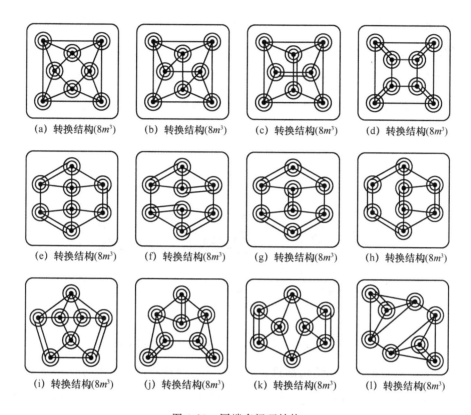

(a) 转换结构($8m^3$)　(b) 转换结构($8m^3$)　(c) 转换结构($8m^3$)　(d) 转换结构($8m^3$)

(e) 转换结构($8m^3$)　(f) 转换结构($8m^3$)　(g) 转换结构($8m^3$)　(h) 转换结构($8m^3$)

(i) 转换结构($8m^3$)　(j) 转换结构($8m^3$)　(k) 转换结构($8m^3$)　(l) 转换结构($8m^3$)

图 4-23　同端多闭环结构

（5）单核异端演绎系列

异端结构中，当层级最高的核心端数量只有 1 个时，即构成单核异端结构。如图 4-17 所示结构均为典型的单核异端结构，它们也可称之为中心结构。

图 4-24 示意的是中心结构的若干变体，其中存在着部分分支端叠加的情况，进而形成分支端的等级分布。子图（a）中，包含核心端的端子能够评价两个基元端所依附的同步类型差异，但在评价唯一的二级端时，需要结合底层的两个基元端的表现来进行，如果不考虑基元端的表现，只能完成对二级端的关系预判，而不能对其所依附的变化类型进行区分。子图（b）、子图（c）有类似的表现。这一关系判定逻辑同企业管理是类似的，高层面对唯一的中层干部，必然要结合基层员工的表现来进行综合评判，缺乏对基层的了解，对中层表现的评判就容易抓瞎。综合来看，从子图（a）到子图（c），分支的层级分布进一步拉宽，各分支端间的关系也进一步复杂化。从表现上来看，维系更为庞大的分支等级体系，

依赖于更为"雄厚"的核心端，这是其一；其二，当基层分支的层次跨度超过三个层级时，基层间的相干能够形成一定的演绎秩序，也就是自主性的形成，这为核心端的维系工作既带来创新又带来挑战；其三，越深厚的连续等级体系，基层的"压力"越大，因为所有针对中层的评价都与基层表现有关，基层需要反复不断地去尝试和试错，如此才能为中层体系提供足够的表现数据参考，从而支撑高层对中层的评价。

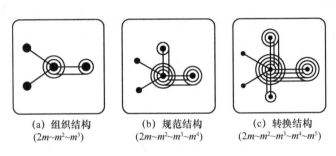

(a) 组织结构　　　　(b) 规范结构　　　　(c) 转换结构
$(2m\sim m^2\sim m^3)$　$(2m\sim m^2\sim m^3\sim m^4)$　$(2m\sim m^2\sim m^3\sim m^4\sim m^5)$

图 4-24　分支连续等级分布的中心结构演绎系列

上文所列的单核异端结构都只有一级分支，即核心端下接的分支端没有其他额外的关联结构。若分支端还有额外的非闭环连通结构相接，且该结构中层级最高的端不超过原分支端，则该结构构成二级分支，以此类推，二级分支还可以下接三级分支，直至最末级的分支端变成基元为止。图 4-25 示意了单核多级分支演绎系列，它们有一个共同的特点，即核心端所内含的基元数要比所有分支（包括其子分支）所内含的基元数要少至少一半，这意味着核心端不足以完成对所有分支的综合评价，只能完成一部分的定性。例如，子图（a）可视为 1 个 A 结构和 4 个 R 结构的排列关系，三级核心端（m^3）只能完成对 4 个相连二级端（m^2）中的基元部分进行综合评价，而无法完成对整个二级端及其下接分支的综合评价。这就像一个公司由多个员工构成，公司可以对每个员工进行管理，但不能对与员工有较高协同性的家属进行管理，即使该员工承担了养家糊口的重任。子图（b）～（e）示意了其他形式的单核多级分支图式，它们均可以拆分为中心结构与其他结构的排列关系，它们都预示了中心结构的外在影响，即使核心端的层级有限，它依然有可能连带起庞大的关联结构，通过分支自身的相干而将不同的子分支依附在核心端周围。多级分支结构中，如果分支或子分支之间的相干性不断增强，那么就有可能形成新的核心，从而打破单核的支柱地位。在演化过程中，整个结构有可能因为核心端的瓦解而崩盘，其中规模比较庞大且结构紧凑的分支较容易成为新的中心。

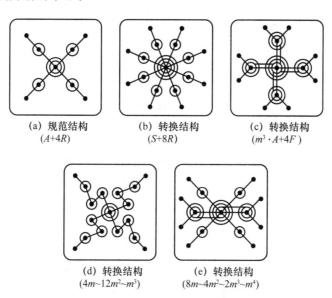

(a) 规范结构
$(A+4R)$

(b) 转换结构
$(S+8R)$

(c) 转换结构
$(m^3 \cdot A+4F)$

(d) 转换结构
$(4m\sim12m^2\sim m^3)$

(e) 转换结构
$(8m\sim4m^2\sim2m^3\sim m^4)$

图 4-25　单核多级分支系列

　　核心与分支之间，以及分支与分支之间可以有各式各样的连接关系。图 4-26 呈现的是分支与分支相接并形成闭环的演绎系列，端与端之间的关系也进一步复杂化。这些结构中，核心端所内含的基元数比其他端所内含的基元总数要少，实际上，在端边约定下，只要各分支端之间存在着额外的关联，那么数量唯一的核心端所内含的基元数一定是比其他所有端的基元总数偏小。偏小的规模使得基于核心端的端子对其他端的综合评价也是不完全的，额外相连的分支端之间存在相干关系，它们能自行完成一部分评价。以子图（f）为例，其核心端为四级端，包含该核心端的端子对应的是规范性，它不足以完成对其他端的综合评价，但依然存在着相对于其他端的中心地位，每一个与核心端相连的三级端连同其分支均构成一定的秩序性，相互有嵌套关系的多组秩序性围绕着处于核心的规范性，整体构成一个相互依存、相互成就的紧密整体，并能够呈现出总体上的跨期演绎。

　　（6）多核异端演绎系列

　　当图式中的最高层端有两个，且关联着一定数量的低端分支时，即构成**双核结构**，这类结构也不再是中心结构。图 4-27 示意了多个双核结构，其中子图（c）

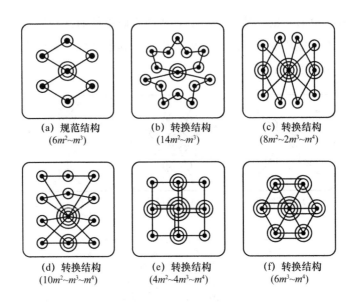

（a）规范结构　　　　（b）转换结构　　　　（c）转换结构
$(6m^2\sim m^3)$　　　　$(14m^2\sim m^3)$　　　　$(8m^2\sim 2m^3\sim m^4)$

（d）转换结构　　　　（e）转换结构　　　　（f）转换结构
$(10m^2\sim m^3\sim m^4)$　　　　$(4m^2\sim 4m^3\sim m^4)$　　　　$(6m^3\sim m^4)$

图 4-26　单核多闭环系列

存在着核心端之间的直接关联，其他子图则都属于核心端之间的间接关联。间接关联更容易拆解为两个单核结构，直接关联的拆解则会破坏两个核心端。对双核结构的理解，可从所拆解出来的两个单核结构间的关系来考察，子图（a）、（d）中，存在着两个单核结构的局部分支相干，而子图（b）、（e）、（f）中，存在着两个单核结构的全部分支相干，这也意味着两个单核结构间的相干程度区别，或者说交互深度的区别。

　　双核结构中各单核分支间的进一步相干，有可能衍生出三核乃至多核结构。图 4-28 示意了几种典型的三核结构。其中，子图（a）可视为 2 组 $2m\sim m^2\sim m^3$ 结构〔如图 4-6（k）所示〕间的分支完全相干系统，两个 m^2 分支端的叠加衍生出了新的核心，并成为原有两个核心之间关联演绎的关键桥梁。子图（b）、子图（c）均属于有独立分支的三核交互结构，它们的特点是：当其中两个端之间的直接交互程度更深（核心端之间连边更多）时，其独有分支就更少，而另一个核心端的独有分支就更多。三核心之间的平衡是较难以搭建的，子图（b）、子图（c）的分布呈现了系统维系平衡的一种方式，即**端边互补**，核心端的分支多，对其他核心的依赖就小（连边少），核心端的分支少，对其他核心端的依赖就大（连边多）。前面三个子图中，三核心端的基元总数比所有分支的基元总数要多。子图（d）是另一种类型的三核多闭环结构，三个核心端所含基元总数少于其他端所含基元

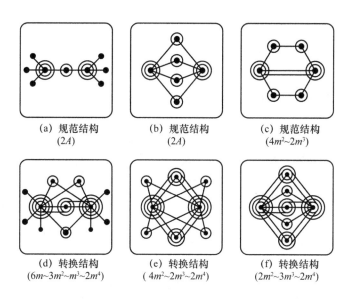

(a) 规范结构　　　　(b) 规范结构　　　　(c) 规范结构
　(2A)　　　　　　　　(2A)　　　　　　($4m^2{\sim}2m^3$)

(d) 转换结构　　　　　(e) 转换结构　　　　　(f) 转换结构
($6m{\sim}3m^2{\sim}m^3{\sim}2m^4$)　　($4m^2{\sim}2m^3{\sim}2m^4$)　　($2m^2{\sim}3m^3{\sim}2m^4$)

图 4-27　双核多分支系列图式

总数，这类结构的演绎稳定性相对有限，各核心及其分支的关联演绎中有可能派生出新的高层端。

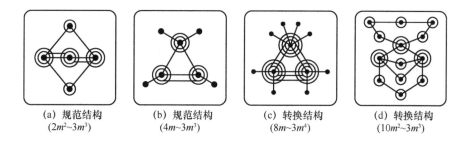

(a) 规范结构　　　(b) 规范结构　　　(c) 转换结构　　　(d) 转换结构
($2m^2{\sim}3m^3$)　　　($4m{\sim}3m^3$)　　　($8m{\sim}3m^4$)　　　($10m^2{\sim}3m^3$)

图 4-28　三核演绎系列

　　三核有环结构在组织结构及以下的层次中不存在。根据端边约定，三核结构一定存在分支，没有任何分支的三核结构不可能满足端的约定。

　　图 4-29 给出的是 4 核以上的图式结构，其中，子图（a）是 4 核结构，各核心之间没有直接的相干，可拆分为 4 个 A 结构；子图（b）是五核结构，它也可以拆解为 4 个 A 结构，只是 A 结构间的关联集中同一个分支上，该分支构成与原核心同级的新核心，并成为衔接原核心结构的关键桥梁；子图（c）也是五核结构，五个核心端构成一个闭环，且有一个核心是没有分支的，其分布特性同图 4-28 中的子图（b）、（c）类似，越少的独有分支，则同其他核心端间的关联程

度越深；子图（d）是六核结构，各核心端之间构成多个闭环，每一个核心端所直接关联的其他核心端的数量不完全一致；子图（e）是七核结构，所有核心围成一个闭环，同其他核心相干程度低的核心存在着分支；子图（f）是八核同端结构，除这一构型外，八核心还能演绎出多种构型（如图 4-23 所示）。

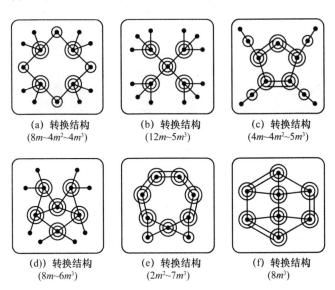

(a) 转换结构
$(8m{\sim}4m^2{\sim}4m^3)$

(b) 转换结构
$(12m{\sim}5m^3)$

(c) 转换结构
$(4m{\sim}4m^2{\sim}5m^3)$

(d)) 转换结构
$(8m{\sim}6m^3)$

(e) 转换结构
$(2m^2{\sim}7m^3)$

(f) 转换结构
$(8m^3)$

图 4-29　多核演绎系列

层论的定态图式非常丰富，上文只罗列了其中一小部分，更多的图式请见附录 1。

4.9　定态图式的演绎特点

关于如何透视系统在不同尺度上的逻辑结构与演绎表现，基于层论的定态图式给出了一种方法上的参考：通过端来刻画存在，通过边来刻画联系，并探讨存在或联系的多层次性，以及存在的多层次性与联系的多层次性之间的各种纠葛。在刻画系统的演绎逻辑方面，定态图式有着极为丰富的样态呈现，前文对部分结构的样态与意义做了简略阐述。下面就定态图式的分析特点做几点回顾。

（1）图式的建构与涌现

层论的定态图式是一个生长体系，从低层到高层，有着特定的生长与建构规则，这就是端边约定。基元的重复性定义了何为端，同步结构的同步性定义了何为边，它们是定态图式中最为基本的两种部件，其中基层端偏向于描述存在、物质，基层边偏向于描述关联、协同，高层端或高层边则兼具两方面的情况，并成为演绎较复杂事物关系的依托。

高层结构的衍生，有两种基本建构方式，一种是合成运算（·），另一种是排列运算（＋）。合成运算把待合成对象的所有基元均替换为合成算子，实现底层的全面升级，等同于置入全新的演绎基因，并为系统带来全新的面貌。合成算子愈复杂，演绎结果也愈加难以预料，尤其是蕴含着变化性等较高层次关系的合成算子。排列运算只是单纯的组合衔接，组合方式可以多种多样，组合时相衔接的部分可以进行折叠处理，最终图式中，原有的各排列算子依然可见。这两种运算都能够导致演绎结构的复杂化。

所有图式中，R^n 结构为完全展开的样式，m^n 结构为最为彻底的折叠，同层中的其他图式都介于这两者之间。每一个图式都可通过一定的折叠方式而转换为同一层次当中的另一种图式，由此获得一条条折叠路径，不同的折叠路径往往对应不同的折叠方法。不同路径之间往往存在着交叉，越是高层，路径的分岔就越多，路径交叉越复杂。生成同一个图式的折叠路径、折叠方法可能有多种，基于同一图式的不同折叠方式，获得的图式很有可能不同。

高层结构通常有着丰富的解析剖面，相应的图式呈现也较为多样化。定态图式中有着丰富的结构类型，如：同端结构、异端结构，连通结构、全连通结构、非连通结构，单闭环结构、多闭环结构，链式结构、中心结构、多核结构，对称结构、不对称结构，单级分支结构、多级分支结构等等。一种图式可能属于其中一种，也可能同时兼具多种类型。

在高层结构当中，会不断涌现出不同于已有低层演绎样式的全新结构形态，具体有：变动结构的图式系列中首次出现了异端结构、非连通同端结构；组织结构中首次出现了闭环结构〔图4-6（f）〕、非连通异端结构、分支不平级的中心结构〔图4-6（k）〕等；规范结构中首次出现了有闭环的同端全连通结构〔图4-22（a）〕、单核多闭环结构〔图4-26（a）〕、双核多闭环结构〔图4-27（b）〕、三核闭环结构〔图4-28（b）〕、单核二级分支结构〔图4-25（a）〕等；转换结构中首次出现了分支环绕核心的多闭环结构〔图4-26（f）〕、四核连通多分支结构〔图4-29（a）〕、五核连通结构〔图 4-29（c）〕、六核连通结构〔图 4-29（d）〕等。

每一种新出现的构型都有其特定的意义。以异端结构为例，异端意味着端与端之间的跨层级相干，所有的异端结构都蕴含着变化性。从变动结构开始，异端结构在高层中越来越多，且总体上比同端结构的数量要多得多。异端结构勾勒了系统中的跨尺度关联，异端结构都可通过适当的折叠而转换为同端结构，同端结构的非一致性折叠或非一致性拆分也可产生异端结构。异端结构中，最低层端的数量一定是偶数。

结构形态的不同，对应着考察系统的剖析视角的不同，各端之间的相干模式亦有所区别，对系统的认识也会有所不同。结构形态上所涌现出来的全新变化，预示着一种不同于低层的全新逻辑形态的呈现，它无法用低层的演绎特性来进行类比阐释。从图式的演进系列来看，高层级上的全新演绎形态是越来越多的，其中的差异并不能用单一的标准来界定，这也预示着定态图式建构与涌现的无限可能性。

从定态图式的构型多样性当中，可以感悟复杂系统为何难以认识。基于不同的剖析视角能够给出不一样的解读，反映到具体事物当中，不同的考察区段、不同的采样精度、不同的关联背景等，都预示着剖析视角的不同，系统越复杂，预示系统潜藏着愈加多样化的演绎关联，提炼系统演绎关系的方法就越丰富，准确把握系统的演绎全貌就愈为困难，不同观察者之间也较难以达成一致性。

（2）图式的迭代与演变

对层次结构的考察可以基于动态分析，也可以基于定态分析。以蕴含着不确定性的层次分界为背景的演绎分析过程构成动态分析，其主要特点是综合分析要素之间可能存在的各种演绎关联。以端边约定下的定态图式的分析过程构成定态分析，其主要特点是要素之间的连接关系是相对明确的。这里的动态并不意味着变化，定态也并不意味着静止，它们只是对两种分析手法的区分。

每一个层次当中，所有符合端边约定的定态图式都可由多层同步性结构（R^n）折叠而来，多层同步性结构对应着系统演绎要素的完全展开，其中存在着要素间演绎关联的众多可能性，每一种折叠方案即对应着一种剖析系统演绎模式的方法，要充分把握系统的演绎复杂性，应当尽可能地综合不同的折叠方案、不同的剖析视角。

同一个层次当中的各个定态图式都满足同一种性质，即所在层次在建构过程中所涌现出来的整体演绎性质。除孤端结构外，同一层次当中的各定态图式都有着同样规模的总基元数以及总含边数，这呼应了它们之间的性质一致性。关于同一层次当中不同图式间的关系，可以有两种理解方式。一是以系统为中心，通过不断调节观察者的观察手段，即可得到针对同一系统的不同观察视角，每一种视角都是解构系统演绎表现的一种剖面。越是复杂的系统，可观察或检测的剖面就越多，可给出的解读结果就越丰富。二是以观察者为中心，系统自身的每一次演变，就在观察者眼中投射出一种演绎形式，不断地演变就展现出系统多样化的演绎形式，由此即可梳理出系统相对于一定观察方式下的演变历史。

一般情况下，定态图式的构型主要由其高端分布所决定，高端的分布稍有调整，对构型的影响相对显著，低端的分布稍作调整，对构型的影响相对有限。不过例外总是存在的，一些图式中低端分布的略微调整，有可能导致整个结构演绎构型的显著改变。例如，多闭环结构中，环的个别边是基层边，它可能串接于两个高层端之间，当该联系中断且没有备份措施时，闭环即被打破，整个结构的样态即发生较大的转变，这一转变源于闭环中的基层边与整个闭环之间存在着约束关系。

定态图式中，低层结构相对简单，高层结构相对复杂。低层的简单建立在极为有限的规定上，高层的复杂建立在相对繁多的规定上。越简单的规定蕴含着越多样化的潜在演化路径，越复杂的规定意味着演化路径的内在掣肘就越多。定态图式当中，最底层的基元在不断的关联演绎当中可以演化至高层当中的任意一个复杂图式，而对于已经初步呈现出一定演绎结构的既有图式，其后续演化不会是任意进行的，其中会浮现出结构的保守、路径的依赖等特点，因为复杂系统的结构性矛盾相对于简单系统的矛盾来说通常有着更为持久的生命力。

现实的各个系统有着不同的结构形态、不同的演绎稳定性，对系统演化表现的模拟与预测，可通过结构的可能演绎路径来反映。受此启发，以定态图式的丰富样态为素材库，对不同的样态赋予一定的稳度参数，并约定不同样态之间的转换概率，就可以建立类似元胞自动机的模拟系统，来尝试对系统的演化表现进行模拟演算，其中也许存在着能够反映现实关系演变的群体涌现。

（3）图式的评价与隐喻

多端结构中，任意端子都能够对相连的接触端进行评价，评价的深度不超过端子所对应层级。当端子的层级较接触端的层级更高时，端子对该端的评价可以较为深入，其中附带着相对于该端的关系预判性，这当中，接触端对应着基层尺度上的演绎一致性，端子对应着较宏观尺度上的演绎相干，在端子的尺度上，可以支撑接触端较为多样性的关联演变。接触端要在宏观尺度上建立演绎一致性，方法是与其他端联合在一起并实现层级关系的突破（不断在宏观尺度上建立一致性），端子所对应的整体相干关系就是现成的演化标杆。对于指定接触端来说，即使其他关联信息不明，端子依然能够进行评判，所依据的就是自身的演化历史，它与接触端不断迈向宏观演绎一致性的演化脉络相对应，把这种更宏观尺度上的演绎信息加载至指定接触端之上，等同于是对接触端后续演绎关系的超前预判，反映在语言当中，就是接触端"应当是什么""应该怎么样""需要怎么做"等表述，其中蕴含着信息不完备下的跨层级演算。

端子对端边关系的评价表现，同人的社会关系评价有诸多相似之处。年长者面对年轻人时，可以给出为人处世方面的指引，技术高手面对初学者，可以给出许多避坑的经验，这些都内含着关系预判。评价过程存在考察的层次深度问题，深度不同，对相应关系的处理与把握的效度也会有所不同，这同企业经营活动中的考核评价与生产成效之间的关系是相近的。

除了评价方面的相似外，定态图式的许多结构形态也影射了社会关系，举例如下。

（1）在单核多分支结构中，如果核心端足够强势（规模上不低于所有分支端所含的基元总数），那么各分支端之间将不具有高相关性（分支端之间不存在连边），并且各分支不会有子分支存在；如果核心端不够强势（规模上低于所有分支所含的基元数），那么各分支端之间可能存在高相关性（产生连边），也可能有子分支的存在。

（2）如果一个图式的核心端是奇数个，那么这些核心端中一定存在着额外的分支，否则不满足端边约定，这里可以将额外分支视为调节核心端之间演绎平衡的影响因子。

（3）一个核心端所能连带的分支规模理论上是没有限制的，不断添加链式结构即可壮大分支规模，也可以添加其他结构来壮大分支规模。当分支规模不断扩大时，核心端所在端子的评价能力将越来越显得微不足道，同时分支的演绎变化过程中很容易滋生出新的核心。

（4）如果分支或子分支在不断壮大的同时，核心端的层级也不断提升，那么核心端依然有机会维系分支或子分支的扩张，这一进程中，分支不断依附于核心端，分支端又能作为中间结构来吸附其他的基层结构，由此使得不断壮大的核心端能够以极大的效率汇聚起愈来愈庞大的资源。

这些表现均与社会关系存在呼应之处。定态图式中还可以找到许多能够影射社会关系的构型，社会意味着多主体、多秩序、多因果、长程关联等复杂因素，对社会的系统性分析一直缺乏有效的刻画手段，定态图式提供了一种参考。

第 5 章

层论的系统化思想

系统化意味着不局限于单一的方法，不围于单一的模式，而是多方法、多角度的体系性综合。不同方法、不同模式的反衬，不同视角、不同路径的对照，能够让我们对问题形成更为全面的认识。层论的多层次、多机制演绎体系，为方法的系统化提供了新的参考，也为思维的系统化提供了新的借鉴。

5.1 层论与系统观念

世界是复杂的，复杂意味着人们很难通过单一的、僵化的方法来理解和把握有关问题，这为系统观念的孕育提供了契机。在需要深度考察复杂事物的方方面面时，人们常常会用系统来做一般称谓，为解构系统性事物所蕴含的复杂性，衍生出了许多概念，诸如动态性、多元性、整体性、非线性、自组织、涌现性、非决定性等等，这些概念构成洞察系统的一道道触手，让人们能够感应到系统的一些内在特点，不过，基于这些概念并不能够有效搭建起统合一众事物的基座与骨架，系统演绎复杂性的底层逻辑依然众说纷纭，系统的一般演绎脉络依然莫衷一是。

那么，应当如何寻求系统研究的突破呢？

顾文涛等指出："层次是系统科学的重要概念，从某种意义上来讲，系统科学就是研究层次之间相互联系、相互转化规律的[①]。"王志康指出："系统论、信息论、控制论、突变论、协同学、耗散结构理论等，这些理论虽然产生的背景和来源各不相同，但都继承了层次论的思想[②]。层次必须先于系统存在，只有这样才能把系统的起源及其分类搞清楚[③]。"贝塔朗菲指出："层次系列的一般理论显然是一般系统论的主要支柱[④]。"这些观点均强调了层次性概念在系统理论中的关键性作用。

当以层次概念为主线时，依然面临着许多待解决的问题。许国志等学者指出：系统是否划分层次，层次的起源，分哪些层次，不同层次的差异、联系、衔

① 顾文涛,王以华,吴金希. 复杂系统层次的内涵及相互关系原理研究[J]. 系统科学学报,2008,16(2):34-39.

② 王志康. 论复杂性概念:它的来源、定义、特征和功能[J]. 哲学研究, 1990(3):102-110.

③ 王志康. 层次论与辩证法的充实与发展[J]. 学术界,2000(6):24-30.

④ (美)贝塔朗菲. 一般系统论:基础、发展和应用[M]. 林康义,魏洪森,等译. 1987:25.

接和相互过渡，不同层次的相互缠绕，层次界限的确定性与模糊性，层次划分如何增加了系统的复杂性，层次结构的系统学意义，层次结构设计的原则等，都是层次分析需要回答的问题①。

层次演化论（层论）正是以层次为核心的系统演绎理论，关于层次分析的诸多问题，可以在层论中得到初步的回答，简要说明如下。

第一，对系统的解析需要进行层次解耦，解出多少层次并没有确切的规定，系统比较简单时可以引入较少的层次，系统比较复杂时可以引入较多的层次。

第二，任何一个层次皆以一致性为源点，更高的层次对应着更宏观尺度上的一致性。无论一致性所对应的存在关系以何种形式呈现，无论该关系是简单还是复杂，只要具备一致性，都可以作为层次演化的起点。

第三，层论给出了系统演绎的六个基本层次，从描述重复性的基本存在关系，到反映同步关联的对立统一关系，到衍生变化性的差异互渗关系，到涌现秩序性的错位背反关系，到演绎规范性的有界纠缠关系，到实现跨期性的范畴交涉关系。虽然给出的是六个层次，但这并不意味着复杂系统只有六个层次，当不断套用层次相对论的基本原则时，就可以衍生出更多的层次，系统的演绎复杂性也不断加深。

第四，各个层次既有着显著的不同，又有着极为密切的逻辑关联，其中，高层结构包容所有的低层结构，高层性质是所有低层性质的综合，与此同时，低层又蕴含着所有的高层次，低层支撑和制约着高层在宏观尺度上的粗粒度表现。每一个层次的演绎机制和演绎性质都很难在自身层面给予完整而深入的解析，需要借助于不同层次间的演绎关联才能得以明确。

第五，层次与层次之间的界限既有确定性，又有模糊性。确定性体现在层次性的相对分明上，每一个层次都有着特定的演绎结构、演绎性质与生成机制；模糊性体现在层次的无标度特性上，基于不同的基准、不同的建构路径，同一关系可以被界定为不同的层次，使得层次的判定不具有绝对性。同一对象，既可以演绎出低层特性，也可以演绎出高层特性；同一机制，在低层次下能给出一种解释，在高层次下又能给出另一种解释；同一关系，在低层次下可给出肯定的判断，在高层次下则可能给出否定的判断。这些都体现为层次关系的多面性，并使得层次界限既有确定性，又有模糊性。

第六，从低层到高层的演进，并不是低层内容的简单叠加，而是有着新的关

① 许国志. 系统科学［M］. 上海：上海科技教育出版社，2000：23.

系维度、新的演绎机制、新的结构特性，这些都不是低层结构所能理解的，这也预示着低层的经验无法直接迁移到高层，低层的原理无法直接用于解析高层。每上升一个层次，低层的演绎一致性就有了新的参照和反衬，低层的演绎关系在相互渗透中就衍生出了对立面，低层的演绎确定性和不确定性就裂变一次，低层的演绎前景就分化一次，低层的演绎背景就累加一层，定性层次特性的相干关系就膨胀一次，由此带来愈来愈复杂的层次表现。

第七，层次相对论的五条定理是层次结构设计的基本原则，所解耦出的系统层次应当遵循这些原则。梳理出符合层次相对论的系统层次并不是一件轻松的事情，因为它不是单方面的要求，而是各定理间互有牵连，任何一个局部有欠妥之处，必然牵涉到所有的层次。换句话说，层次相对论给出的是层次结构设计的系统性规定。

上文简要回答了对系统进行层次分析时所面临的一些典型问题。系统问题的研究当中，存在着许多能够反映系统特性的一般性概念，这些概念同样可由层论来阐释。

一是动态性概念。动态性可由变化性来勾勒，变动结构及以上的层次都蕴含着变化性，且越是高层，变化性的演绎逻辑越复杂。从层论来看，动态性意味着联系的分化、相关程度的对立，凡是三个及以上的演绎层次，必然蕴含着动态性。复杂系统通常具有较多的演绎层次，因此我们说复杂系统是具有动态性的。

二是多元性概念。层论中，每一个层次都有其性质的判定标准，不同层次的判定标准不一，且相互之间不具有可替代性，这种标准的多层次性即预示着关系演绎的多元性。除了演绎性质的多层次性，还有相关程度的多层次性、层次分界的多层次性、因果次序的多层次性等等，在不同的层次上，它们的意义均有较大的不同，且相互之间不能简单归并，它们也是多元性的体现。概而言之，多层次本身即预示着多元性。

三是非线性概念。相对于线性关系来说，非线性的一个突出特点即在于叠加关系的失效。层论中，任意两个相邻层次之间的演进关系都可用相关性建构来描述，相关性可视作线性关系，但相关性建构之上的相关性建构不再是相对于基层的相关性建构，而是相对于基层的作用性建构，它不是简单的叠加关系，而是有新机制的派生，其中的关键在于相关性的叠加当中附带着相关程度上的矛盾，这一矛盾关系源于基层结构间的相互渗透，并衍生出了相对于原有相关关系的演绎对立性，它无法由原有的建构关系来处理，而作用性建构即源于两重相关所带来的矛盾对立性，成型于对立关系的宏观统一性。作用性建构只是两个层次跨度的建构过程，更高层次跨度的建构过程则意味着相关性的进一步裂变，结构间的相干与渗透更为复杂，演绎矛盾更加多样化，系统的总体特性更难以通过基层经验来预测，非线性特征也愈加明显。

四是自组织概念。秩序性是有组织的重要体现，四层及以上的层次体系即蕴含着秩序性。在没有外部参照的组织结构中，秩序具有演绎的绝对性，其组织形态表现为自组织。在有秩序参照的规范结构中，秩序具有演绎的类型多样性，并呈现出总体上的范围确切性，其中既有自组织，也有他组织。

五是涌现概念。涌现意味着全新模式、全新机制的突现。霍兰指出，可识别的特征和模式是研究涌现现象的关键部分，在每一个观察层次上，可持续地由前一层次组合而成的模式束缚着后一层次上的涌现模式。层论体系中，每一个层次相对于低一层结构来说都存在着模式和机制上的跃迁，并呈现出全新的演绎特性，它们都是低一层结构所难以理解的。不过，并不是所有的层次跃迁都适合用涌现概念来描述，涌现通常着眼于某种演绎规律或某种自组织特性的呈现，这一定位本身就蕴含着丰富的层次信息，从这个意义上来说，四层以上的层次跃迁更契合涌现概念的内涵。

六是非决定性。当没有外部参照时，当前层次上的演绎性质表现出一致性、普适性，能够用既有的逻辑解释一切，从而呈现出决定性的特点，这当中隐含着演绎机制或认识能力在演绎尺度上的非扩展性，使得对系统的理解总是停留在固有的层次上。当存在着相互渗透、相互干涉的对照关系时，从演绎相干而带来的分化与对立中可衍生出更高层次的关系，基层的演绎机制和演绎特性也不再具有绝对性，高层成为重塑低层演绎一致性的宏观背景。层论体系的层级数量原则上是没有上限的，即既有的层次之上一定潜藏着更为宏观的层次，这是一方面，另一方面，成就层论体系的相对论原则是开放的而非完全固定的，这两方面都预示着系统演绎的非决定性，对系统演绎逻辑的有效诠释不可能总是局限于固有的机制之上。

七是"整体大于部分之和"。层论中，高层结构源于低层结构的组合演绎，但高层结构不是低层结构的简单相加。以变动结构为例，变动结构蕴含着不同同步结构间的差异互渗关系，其中各同步结构代表着演绎确定性，各同步结构间的要素勾连代表着演绎不确定性，变动结构是演绎确定性与演绎不确定性的综合，把同步结构视为部分的话，那么变动结构这一整体是比各部分有多的，多余的内容就是代表着演绎不确定性的结构间要素勾连（同步分界），换句话说，整体不仅涵括着各个部分，还涵括着部分与部分之间的相干与渗透关系。更高层结构中存在着更为复杂的相干与渗透关系，"整体大于部分之和"的演绎表现更为突出。

上述分析初步表明了层论对系统概念的包容性，要注意的是，层论所蕴含的动态性、多元性、非线性、自组织、涌现性、非决定性、整体大于部分之和等特性，并不代表着层论就必定呈现为这些特性，实际上，静态性、单一性、线性、决定性、整体小于部分①等特点在层论中同样有所体现，基于不同的基础、不同的视角，可以有不一样的结论。

除了上文所提到的系统概念之外，描述自然与社会的许多日常使用的基础概念也能在层体系中得到解释，具体如表 5-1 所示。这些概念在层论中有着相对明确的层次基础，不到达相应的层次，概念的内涵是难以进行解释的。不过，如果单独来看其中的每一个概念，似乎并没有关于使用条件、使用领域方面的限制，等同于可在各个层次上推广使用，这又与层次相对论的尺度无关性是相称的。层论对诸多常用概念的可解释性，意味着对自然语言进行语义上的系统性解构是可行的，这将为大语言模型的进一步发展提供新的助力。如果说有什么东西是面面俱到、无所不包、无所不能的全方位诠释体系，那么非自然语言莫属，自然语言是系统理论的真正底座，系统理论既然要体现系统性、全面性，如果不能在自然语言的语义理解方面有所突破，那么是要失分的。

表 5-1　蕴含着层次性的概念生长体系

层次	可以解释的概念
基元	要素、单元、单一、可重复、存在、性质、一般性、普适性、一致性、基准
同步结构	无复现、同步、协同、关联、相互、对立、差异、组合、共存、参照、内部、总体、确定、不确定
变动结构	异步、变化、异化、动态、相关程度、渗透、勾连、分界、分化、分合、外部、前景、背景、空间
组织结构	平庸、组织、主体、次序、秩序、先后、主次、因果、有序、规律、趋势、价值、时间、引导、力
规范结构	无组织、社会、限制、自由、控制、强弱、范围、封闭、环境、竞争、影响、反应、纠缠、稳定、管理
转换结构	无纪律、自主、他主、失控、跨期、开放、交涉、交换、紧张、宽松、壁垒、发展、长程关联、权衡

① 当对整体只做相对浅层的关系处理，而对部分做较深层次的关系处理（如不断向内深挖）时，整体小于部分。

系统理论应当是开放的，凡是针对复杂系统的演绎方法论，都可以成为系统理论研究和拉拢的对象。从老三论，到自组织理论，再到复杂系统科学，系统思想经历了多个发展阶段，并已形成一大科学门类，但关于复杂系统的统一理论搭建仍尚需时日[①]。层次性能够包容不同的机制和原理，依托于层次性的演化脉络也能够阐释各层演绎机制之间的演进关系，层次体系具有将分散的各层次理论系统化的潜力。层次演化论以层次性为抓手，全面回答了关于层次分析的诸多难点问题，有望成为系统理论形式化、完备化的重要参考素材。

5.2 层论与思维递进

人对自然事物演绎关系的加工和提炼过程，也是人的思维逻辑的呈现过程，基于一定的思维方法，才能形成对事物的一定理解，对事物的体会与感悟，也必然伴随着相应的组织或解构思路。自然触发思维，思维反映自然，对自然事物的关系呈现同理解自然事物的思路方法，两者是一体两面。

5.2.1 依托于层论的六套思维框架

层论的六个演绎层次勾勒了系统从简单到复杂的六级演进阶梯，它们既是解构系统演绎关系的参考工具，也是人们认识和理解世界的思维方法。六个层次对应着六种思维框架，具体是：存在框架、联系框架、变化框架、规则框架、范畴框架、交涉框架。同层论类似，这六个框架之间有着逐级演进的关系，低层的框架支撑高层的框架，高层的框架包容低层的框架。

下面就六个框架的演绎思路做简要的说明。

---

① 吴今培，李学伟. 系统科学发展概论[M]. 北京:清华大学出版社,2010，20-21.

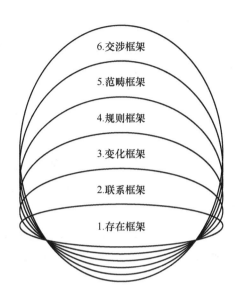

图 5-1　六种逐级递进的典型思维框架

（1）存在框架

存在是认识的起点，对事物的理解从事物所呈现出的基本存在关系开始。存在是勾勒事物的地基，没有存在做铺垫，就谈不上对事物的进一步认识。

存在是理解的第一步，存在框架不能帮助我们完全了解事物，它只是告诉我们事物的基本所在，使得对事物的进一步考究得以进行，关于事物的所有可能的解读结果都立足于事物的基本存在关系之上，存在是演绎和架设各种逻辑关联的铺脚石。存在是最初始的约定，任何事物、任何关系都可视为存在。当笼统地提及存在，并且不给出基于存在的对照关系时，我们很难对存在概念给予确切的、具体的解释。

存在框架与基元相对应，基元定义的是最基本的存在关系。从表现上来看，事物的存在意味着一定性质的重复性。所有六个框架都与存在有关，越是高层的框架，对存在的刻画就越深入、越具体，因为其中内含着关于基础存在的丰富对照关系，可以从多个层面、多种视角来考察基础的存在关系及其后续演化。

（2）联系框架

联系建立在基本的存在关系之上，没有存在，就无所谓联系。联系框架扩展了存在关系，给出了基本存在之上的对照关系，存在的对照衍生出了存在关系的分化，一种为既有关系相对于自身标准的存在，另一种为既有关系相对于对照方标准的不存在，存在与不存在背后的检测标准因联系而结合在一起，没有联系，就没有多样化存在标准间的接洽，也就没有存在与不存在的对立。联系框架明确了存在反复呈现时所带来的新规定，存在不再是绝对和普适的，关联关系对照出了其否定面——不存在——一种存在关系的既在即意味着相应标准下的另一种存在关系的不存在。

联系框架下的存在是有对照的、有差异的存在，此存在与彼存在有所不同，两者互为对方的参照，并通过对照而明确了存在判定标准的非一致性。联系框架下的存在聚焦了存在之所是，区隔了存在之所非，使得基础的存在关系趋向具体化，它不是片面地强调所是，而是在所是与所非的结合中得以明确。

联系框架与同步结构相对应，它表明了基本存在关系间的共存，但没有关于共存形式的明确约定，就类似于基础的存在关系没有关于存在自身的明确约定。联系框架以上的所有框架都涉及联系，越是高层的框架，对联系的刻画越深入、越具体。

（3）变化框架

变化建立在联系之上，有了联系，才能谈变化。这里，多要素的随机呈现不宜称之为变化，因为这一表现未明确基础层面的联系，进而难以建立联系之上的逻辑一致性。变化对应着联系与联系间相干演绎而达成的整体一致性，其中存在着联系上的共存与对照，从中既映衬出了联系的类型差异，也演绎出了基于存在的联系性对立——在一系列要素间关联关系的反复呈现中，一种要素与相异要素间能够形成较为一致的共存形式，也能够与其他相异要素间形成较不一致的共存形式，前者构成确切的联系，后者构成不确切的联系，这一联系上的对立表现的综合即构成变化。变化框架界定了各联系不断复现当中的一致性程度，联系虽然可以建立在任意的存在要素之间，但不再是绝对的，而是有着联系形式确切与否上的区别，通过一致性的程度即可评判何为明确的联系、何为不明确的联系，这一判定关系树立了关于联系上的规定与限制。

变化框架下的存在附带着关于存在的两重规定：一重规定源于存在上的共存关系，所呈现出的是有差异的、有对立的存在，它们定义了联系；二重规定源于基层共存关系之上的再关联，其中存在着基层共存关系间的相互渗透，从而演绎出有变化的存在。

变化框架下的联系是有差异的联系，差异指的是联系类型上的不同，差异各方均对应着较为确切的联系，它们以不确切的联系为对立面。差异是基于确切联系上的类型差异，通过肯定一种联系形式否定其他联系形式而具体化了联系的类型，它是关于联系的进一步规定。

变化框架与变动结构相对应，变化框架蕴含着不同联系之间的差异互渗，并呈现出了整体上的演绎变化，但没有关于变化形式的明确约定。变化框架以上的所有高层框架都涉及变化，越是高层的框架，对变化的刻画越深入、越具体。

（4）规则框架

规则即规律、法则、秩序，规则建立在变化之上，规则内含着关于变化的规定。规则对应着变化间关联演绎而达成的整体一致性，其中存在着变化间的关联协同与相互对照，从中既映衬出了变化的类型差异，也演绎出了基于联系的变化性对立——在一系列联系间关联关系的反复呈现中，一种联系既能同相异联系间演绎出较为显著的变化，也能同其他相异联系间演绎出较不显著的变化，这一变化上的对立表现的综合呈现出了不显著变化所衬托的较显著异动倾向，也衍生出了有导向、有指引的秩序或规则。规则框架明确了变化的走向，变化不再是任意的、随机的，而是能够与其他的变化一起演绎出了次序或导向，即一定的变化与其他的变化之间有着潜在的定向关联关系，从而规制了变化的总体表现，并使得动态预测成为可能。

规则框架下的存在附带着关于存在的三重规定，除了有差异的存在、有变化的存在外，还表明了有规律的存在，因果关系、主次关系、偏序关系、时间先后、有序导向等都是这种存在的体现。

规则框架下的联系附带着关于联系的两重规定：一重规定源于联系间的共存与对照，并映衬出了有差异的联系、有对立的联系，它们可构成联系间的演绎协同关系；二重规定源于基层联系间组合关系之上的再关联，其中存在着不同联系性组合关系间的相互渗透，从而呈现出有变化的联系。

规则框架下的变化表明的是有差异的变化、有对立的变化，差异双方均对应着较为显著的变化，它们以较不显著的变化为对立面。差异双方的对比具体化了变化的形式，它是变化上的进一步规定。

规则框架与组织结构相对应，规则对应着变化间的组合演绎，并在整体上呈现出有序、主次或先后关系，其核心在于一序字，序的具体形式在规则框架中没有明确的约定。规则框架以上的所有高层框架都涉及演绎规则，越是高层的框架，对规则的刻画越深入、越具体。

（5）范畴框架

范畴即演绎范围，范畴建立在规则之上，范畴对应着规则间关联演绎而达成的整体一致性，其中存在着规则间的关联协同与相互对照，从中既映衬出了规则的类型差异，也演绎出了基于变化的规则对立——在一系列变化间关联关系的反复呈现中，一种变化既能同相异变化间协同演绎而衍生出较为明朗的规则，也能同其他相异变化间协同演绎而衍生出较不明朗的规则，这一规则上的对立表现的综合构成较宏观的演绎框架，它一方面能够容纳较为明朗的规则，另一方面又存在着不属于该规则的演绎变化，这一既包容规则又附带着变化冗余性的宏观框架即构成演绎范畴。范畴框架明确了规则的演绎范围，规则的演绎不再是绝对的，而是有着演绎环境或生成条件方面的规定。

范畴框架下的存在附带着关于存在的四重规定，除了有差异的存在、有变化的存在、有规律的存在外，还包括有范围的存在。

范畴框架下的联系附带着关于联系的三重规定，除了有差异的联系、有变化的联系外，还包括有规律的联系。后一种联系源于有变化的联系之上的再关联，基于变化的协同演绎可衍生出次序、规则，有变化的联系之上的关联关系即构成有次序、有规律的联系。

范畴框架下的变化附带着关于变化的两重规定：一重规定表明的是有差异的变化、有对立的变化，它们可构成变化间的演绎协同关系；二重规定衍生于变化间组合关系之上的再关联，其中存在着不同变化性组合关系间的相互渗透，从而呈现出有变异的变化。

范畴框架下的规则表明的是有差异的规则，差异指的是规则类型上的不同，差异双方均构成有序变化，它们以无序变化为对立面。

范畴框架与规范结构相对应，范畴框架明了不同规则相干时的总体演绎范围，其中没有关于范围上的明确约定（如是否可靠、是否失效等），当不做这方面的要求时，意味着规则适用范围的一般性存在。范畴框架以上的所有高层框架都涉及演绎范围，越是高层的框架，对范畴的刻画越深入、越具体。

（6）交涉框架

交涉是相对于有联系的范畴而言的，交涉成型于范畴间演绎相干而达成的整体一致性，其中存在着范畴间的关联协同与相互对照，从中既反衬出了范畴的类型差异，也演绎出了基于规则的范畴对立——在一系列规则间关联关系的反复呈现中，一种规则同相异规则间的关联协同可自行明确一定的演绎范畴，同时该规则同其他相异规则间的关联协同难以自行明确一定的演绎范畴，后者意味着范畴的暂时失效，规则不受范畴的制约，前者意味着范畴的暂时有效，规则依然被范畴所限定，这一放一收即为规则的跨界演绎创造了可能，相应范畴间的交互与渗透即构成交涉关系。交涉对应着范畴上对立两方面的综合，交涉框架给出了范畴间相干的条件，交涉过程是范畴失效与范畴有效的结合，各范畴的高度封闭性将无法形成演绎相干，也难以呈现规则的跨范畴演绎。

交涉框架下的存在附带着关于存在的五重规定，除了有差异的存在、有变化的存在、有规律的存在、有范围的存在外，还包括可跨范畴交涉的存在。

交涉框架下的联系附带着关于联系的四重规定，除了有差异的联系、有变化的联系、有规律的联系外，还包括有范围的联系——它源于有规律联系之上的再关联，规律或规则的相干可衍生出规则的演绎范围，有规律联系的再关联即可构成有范围的联系。

交涉框架下的变化附带着关于变化的三重规定，除了有差异的变化、有变异的变化外，还包括有规律的变化——它源于有变异变化之上的再关联，不同变异倾向的相干可演绎出次序、规则，其再关联关系即构成有规律的变化。

交涉框架下的规则附带着关于规则的两重规定：一重规定表明的是有差异的规则、有对立的规则，它们可构成不同规则间的演绎协同关系；二重规定表明的是规则间组合关系之上的再关联，其中存在着不同规则组合关系之间的相互渗透，从而演绎出有变化的规则，规则的跨范畴演绎意味着规则演绎环境的改变，它能够重塑既有的规则。

交涉框架下的范畴表明的是有差异的范畴，差异指的是范畴演绎类型上的不同，差异双方均以不明朗的演绎范围为对立面。

交涉框架与转换结构相对应，交涉框架刻画了不同范畴间的相干，其中没有关于交涉形式上的具体规定。对交涉框架演绎局限性以及类型多样性的明确依赖于更高层的框架。

小　结

层论的层次相干中蕴含着丰富的演绎规律（见 2.7 节），从这些规律中可以一窥层论的逻辑底蕴。层论包含着六个演绎层次，当剥离各演绎层次所涉及的具体内容，而将关注点集中在各层次当中的那些一般性的演绎逻辑时，即可得到六种逐级递进的思维框架，它是我们认识和理解周边事物的基本范式。

表 5-2 汇总了六种思维框架的主要表现，它们与层次结构是高度呼应的。这当中，同一行的内容表现为关系的逐层递进，其演绎逻辑越来越复杂，同一列的内容均对应同一个层次结构，其演绎逻辑具有相互间的等价性。

表5-2　思维框架与层次结构之间的对应关系

思维框架	基元	同步结构	变动结构	组织结构	规范结构	转换结构
存在框架	一般存在	有差异的存在	有变化的存在	有规律的存在	有范围的存在	有交涉的存在
联系框架	—	一般联系	有差异的联系	有变化的联系	有规律的联系	有范围的联系
变化框架	—	—	一般变化	有差异的变化	有变异的变化	有规律的变化
规则框架	—	—	—	一般规则	有差异的规则	有变化的规则
范畴框架	—	—	—	—	一般范畴	有差异的范畴
交涉框架	—	—	—	—	—	一般交涉

　　传统哲学在批判与考究人的理性思维时，给出的往往是相对平行的一系列范式，而基于层论的六种思维框架不是并列的关系，而是逐步演进、逐级深入的关系。无论是简单事物，还是复杂事物，其关系的考究都要从基本的存在关系开始。当对事物进行呈现与否的评判时，运用的是联系框架，其中内含着事物存在上的多样性评判标准间的对照；当不同的联系都存在，但联系形式上有差异时，可运用变化框架来描述，变化能够包容联系形式的多样性；当不同的变化都存在且能够在变化中兼容对方时，可运用规则框架来描述，规则能够解释相异变化间的共存逻辑；当不同的规则都存在且能够达成演绎协同时，可运用范畴框架来描述，范畴定义了规则在相干时的总体演绎范围；当不同的范畴都存在且能够相互渗透时，可运用交涉框架来描述，交涉能够解释范畴波动下的规则跨界演绎。

　　六种框架具有一体性，低层框架的演绎逻辑能够覆盖所有的高层框架，高层框架涵括着所有低层框架的逻辑。联系及以上的思维框架都能够反映具体的存在关系，变化及以上的思维框架都能够反映不同事物间的联系，规则及以上的思维框架都能够反映事物的形式变化，范畴及以上的思维框架都能够描述和评判事物的内在规则，交涉框架能够评判事物的适用范畴。高低层框架演绎逻辑的相互蕴含促成了框架间的相互嵌套、相互交织，也极大地丰富了框架的逻辑关系，高层框架对低层框架的多重规定即是这种关系的体现。

　　思维和存在的关系问题被视为哲学的基本问题，依托于层论的六套思维框架相对直观地呈现了人的思维是如何认识存在，又是如何逐级演绎存在的。六套思维框架对应六个演绎层级，每一个层级的跃迁，都建立在低一层框架演绎关系的对立统一性之上，其中，存在框架是思维的起点，联系框架是存在与不存在的结合，变化框架是确切联系与不确切联系的结合，规则框架是显著变异与一般变异的结合，范畴框架是明朗规则与不明朗规则的结合，交涉框架是可靠范围与不可靠范围的结合。相邻层次间的演进关系均由对立统一规律所推动，整套思维体系由简入繁的演绎脉络则由蕴含着标度对称性的层次相对论所推动，从中可以发现极为丰富的辩证演绎关系。

在面对问题时，总是固守一种分析框架并不可取，当没有其他的框架做对照时，框架所演绎关系的对立面难以呈现，框架自身的演绎普适性、逻辑一致性得不到挑战，长此以往就陷入教条化了。在面对问题时，总是设想用一套更完善、更全面的框架去替换旧有的思路，也是不可取的，因为没有绝对完善的、可解释一切的框架，也没有可以完全无死角地理解和把握一个事物的方法论，因为事物的基准尺度可以无限细分，事物的外部关联可以无限延展，演绎尺度上的开放性意味着层次的无限性，也预示着理论诠释的非专一性、非绝对性。

对复杂事物可以基于一种框架来获得一定的认识，也可以多种框架相结合而获得更为全面的认识，因为组合路径的多样性，理解事物的方法和思路也具有多样性。我们对事物的理解，不完全由事物自身所决定，而是由事物的禀赋以及我们看待事物的方式所共同决定。考察事物的思路多样性，意味着我们不能对事物进行非黑即白的盖棺论定，不能局限于特定的范式去界定事物。不同思路的相互对照，可以让我们对事物的理解更为具体、全面一些。

逐级演进的多尺度、多范式演绎体系，更有助于我们应对既有演绎一般性、又有复杂多变性的周边世界。人作为一种具有可维系自身生存的生物体，汲取经验并快速运用经验是保障生存的基本机制，如果不能做到快速提取运用经验，就很难在急剧变化的不利环境中生存下来，由此，人们很多时候会本能地去运用经验而不是先去思考经验背后的成因，只有在经验无法解决问题的时候，人们才会去考虑经验本身的问题，从而激发进一步的理性思考。虽然针对的是同一种经验，但直接运用经验的过程和反思经验成因的过程，两者的逻辑并不一致，前者是基于固有逻辑的关系解构过程，后者是衍生全新逻辑的关系建构过程，后者附带着更多的不确定性，它是催生全新逻辑的基本素材。六种思维框架相当于六套经验模式，它们并不总是有效的，当成效不高、错误不断时，就是反思既有逻辑范式，以及重新选择逻辑起点和思维模式的机会。六套思维框架背后的建构过程即对应着经验的反思过程，其中存在着经验要素的不断相干与重组，直至分化与裂变出新的关系维度与生成机制，越丰富的试错经验，所衍生的新维度、新机制就越成熟。

5.2.2　基于层论的逻辑悖论解构

逻辑学常被认为是研究思维规律的学科，以及辨别推理有效与否的方法与原理的学问，在发展过程中，不断追求关系的确切性、推理的可靠性、逻辑的完备性，最终带来了致命性的副产品——推理上的悖论。从层论来看，认识由简入繁的演进过程离不开不确定性的介入，并且在成就高层次演绎关系的过程中，不确定性发挥着极为关键性的作用，逻辑推理对不确定性的排斥必然会引发问题。那么，悖论这一副产品究竟因何而起、又由何而灭呢？

从同步结构到转换结构，每一个层次中都蕴含着演绎对立性，其中：同步结构是存在与不存在的对立，变动结构中是内部关联与内外勾连（渗透）的对立，组织结构中是分化显著与分化不显著的对立，规范结构中是有序与无序的对立，转换结构中是有效范畴与失效范畴的对立。当混淆结构中蕴含着演绎确定性的基本面和蕴含着演绎不确定性的对立面时，就会带来演绎上的矛盾。基本面对应着基层结构所在尺度上的演绎一致性，对立面衍生于相异基本面的组合演绎关系当中，后者呼应着更宏观的尺度，由此，当在更宏观的尺度上依然坚持基本面的演绎一致性时，矛盾将是不可避免的。

逻辑学中，引发悖论的根源即在于基本面和对立面的混淆。在分析理查德悖论、罗素悖论、最大序数悖论等常见悖论的基础上，蒋星耀给出了可用于描述所有悖论的统一模式：设 F 是从集合 A 到 B 的双射，记 $M=\{a \in A \mid a \notin F(a)\}$，如果把双射 F 下的反对角线集合 M 错误地认为是 B 的元素，即 $M \in B$，则会产生悖论[①]。这一定理中，基本面为集合 A 或集合 B，对立面为集合 M，两者间的混淆即可能引发悖论。从滚石系统到双凹面系统，从变化框架到交涉框架，对立面都产生于相异基本面之间的相互渗透关系，而统一模式定理中，反对角线集合即对应着集合 A 与集合 B 之间的相互渗透关系，故而形成原集合与反对角线集合之间的对立性。除了蒋星耀的统一模式定理外，汤姆逊提出的对角线引理[②]，以

①　蒋星耀．关于悖论的统一模式——纪念罗素悖论发现 100 周年[J]．北京工业大学学报，2002，（1），87-90．

②　汤姆逊，转引自：张建军．逻辑悖论研究引论[M]．修订本．北京：人民出版社，2014：221．

及哥德尔定理的论证过程中所用到的对角线方法，都存在基本面与对立面的冲突。

一般的共识是，悖论总与自我指称有关联[①]。层论体系由相对论原则所建构，其中微观层面与宏观层面的演绎性质、演绎机制可以具有同一性、一致性，只要演绎关系的层次跨度相同即可。语言中也存在着跨尺度上的逻辑同一性问题，这就是关系的自指，此时个体与总体、微观与宏观共用同一个概念。当自指关系叠加否定性结论时，就有机会演绎出一种被罗素称之为"恶性循环"的逻辑悖论。从层论来看，"自指上的否定"相当于两套关系叠加在一起，一套是指跨尺度上的演绎一致性，具体体现在自指概念及其所指向的跨尺度演绎关系当中，另一套是与自指有关的否定判断，它间接否定了自指背后的跨尺度演绎一致性，一方面默认演绎一致性，另一方面又否定跨尺度上的一致性，矛盾的种子由此而埋下。否定性自指所引发的悖论关系中，同样存在基本面与对立面的混淆问题，只不过这里的基本面不是针对某个具体层次，而是针对跨层间的演绎关系。

既然悖论源于基本面与对立面的混淆，那么化解悖论的思路就呼之欲出了，那就是准确区分基本面与对立面，并合理处置基本面和对立面之间的逻辑关联。现在的问题是：到底什么是基本面？什么是对立面？它们又是如何同悖论产生干系？

人们的认识活动中，对某种相对具体的演绎关系的明确，并不能由该关系本身所反映，而是要借助于差异与对立来判定，这两者缺一不可。差异方构成一定关系的另一种存在形式，它成为映衬该关系演绎类型的参照面，完全孤立的单一关系不存在类型判定的问题，也不存在跳出一般性的具体化。一定关系的达成意味着演绎上的一致性、形式上的确切性，这一关系依赖于不确定性来反衬，没有不确定性的衬托，就不能评判某项关系的确切性，也无从知晓一致性与否，确定性与不确定性的反衬关系即构成对立性。简而言之，一定演绎关系的明确既需要差异来映衬是其所是的排他性、具体性，也需要对立关系来反衬非其所非的代表性、合理性，这里，差异所映衬出的具体性即构成基本面，反衬出基本面演绎合理性的对立关系即构成对立面。基本面和对立面之间的关系既是引发悖论的原因，也是化解悖论的重要抓手。基本面与对立面的混淆之所以引发悖论，是因为一个具有演绎确定性，一个具有演绎不确定，两者是不能混同的。确定性与不确

① 陈波. 逻辑哲学研究[M]. 北京：中国人民大学出版社，2013：266.

定性的判定标准牵涉多个层次、多种尺度，在不同的演绎关系中其意义有着较大的不同，在化解与之有关的悖论时，其处理方式也会有所不同。

说谎者悖论（"这句话是假的"）的问题在于只给出了对立面而未明确基本面。"某某是假的"可视作对立面，"这句话"则不能视作基本面，因为没有差异关系来作参照，使得"这句话"的指向具有随意性，从而丧失排他性、具体性。如果引入差异方，那么悖论即可消解。例如，"这句话是假的，那句话是真的/假的"，无论"那句话"真假如何，整个语句中既有差异关系做对照，又有真与假的对立关系做反衬，并且不存在两方面的混淆问题，矛盾自然就消失了。

"飞矢不动"悖论的问题在于只给出了基本面，而没有说清楚对立面。在矢的运动过程中，矢的各成分（如刃、柄等）间的关联形式具有一致性（飞行过程中矢的形状不变），与矢相对照的运动背景也可理解为具有关联形式的一致性，矢与运动背景间可构成差异关系，它能够映衬出矢的具体样式（有别于运动背景的特定类型），这一具体化了的矢即构成基本面。此外，矢的成分同运动背景的成分之间的关联关系在矢的飞行过程中并不具有关联形式上的一致性，这种不一致即构成对立面。基本面和对立面同时与矢有关，基本面为矢的内部成分间关联，对立面为矢与外界的成分勾连，只有变化才能包容这两个方面。当明确指出飞矢当中的对立面时，即可排除"不动"的片面结论。

在深入考究统一模式定理、对角线引理以及哥德尔定理所蕴含的逻辑悖论问题时，张建军将解悖思路转向了层次概念上，并特别指出问题不在于要不要划分层次，而在于如何合理地划分层次[①]。层论给出了一种参考。层论中，基本面和对立面的融合是衍生高一层次的基本方法，基本面和对立面的演绎矛盾可以在高一层次当中得到消解。具体来说，同步结构对应着存在与不存在的融合，所衍生的联系性能够消解存在上的矛盾；变动结构对应着高相关与低相关的融合，所衍生的变化性能够消解关联一致性上的矛盾；组织结构对应着显著变化与一般变化的融合，所衍生的秩序性能够消解变化兼容性上的矛盾；规范结构对应着有序演绎与无序演绎的融合，所衍生的的规范性能够消解演绎导向上的矛盾；转换结构对应着有效范畴与失效范畴的结合，所衍生的跨期性能够消解适配环境上的矛盾。除了基本的层次结构之外，以层次分界、因果秩序、二阶分界、纠缠关系等

---

① 张建军.逻辑悖论研究引论.修订本.北京：人民出版社,2014:241.

等为内容的演绎关系都可以呈现出层次性，其中的层次跨越中同样存在着矛盾的产生与消解。层论为悖论的化解提供了丰富的参考素材。

5.3 层论与辩证发展

面对较复杂的系统问题时，常常需要进行辩证性的思考，以避免落入思维的片面化。作为理性思考的重要方法论，辩证法的作用是毋庸置疑的，但这并不意味着辩证法就是完美无缺的。层论的提出，为重新审视辩证法的作用和效能提供了新的思路。

5.3.1 从层论来看辩证法三大规律的内在同一性

恩格斯归纳了反映历史发展和思维演绎的三个基本规律，具体是："量转化为质和质转化为量的规律；对立的相互渗透的规律；否定的否定的规律[①]。"从层论来看，这三个规律从不同的角度阐述了基层关系间的宏观统一性，简要说明如下：

（1）质与量的转化与统一

层论中，质意味着演绎上的一致性、一般性、普适性，无论是哪种形式的质，都具备同一种基本性质，那就是重复性（详见 2.1.2 节解析）。换句话说，某种演绎特性若能够代表系统的质，那么它一定可以反复检测得到，并且该特性的呈现能够伴随系统的全生命周期。质隐含着数量，质是数量中不断复现、始终存在的那种性质，至于数量是多是寡，并不是判定质的关键。

任意指定一个层次，该层次能够明确自身的总体演绎性质，但不能明确自身演绎性质在不同条件下的关系呈现之间的相互关联逻辑，以及各关系呈现之间的

---

① （德）恩格斯. 自然辩证法［M］. 中共中央马克思恩格斯列宁斯大林著作编译局编译. 北京：人民出版社，2018：75.

具体区别，这种同层性质间的表现区分或同层性质间的组合关系判定，要在更高层次当中才能明确。所有的高层结构都源于低层结构的组合演绎，组合演绎当中既有低层结构的质，也有低层结构的量，高一层结构最终成型于这种既包含质又包含量的组合演绎关系当中。只有低层的质而缺乏低层的量，难以建立基于低层结构的组合与对照关系，高一层结构就不可能生成；只有低层的量而缺乏低层的质，意味着低层结构的演绎一致性无法得到保障，量的关系也因质的虚无或失稳而失去了依托，低层的质也难以被高层结构所继承，所衍生的结构将不符合层论的规定。从这个意义上来说，低层结构的质及其量的结合才能成就高一层结构，高一层结构是低层质与量的统一，其中存在着新质的产生。

层论明确了低层的量变在什么条件下引发质变，其中：重复性上升为同步性的质变条件在于各重复性间的共存关系；同步性上升为变化性的质变条件在于各同步性相干时所带来的各重复性组合的关联程度对立；变化性上升为秩序性的质变条件在于各变化性相干时所带来的各同步性组合的异变程度对立；秩序性上升为规范性的质变条件在于各秩序性相干时所带来的各变化性组合的有序程度对立；规范性上升为跨期性的质变条件在于各规范性相干时所带来的各秩序性组合的规范程度对立。基层性质间的相干附带着基层结构在量上的呈现，所引发的质变并不取决于量的多寡，而取决于基层结构在规模演绎中所浮现出来的自身层面上的演绎对立性，它是质变的重要信号，质变的完成则对应着对立性上的统一。

任何基础层次之上的宏观层次建立，即意味着质的达成，质因不断重复而产生的一系列实际表现，即意味着量的形成，这是质向量的转化，也可视为质从抽象迈向具体的过程，质与质在不同条件下的相互对照或相互关联关系也在这一过程中建立。蕴含某种质的一定量间的相互结合，能够衍生出更高层次的质，这是量向质的转化，也是低层质与低层量之上的统一。

（2）基本面与相互渗透的对立面的统一

有许多学者将对立的相互渗透规律视作对立统一规律，其实是不太恰当的。从层论来看，对立的相互渗透规律强调的是较复杂系统中的对立关系的产生机制，它解释了对立的成因，而对立统一规律则强调的是对立关系所具有的潜在统一性，并没有具体说明对立是如何产生的。

层论中，三层次及以上的结构中都可以相对直观地看到对立的相互渗透，它们明确了所在层次演绎性质的对立面是如何产生的。变动结构蕴含着同步性间的差异互渗，各同步性间的重复性勾连即对应着同步性间的相互渗透，这一关系构成同步性的对立面——异步性；组织结构蕴含着变化性间的差异互渗，各变化性间的同步性勾连即对应着变化性间的相互渗透，这一关系构成变化性的对立面——平庸性；规范结构蕴含着秩序性间的差异互渗，各秩序性间的变化性勾连即对应着秩序性间的相互渗透，这一关系构成秩序性的对立面——无组织；转换结构蕴含着规范性间的差异互渗，各规范性间的秩序性勾连即对应着规范性间的相互渗透，这一关系构成规范性的对立面——无纪律。

结构中质与质之间的相互渗透（勾连）即意味着质的对立面，这一表现有许多实例可以佐证，如夫妻关系同出轨关系、公司的对内协作与对外勾结等。如果把层次结构的演绎性质视为基本面，那么层次性质间的相互渗透关系即构成对立面，对立面在否定基本面的同时，也规定了基本面的功能与边界，那就是基本面由要素间的高程度相关所构成，以要素间的低程度相关为反照，没有对立面，基本面就不够清晰、不够明确。基本面与对立面的结合成就的是高一层结构的基本面，它代表的是基本面与对立面的宏观统一性。

（3）再否定对基本面及其否定面的统一

否定之否定规律描述的是事物的发展脉络，首先是事物本身的呈现，然后是事物否定面的呈现，最后是事物否定面之上的再否定。再否定既不同于事物的肯定面，也不同于事物的否定面，而是事物肯定面和否定面之上的进一步规定。

层论中，每一级结构的演绎性质都有其对立面，它是对基本面的否定，这一判定产生于基本面在组合演绎时的相互对照或相互渗透关系之中。基本面与对立面统一于高一层结构当中，高一层结构的演绎性质既不同于低一层演绎性质，也不同于低一层演绎性质的对立面，它是低一层演绎性质及其对立面之上的再否定。具体来说：无复现与重复性互为否定，两者统一于同步结构，同步性构成重复性与无复现的再否定；异步性与同步性互为否定，两者统一于变动结构，变化性构成同步性与异步性的再否定；平庸性与变化性互为否定，两者统一于组织结构，秩序性构成变化性与平庸性的再否定；无组织与秩序性互为否定，两者统一于规范结构，规范性构成秩序性与无组织的再否定；无纪律与规范性互为否定，两者统一于转换结构，跨期性构成规范性与无纪律的再否定。

否定之否定规律可概括为正-反-合，反是否定，合是再否定。从层论来看，正与反之间没有包含关系，但有渗透关系，合与正、反之间则存在着关系的包容以及质的跃迁，合与正不是一个层面的关系，而是相邻层级间的关系。

小　结

辩证法的三大规律各有侧重. 质量互转规律强调一般性与具体性之间的逻辑转换, 一般性在意共性而不在意区别, 故而有质, 具体性在意实际条件中的区隔, 故而有量; 对立的相互渗透规律强调对立关系的派生机制, 有对立才能谈论对立之上的统一; 否定之否定规律强调否定的多重性, 即相互间否定与整体上的否定, 这两种否定有着不同的意义呈现.

从层论来看, 辩证法的三大规律虽然角度不一, 但都可归结为两个相邻层次之间的关系: 蕴含一定质的诸量间的关联演绎统一于高一层结构, 基本面及其有渗透关系的对立面统一于高一层结构, 基本面及其否定面统一于蕴含着再否定的高一层结构. 不同角度上的考察最终对应的都是同一套关系, 这在层论体系中较为常见, 尤其是高层结构的演绎关系当中. 层论体系包括多个层级, 辩证法能够解析相邻层级间的演绎关系, 三层次及以上的演绎关系并不能够用辩证法直接进行解析, 虽然双层次关系的演绎逻辑也可以覆盖三层次以上的体系, 但辩证法不能对其整体上的演绎性质进行解释, 也不能阐明整体演绎性质背后的衍生机制.

一些学者认为辩证法三大规律的适用程度不一, 某个规律具有更为根本的核心地位, 这是有问题的. 复杂系统之所以复杂, 恰恰体现在剖析角度的多样性, 如果某个系统只用一种剖析角度就可以完全说明问题, 那么它要么不够复杂 (过于抽象), 要么预设条件太多 (针对性太强), 这也表明它很难取得普适性和实践性两方面的平衡. 当剖析角度较多时, 不同角度之间的逻辑关联或演绎脉络就成为更为底层和更为本质的问题, 在层论中, 这一底层原则就是层次相对论, 正如普里戈金所畅想的演绎图式那样——它们都联系在一起, 任何一个都不要求突出①.

---

① （比）伊·普里戈金,（法）伊·斯唐热. 从混沌到有序: 人与自然的新对话[M]. 曾庆宏, 沈小峰, 译. 上海: 上海译文出版社, 2005: 300.

5.3.2　从辩证法到层次论

辩证法三大规律揭示了事物演绎当中的一般性原理，进而成为人们把握事物关系的重要抓手。当我们对事物的演绎逻辑一筹莫展时，辩证法可以帮助我们提纲挈领，从质与量的转化关系来分析事物的可能本质，从内在矛盾或内外矛盾来把握事物演变的可能动因，从相互否定与整体否定中来感悟事物可能存在的维度跨越，最终勾勒出事物大概的演绎框架。不过，辩证法并不是万能的，辩证法给出的是原则性、指导性的建议，而不是事无巨细的演绎方法论，尝试用辩证法来解决事物分析当中的一切问题显然是不现实的。系统科学、复杂性科学的兴起，进一步放大了辩证法在面临实际问题的困境，尤其是较复杂的现实问题。

张华夏指出："用系统论的观点看矛盾，可以一般地将矛盾看作是事物运动、发展的机制与动因，但是，事物为什么能够从无序到有序、从简单到复杂、从低级到高级发展呢？线性的唯物辩证法教科书总是不能给人作出满意的回答，因为一般的对立统一规律本身不能揭示这个机制①。"乌杰指出："马克思、恩格斯、列宁想建立一个完善的、丰富的、比较科学的唯物辩证法体系，这一任务，一直延续到今天，都没有彻底完成②。"

那么，辩证法的困境有没有破局的可能呢？王志康提出了一种思路："20 世纪以来自然科学和社会科学诸方面的成果给哲学带来的启示就是，层次论在辩证法解释中占有重要的地位，几乎没有一个规律或范畴在解释具体事物的时候，不需要和层次观念结合……层次论的基本思想，自从 20 世纪由康德和恩格斯提出并肯定以来，没有得到深入的研究……在相当长的时间里，人们一直只把主要的注意力放在了部分与部分、部分与整体的关系上，较少注意层次和研究层次的关系。辩证法的视野未能从世界作为单一层次中移开来。辩证法在说明世界的联系、变化和发展的时候不需要以世界的层次结构为前提，也不必特别注意层次或跨层次之间的相互关系……层次论对于辩证法所做的最重要的贡献，就是它提出

---

① 张华夏. 系统哲学与矛盾哲学关于对立统一规律的对话[J]. 系统科学学报，1993(3):1-10.
② 乌杰. 关于辩证法[J]. 系统科学学报，1997(2):1-13.

并阐明了：不同层次和跨越层次的相互关系是世界演进的一个根本的原因①。"

层次演化论尝试以层次为核心来解构系统的生成演变，相对于辩证法三大规律，层论有着许多鲜明的特点，下面简要说明几点。

（1）层论既能刻画简单性，也能演绎复杂性

层论中，低层结构相对简单，高层结构相对复杂，复杂的事物可以重归简单，简单的事物也可以呈现复杂。当整体化处理复杂事物的演绎关系，缩减该复杂关系所内含的层次性时，复杂事物就趋于简单。当不断深挖简单事物的内部构成，或是不断外拓简单事物的外在关联，并给出定性事物内部或外部关系的丰富层次性时，简单事物就趋于复杂。

层论的六个演绎层次直观地呈现了系统由简单到复杂的演化阶梯，从存在，到联系，到变化，到秩序，到范畴，到交涉，演绎层级逐级提升、关系维度逐步深入、生成机制愈趋繁杂。相对于辩证法来说，层论对复杂性有着更为全面和更为细腻的刻画，其中，系统从简单到复杂的演化进路可通过层次的不断跃迁来反映，系统的演绎复杂性可通过有相互蕴含关系的各细分层次来解耦，系统的多样性演绎表现可通过层次间的组合演绎关系来反衬。

（2）层论既建构于对立统一，又不断扬弃对立统一

对立统一是辩证法的基本规律，也是建立新层次的基本原则与方法。在应用时，对立统一规律没有领域的限制，也没有尺度上的规定，无论当前的关系是简单还是复杂，都可以作为应用的基础。基于此，在既有的对立统一关系之上还能够衍生出新的对立性，并在更宏观的尺度上建立统一性，从而形成相对于基础关系之上的双重对立统一性，进一步地，还可以建立三重、四重乃至五重的对立统一性。辩证法的局限在于，它无法对多重对立统一关系的一般表现进行定性。

层论给出了这方面的思考，其中：单一的对立统一关系呈现的是同步性；两重对立统一关系呈现的是变化性，它是对同步性的扬弃；三重对立统一关系呈现的是秩序性，它是对变化性的扬弃；四重对立统一关系呈现的是规范性，它是对秩序性的扬弃；五重对立统一关系呈现的是跨期性，它是对规范性的扬弃。

（3）层论既有形式化的一面，也有辩证性的一面

给定了基础层次，也给定了基础层次之上的层次跨度，那么该跨度上的关系演绎就能够根据层次相对论中的相应定理来演绎，这当中，基础层次以及所达成的目标层次的定性都是较为明确的，这种相对确切的关系演绎体现出了形式化的特点。

---

① 王志康. 层次论与辩证法的充实和发展[J]. 学术界，2000(6)：24-30.

给定了基础层次，但不明确该层次之上的层次跨度，那么相应的关系演绎就具有多种可能性，将所达成的各宏观层次的演绎逻辑投射至基础层次之上，则它们都能够重塑基础层次的关系判断，且各宏观层次当中相对较低的层次又能被相对较高的层次所重塑，这种同一关系在评判上的多样性与相对性即体现出了辩证性的特点。

层论中，每个层次的演绎性质都蕴含着一致性，这种一致性也是逻辑同一性的体现，而同一性是形式化工作得以进行的重要基础。层论支撑了演绎逻辑的形式化，层论也孕育出了丰富的辩证关系范畴，具体有：重复与无复现、同步与异步、变化与平庸、秩序与无序、规范与放任、封闭与交涉、前景与背景、确定性与不确定性、差异与对立、无限与有限等等，这些关系范畴中的每一组概念中的两方面都具有相对性，其角色的相互转换与考察视角及考察层次有关，抓住层次性以及相对于层次关系的演绎脉络，就抓住了各关系范畴的确切含义，以及各关系范畴在层次中的意义转化。

（4）层论既能勾勒自然关系的一般演进路线，也能反映社会关系的一般演化脉络

从色块，到石面，到滚石，到斜面上的滚石，到单凹面中的滚石，再到多凹面中的滚石，其中存在着自然演绎关系由浅入深的逐级演进。对于以人类为核心的社会关系来说，同样可以借用这套演绎关系来进行分析——以人的某项可标准化的行为或活动空间为基本要素，不断在该要素上叠加可标准化的关联社会因素，从关联关系的分化与裂变中即可演绎出愈来愈复杂的社会关系演化脉络。

层论的多层级演进体系是参照自然事物的演绎表现来展开解析的，在诠释较高层次的演绎逻辑时，所采用的诸多概念与社会关系是相通的。层论既能解释价值（见 2.4 节小结部分），也能诠释智慧（见 2.8 节），层论的定态图式也可影射社会的演绎表现〔见 4.9-(3) 节〕，这些都预示着层论体系对社会关系的解析能力。

（5）层论既是可知的，又是不可知的

层论的演绎关系没有应用尺度上的明确限定，无论是简单的关系，还是复杂的关系，均可借用任何一个层级来进行解析，只要该关系所挖掘出的层次跨度与层级结构能够匹配即可。这意味着任意的关系都可用层论来解析，并能给出相应的定性判断。

无论是简单的事物，还是复杂的事物，当不断对其进行追根究底，或不断对其进行延伸扩展，以至于达到一个相对于事物基准尺度的较高层次跨度时，既有的有限层级体系就难以对这一高跨度层次进行完全的定性与解析，而只能给出相对片面的解释。

层论的层级体系既是明确的，又是不明确的，明确源于各演绎层级定性机制的确切，不明确源于层论体系因灵活、开放而带来的无尽层次跨度，这使得层论眼中的事物关系既是可知的，又是不可知的。

（6）层论既能给出事实判断，也能给出价值判断

自然科学的研究多倾向于事实判断，而人文科学的研究多倾向于价值判断，前者回答"实然"的问题，后者回答"应然"的问题，社会科学的情形介于自然科学与人文科学之间①。从层论来看，当研究事物时侧重于考察事物在更宏观尺度上的存在性，获得的通常是"应然"的关系；当结合宏观层面的演绎关系来考察事物在基层尺度上的存在性时，获得的通常是"实然"的关系。依托于层次性，既可以进行事实方面的定性判断，也可以进行价值方面的定性判断，两种判断的区别主要由两方面因素决定，一是研判时所依托的关系尺度，二是研判时所跨越的层次高低。两种判断都涉及宏观层面演绎经验的加成，事实判断意味着用经验来界定目标事物在基层尺度上的演绎关联，价值判断意味着用经验来筹算目标事物在宏观尺度上如何延续存在性，两种判断可以在层次体系框架下进行比照和转换，只要调整判定尺度和层次跨度即可。关于事实判断和价值判断之间的区别与联系，附录2有做进一步的说明。

（7）层论明确了序的普遍性，也说明了序的局限性

恩格斯在归纳辩证法三大规律时，使用的标题是"辩证法作为科学"，并希望阐明辩证法这门同形而上学相对立的关于联系的科学的一般性质②。任何的科学成果一定蕴含着序的逻辑，科学离不开推理和论证，而推理和论证过程本身就是序的体现，明确序的产生机制，才能有效评判科学研究中的推理与论证操作的合理性，序的产生机制问题直接指向了科学的根本所在。

层论给出了序的产生条件：系统必须具有四个及以上的演绎层次。层论揭示了四层次及以上的演绎系统必然蕴含着序，对系统的描述可通过序或者蕴含着序的更复杂逻辑来体现。序的产生可用错位背反机制来阐释，这一机制本身即蕴含着科学精神：同一系统中存在着两种操作方法的竞争，每一种操作方法均有自己的优胜领域，系统总体上的表现与两种操作方法均有关，在争执不下的情况下，分别尝试你主我辅以及我主你辅两种情况下的整体演绎表现，表现更好的那套协同方案即可视作系统总体层面上的代表路线，其中隐含着多样化组合方案之上的

---

① 江宏春. 自然科学、社会科学、人文科学的关系——一种"学科光谱"分析[J]. 自然辩证法研究，2014,30(6):61-67.

② （德）恩格斯. 自然辩证法[M]. 中共中央马克思恩格斯列宁斯大林著作编译局编译. 北京：人民出版社,2018:75.

优劣分化。科学不断发展的过程，就是在有方案冲突时不断寻求更大范围中的逻辑一致性的过程，当一种路线走不通时，科学家首先想到的往往是相反的那条路线，两相对照下即有可能形成新的发现。错位背反机制蕴含着这一研究思路，有主有次或有先有后的演绎秩序即是这一思路下的产物，它也是科学成果的一般表现形式。

序预示着规律、规则，当人们从目标事物中发现了某种因果次序时，会自然地获得一种已经知悉、已经明了的释然感，这说明次序或规则是人们对事物下定论时的一种较为理想的逻辑范式。从层论来看，复杂事物中因层次的多样性而必然存在因果次序，但因与果的内容以及从因到果的指向都不具有绝对性，换句话说，事物的演绎没有第一因，也没有必然的机制或力量使然，将事物的演绎本性自然而然地落在次序之上，并非总是可靠和恰当的。次序在四层次体系当中拥有演绎一致性，在五层次体系当中则存在着范围限定，以及无序性相伴，在六层次体系当中则存在着次序适用范围的稳定性问题，以及环境变更对既有次序的影响问题，后两个层次上的演绎关系都无法用次序来进行完整的解析，这都预示着用次序来解释事物演绎关系的局限性。

小　结

层论认为世界的统一性不在于演绎关系的确切性，而在于演绎关系的相对性，并在相对性当中演绎出了某种确切性，这就是依托于相对性原则的层次相对论。层论相当于衡量各种存在的可自由缩放的多层级游标，它打破了以固有观念或模式来考究世界统一性的各种言论或学说，没有所谓的世界本原，也没有所谓的终极存在。

从简单到复杂，从量变到质变，从对立到差异，从相关到因果，从可逆到不可逆，从封闭到开放，从事实到价值，从竞争到交换……层论能够解析许多概念或范畴间的逻辑转换，层次关系的相对性也使得这些逻辑转换可以反向演绎。前文对部分演绎关系做了展开阐述，除此之外，还有许多存在分歧或互斥的论点可以在层论中找到逻辑相通之处，进而追溯分歧的成因，而辩证法则难以从机制上说明这些对立或分歧背后所可能存在的逻辑统一性。

层论体系一方面能够兼容辩证法的三大规律，另一方面又能够阐明辩证法所难以解析的诸多问题，包括系统科学中的诸多代表性概念，以及层次分析中的诸多问题，这预示着层论在解构和辨析事物关系的生成演变方面具有更为深厚的潜能，这对辩证法的进一步发展无疑是积极的信号。

附录 1

层次结构的定态图式

　　所有的定态分析图都存在着**端边约定**，具体包括两个方面。

　　（1）端的约定

　　基元端的基元种类数为 1，基元端之上每增加一个外圈（增加一个层级），所含基元种类就翻一倍，对于一个层数为 i 的端来说，其所含基元种类为 2^{i-1} 个。给定图式的基元种类总数等于图式中所有端的基元种类数之和，这一数值为 2^{n-1}，其中 n 指的是整个图式所对应的层数。

　　（2）边的约定

　　两个及以上端组成的结构为多端结构，多端结构必有连边，多端结构中不允许出现没有连边的孤端。边连于两端的同层圈之上，只有先出现低层边，才允许出现高层边。基层边的边数记为 1，j 层边的边数记为 2^{j-1}，两个端之间的连边总数等于两端之间最高层边的含边数。一个端可能同时与多个其他端相连，无论连接多少个端，每一个端的总连边数须保障为 2^{i-1} 条（i 为该端的层数），整个结构中的总边数等于所有两端间含边数之和，数值为 2^{n-2} 条。

1. 基元

(1-1) m

2. 同步结构

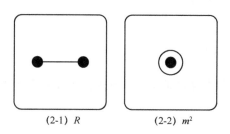

(2-1) R　　　　　　(2-2) m^2

3. 变动结构

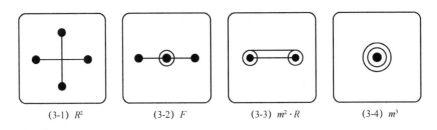

(3-1) R^2　　(3-2) F　　(3-3) $m^2 \cdot R$　　(3-4) m^3

4. 组织结构

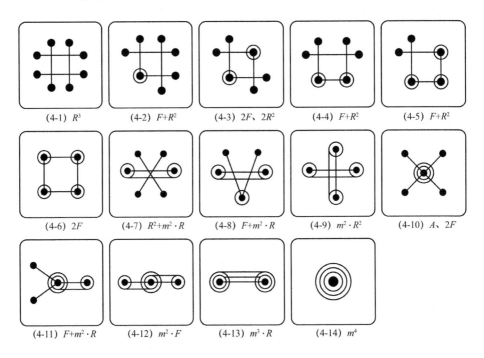

(4-1) R^3　(4-2) $F+R^2$　(4-3) $2F$、$2R^2$　(4-4) $F+R^2$　(4-5) $F+R^2$

(4-6) $2F$　(4-7) $R^2+m^2 \cdot R$　(4-8) $F+m^2 \cdot R$　(4-9) $m^2 \cdot R^2$　(4-10) A、$2F$

(4-11) $F+m^2 \cdot R$　(4-12) $m^2 \cdot F$　(4-13) $m^3 \cdot R$　(4-14) m^4

5. 规范结构（部分）

本处列出的是规范结构的部分定态图式，还有其他样式可供挖掘。

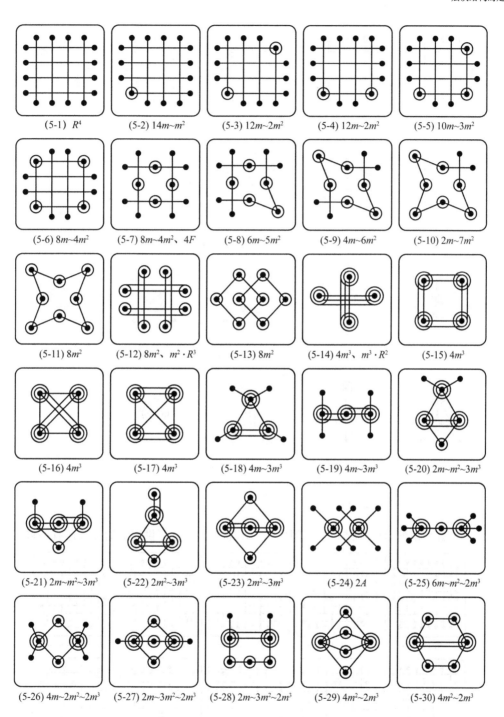

(5-1) R^4　　　　(5-2) $14m\sim m^2$　　　　(5-3) $12m\sim 2m^2$　　　　(5-4) $12m\sim 2m^2$　　　　(5-5) $10m\sim 3m^2$

(5-6) $8m\sim 4m^2$　　　　(5-7) $8m\sim 4m^2$、$4F$　　　　(5-8) $6m\sim 5m^2$　　　　(5-9) $4m\sim 6m^2$　　　　(5-10) $2m\sim 7m^2$

(5-11) $8m^2$　　　　(5-12) $8m^2$、$m^2\cdot R^3$　　　　(5-13) $8m^2$　　　　(5-14) $4m^3$、$m^3\cdot R^2$　　　　(5-15) $4m^3$

(5-16) $4m^3$　　　　(5-17) $4m^3$　　　　(5-18) $4m\sim 3m^3$　　　　(5-19) $4m\sim 3m^3$　　　　(5-20) $2m\sim m^2\sim 3m^3$

(5-21) $2m\sim m^2\sim 3m^3$　　　　(5-22) $2m^2\sim 3m^3$　　　　(5-23) $2m^2\sim 3m^3$　　　　(5-24) $2A$　　　　(5-25) $6m\sim m^2\sim 2m^3$

(5-26) $4m\sim 2m^2\sim 2m^3$　　　　(5-27) $2m\sim 3m^2\sim 2m^3$　　　　(5-28) $2m\sim 3m^2\sim 2m^3$　　　　(5-29) $4m^2\sim 2m^3$　　　　(5-30) $4m^2\sim 2m^3$

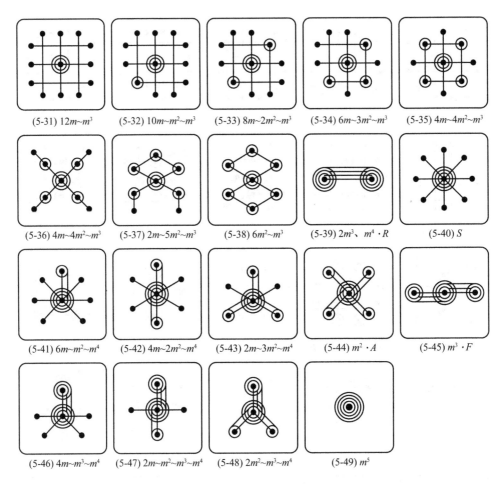

(5-31) $12m\sim m^3$　　(5-32) $10m\sim m^2\sim m^3$　　(5-33) $8m\sim 2m^2\sim m^3$　　(5-34) $6m\sim 3m^2\sim m^3$　　(5-35) $4m\sim 4m^2\sim m^3$

(5-36) $4m\sim 4m^2\sim m^3$　　(5-37) $2m\sim 5m^2\sim m^3$　　(5-38) $6m^2\sim m^3$　　(5-39) $2m^3$、$m^4\cdot R$　　(5-40) S

(5-41) $6m\sim m^2\sim m^4$　　(5-42) $4m\sim 2m^2\sim m^4$　　(5-43) $2m\sim 3m^2\sim m^4$　　(5-44) $m^2\cdot A$　　(5-45) $m^3\cdot F$

(5-46) $4m\sim m^3\sim m^4$　　(5-47) $2m\sim m^2\sim m^3\sim m^4$　　(5-48) $2m^2\sim m^3\sim m^4$　　(5-49) m^5

6. 转换结构（部分）

本处列出的是转换结构定态图式的一小部分，实际可供挖掘的样式还有许多。

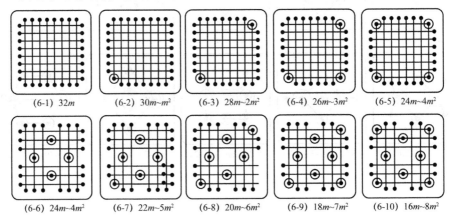

(6-1) $32m$　　(6-2) $30m\sim m^2$　　(6-3) $28m\sim 2m^2$　　(6-4) $26m\sim 3m^2$　　(6-5) $24m\sim 4m^2$

(6-6) $24m\sim 4m^2$　　(6-7) $22m\sim 5m^2$　　(6-8) $20m\sim 6m^2$　　(6-9) $18m\sim 7m^2$　　(6-10) $16m\sim 8m^2$

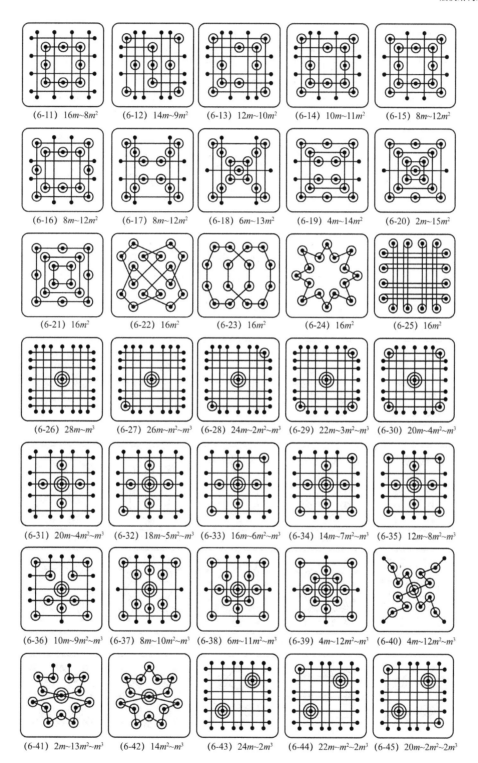

(6-11)　$16m$~$8m^2$　　(6-12)　$14m$~$9m^2$　　(6-13)　$12m$~$10m^2$　　(6-14)　$10m$~$11m^2$　　(6-15)　$8m$~$12m^2$

(6-16)　$8m$~$12m^2$　　(6-17)　$8m$~$12m^2$　　(6-18)　$6m$~$13m^2$　　(6-19)　$4m$~$14m^2$　　(6-20)　$2m$~$15m^2$

(6-21)　$16m^2$　　(6-22)　$16m^2$　　(6-23)　$16m^2$　　(6-24)　$16m^2$　　(6-25)　$16m^2$

(6-26)　$28m$~m^3　　(6-27)　$26m$~m^2~m^3　　(6-28)　$24m$~$2m^2$~m^3　　(6-29)　$22m$~$3m^2$~m^3　　(6-30)　$20m$~$4m^2$~m^3

(6-31)　$20m$~$4m^2$~m^3　　(6-32)　$18m$~$5m^2$~m^3　　(6-33)　$16m$~$6m^2$~m^3　　(6-34)　$14m$~$7m^2$~m^3　　(6-35)　$12m$~$8m^2$~m^3

(6-36)　$10m$~$9m^2$~m^3　　(6-37)　$8m$~$10m^2$~m^3　　(6-38)　$6m$~$11m^2$~m^3　　(6-39)　$4m$~$12m^2$~m^3　　(6-40)　$4m$~$12m^2$~m^3

(6-41)　$2m$~$13m^2$~m^3　　(6-42)　$14m^2$~m^3　　(6-43)　$24m$~$2m^3$　　(6-44)　$22m$~m^2~$2m^3$　　(6-45)　$20m$~$2m^2$~$2m^3$

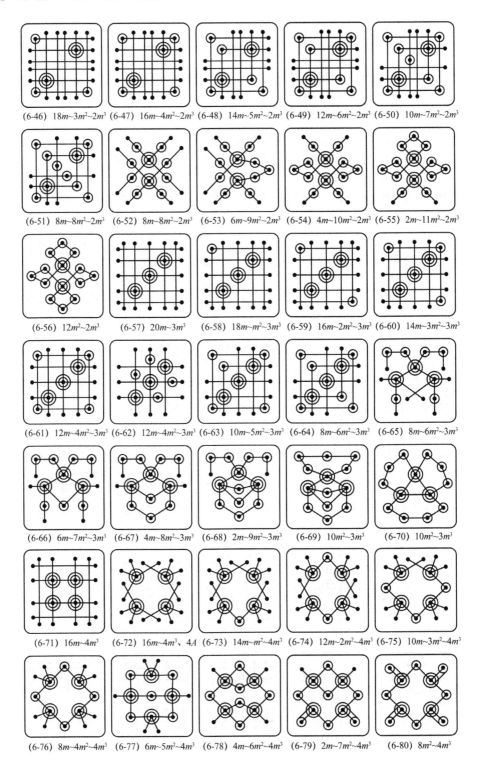

(6-46) $18m\sim3m^2\sim2m^3$　(6-47) $16m\sim4m^2\sim2m^3$　(6-48) $14m\sim5m^2\sim2m^3$　(6-49) $12m\sim6m^2\sim2m^3$　(6-50) $10m\sim7m^2\sim2m^3$

(6-51) $8m\sim8m^2\sim2m^3$　(6-52) $8m\sim8m^2\sim2m^3$　(6-53) $6m\sim9m^2\sim2m^3$　(6-54) $4m\sim10m^2\sim2m^3$　(6-55) $2m\sim11m^2\sim2m^3$

(6-56) $12m^2\sim2m^3$　(6-57) $20m\sim3m^3$　(6-58) $18m\sim m^2\sim3m^3$　(6-59) $16m\sim2m^2\sim3m^3$　(6-60) $14m\sim3m^2\sim3m^3$

(6-61) $12m\sim4m^2\sim3m^3$　(6-62) $12m\sim4m^2\sim3m^3$　(6-63) $10m\sim5m^2\sim3m^3$　(6-64) $8m\sim6m^2\sim3m^3$　(6-65) $8m\sim6m^2\sim3m^3$

(6-66) $6m\sim7m^2\sim3m^3$　(6-67) $4m\sim8m^2\sim3m^3$　(6-68) $2m\sim9m^2\sim3m^3$　(6-69) $10m^2\sim3m^3$　(6-70) $10m^2\sim3m^3$

(6-71) $16m\sim4m^3$　(6-72) $16m\sim4m^3$、$4A$　(6-73) $14m\sim m^2\sim4m^3$　(6-74) $12m\sim2m^2\sim4m^3$　(6-75) $10m\sim3m^2\sim4m^3$

(6-76) $8m\sim4m^2\sim4m^3$　(6-77) $6m\sim5m^2\sim4m^3$　(6-78) $4m\sim6m^2\sim4m^3$　(6-79) $2m\sim7m^2\sim4m^3$　(6-80) $8m^2\sim4m^3$

(6-81) $12m \sim 5m^3$ (6-82) $10m \sim m^2 \sim 5m^3$ (6-83) $10m \sim m^2 \sim 5m^3$ (6-84) $8m \sim 2m^2 \sim 5m^3$ (6-85) $8m \sim 2m^2 \sim 5m^3$

(6-86) $6m \sim 3m^2 \sim 5m^3$ (6-87) $6m \sim 3m^2 \sim 5m^3$ (6-88) $4m \sim 4m^2 \sim 5m^3$ (6-89) $4m \sim 4m^2 \sim 5m^3$ (6-90) $2m \sim 5m^2 \sim 5m^3$

(6-91) $2m \sim 5m^2 \sim 5m^3$ (6-92) $6m^2 \sim 5m^3$ (6-93) $6m^2 \sim 5m^3$ (6-94) $8m \sim 6m^3$ (6-95) $8m \sim 6m^3$

(6-96) $6m \sim m^2 \sim 6m^3$ (6-97) $6m \sim m^2 \sim 6m^3$ (6-98) $4m \sim 2m^2 \sim 6m^3$ (6-99) $4m \sim 2m^2 \sim 6m^3$ (6-100) $2m \sim 3m^2 \sim 6m^3$

(6-101) $2m \sim 3m^2 \sim 6m^3$ (6-102) $4m^2 \sim 6m^3$ (6-103) $4m^2 \sim 6m^3$ (6-104) $4m \sim 7m^3$ (6-105) $4m \sim 7m^3$

(6-106) $4m \sim 7m^3$ (6-107) $2m \sim m^2 \sim 7m^3$ (6-108) $2m \sim m^2 \sim 7m^3$ (6-109) $2m \sim m^2 \sim 7m^3$ (6-110) $2m^2 \sim 7m^3$

(6-111) $2m^2 \sim 7m^3$ (6-112) $2m^2 \sim 7m^3$ (6-113) $8m^3$、$m^3 \cdot R^3$ (6-114) $8m^3$ (6-115) $8m^3$

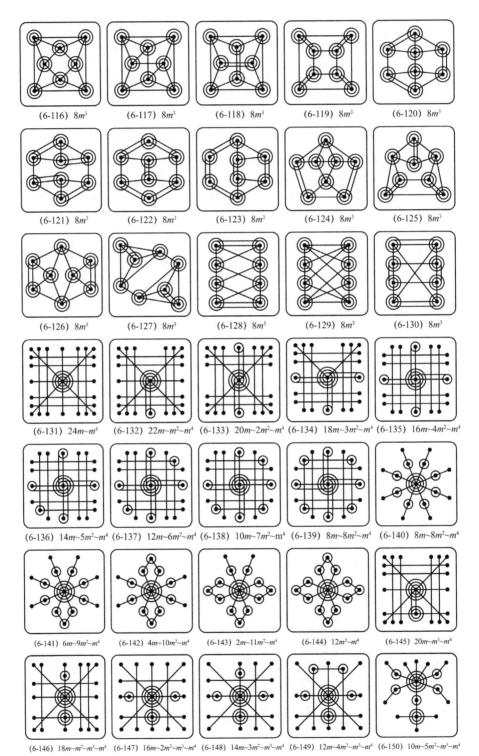

(6-116) $8m^3$ (6-117) $8m^3$ (6-118) $8m^3$ (6-119) $8m^3$ (6-120) $8m^3$

(6-121) $8m^3$ (6-122) $8m^3$ (6-123) $8m^3$ (6-124) $8m^3$ (6-125) $8m^3$

(6-126) $8m^3$ (6-127) $8m^3$ (6-128) $8m^3$ (6-129) $8m^3$ (6-130) $8m^3$

(6-131) $24m\sim m^4$ (6-132) $22m\sim m^2\sim m^4$ (6-133) $20m\sim 2m^2\sim m^4$ (6-134) $18m\sim 3m^2\sim m^4$ (6-135) $16m\sim 4m^2\sim m^4$

(6-136) $14m\sim 5m^2\sim m^4$ (6-137) $12m\sim 6m^2\sim m^4$ (6-138) $10m\sim 7m^2\sim m^4$ (6-139) $8m\sim 8m^2\sim m^4$ (6-140) $8m\sim 8m^2\sim m^4$

(6-141) $6m\sim 9m^2\sim m^4$ (6-142) $4m\sim 10m^2\sim m^4$ (6-143) $2m\sim 11m^2\sim m^4$ (6-144) $12m^2\sim m^4$ (6-145) $20m\sim m^3\sim m^4$

(6-146) $18m\sim m^2\sim m^3\sim m^4$ (6-147) $16m\sim 2m^2\sim m^3\sim m^4$ (6-148) $14m\sim 3m^2\sim m^3\sim m^4$ (6-149) $12m\sim 4m^2\sim m^3\sim m^4$ (6-150) $10m\sim 5m^2\sim m^3\sim m^4$

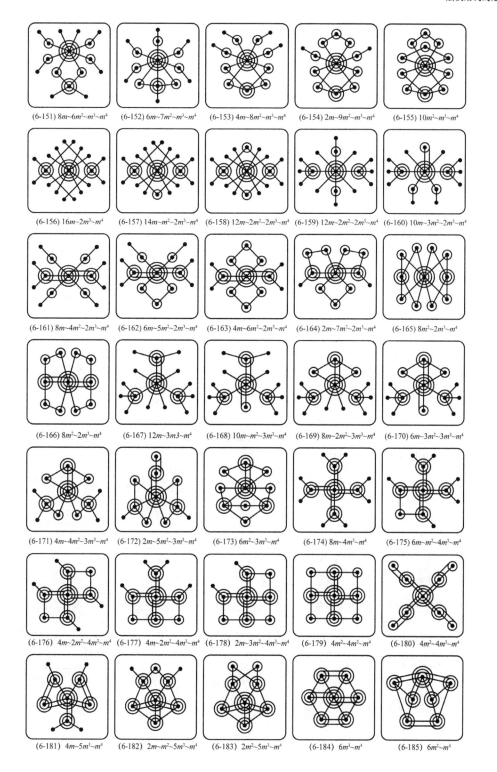

(6-151) $8m\sim6m^2\sim m^3\sim m^4$ (6-152) $6m\sim7m^2\sim m^3\sim m^4$ (6-153) $4m\sim8m^2\sim m^3\sim m^4$ (6-154) $2m\sim9m^2\sim m^3\sim m^4$ (6-155) $10m^2\sim m^3\sim m^4$

(6-156) $16m\sim2m^3\sim m^4$ (6-157) $14m\sim m^2\sim2m^3\sim m^4$ (6-158) $12m\sim2m^2\sim2m^3\sim m^4$ (6-159) $12m\sim2m^2\sim2m^3\sim m^4$ (6-160) $10m\sim3m^2\sim2m^3\sim m^4$

(6-161) $8m\sim4m^2\sim2m^3\sim m^4$ (6-162) $6m\sim5m^2\sim2m^3\sim m^4$ (6-163) $4m\sim6m^2\sim2m^3\sim m^4$ (6-164) $2m\sim7m^2\sim2m^3\sim m^4$ (6-165) $8m^2\sim2m^3\sim m^4$

(6-166) $8m^2\sim2m^3\sim m^4$ (6-167) $12m\sim3m3\sim m^4$ (6-168) $10m\sim m^2\sim3m^3\sim m^4$ (6-169) $8m\sim2m^2\sim3m^3\sim m^4$ (6-170) $6m\sim3m^2\sim3m^3\sim m^4$

(6-171) $4m\sim4m^2\sim3m^3\sim m^4$ (6-172) $2m\sim5m^2\sim3m^3\sim m^4$ (6-173) $6m^2\sim3m^3\sim m^4$ (6-174) $8m\sim4m^3\sim m^4$ (6-175) $6m\sim m^2\sim4m^3\sim m^4$

(6-176) $4m\sim2m^2\sim4m^3\sim m^4$ (6-177) $4m\sim2m^2\sim4m^3\sim m^4$ (6-178) $2m\sim3m^2\sim4m^3\sim m^4$ (6-179) $4m^2\sim4m^3\sim m^4$ (6-180) $4m^2\sim4m^3\sim m^4$

(6-181) $4m\sim5m^3\sim m^4$ (6-182) $2m\sim m^2\sim5m^3\sim m^4$ (6-183) $2m^2\sim5m^3\sim m^4$ (6-184) $6m^3\sim m^4$ (6-185) $6m^3\sim m^4$

(6-186) 2*S*

(6-187) 14*m*~2*m*²~2*m*⁴

(6-188) 12*m*~2*m*²~2*m*⁴

(6-189) 10*m*~3*m*²~2*m*⁴

(6-190) 8*m*~4*m*²~2*m*⁴

(6-191) 6*m*~5*m*²~2*m*⁴

(6-192) 4m~6*m*²~2*m*⁴

(6-193) 2*m*~7*m*²~2*m*⁴

(6-194) 8*m*²~2*m*⁴

(6-195) 12*m*~*m*³~2*m*⁴

(6-196) 10*m*~*m*²~*m*³~2*m*⁴

(6-197) 8*m*~2*m*²~*m*³~2*m*⁴

(6-198) 6*m*~3*m*²~*m*³~2*m*⁴

(6-199) 4*m*~4*m*²~*m*³~2*m*⁴

(6-200) 2*m*~5*m*²~*m*³~2*m*⁴

(6-201) 6*m*²~*m*³~2*m*⁴

(6-202) 8*m*~2*m*³~2*m*⁴

(6-203) 6*m*~*m*²~2*m*³~2*m*⁴

(6-204) 4*m*~2*m*²~2*m*³~2*m*⁴

(6-205) 2*m*~3*m*²~2*m*³~2*m*⁴

(6-206) 4*m*²~2*m*³~2*m*⁴

(6-207) 4*m*~3*m*³~2*m*⁴

(6-208) 2*m*~*m*²~3*m*³~2*m*⁴

(6-209) 2*m*²~3*m*³~2*m*⁴

(6-210) 4*m*³~2*m*⁴

(6-211) 8*m*~3*m*⁴

(6-212) 6*m*~*m*²~3*m*⁴

(6-213) 4*m*~2*m*²~3*m*⁴

(6-214) 2*m*~3*m*²~3*m*⁴

(6-215) 4*m*²~3*m*⁴

(6-216) 4*m*~*m*³~3*m*⁴

(6-217) 2*m*~*m*²~*m*³~3*m*⁴

(6-218) 2*m*²~*m*³~3*m*⁴

(6-219) 2*m*³~3*m*⁴

(6-220) 4*m*⁴

(6-221) $4m^4$、$m^4 \cdot R^2$ (6-222) $4m^4$ (6-223) $4m^4$ (6-224) D (6-225) $14m \sim m^2 \sim m^5$

(6-226) $12m \sim 2m^2 \sim m^5$ (6-227) $10m \sim 3m^2 \sim m^5$ (6-228) $8m \sim 4m^2 \sim m^5$ (6-229) $6m \sim 5m^2 \sim m^5$ (6-230) $4m \sim 6m^2 \sim m^5$

(6-231) $2m \sim 7m^2 \sim m^5$ (6-232) $8m^2 \sim m^5$、$m^2 \cdot S$ (6-233) $12m \sim m^3 \sim m^5$ (6-234) $10m \sim m^2 \sim m^3 \sim m^5$ (6-235) $8m \sim 2m^2 \sim m^3 \sim m^5$

(6-236) $6m \sim 3m^2 \sim m^3 \sim m^5$ (6-237) $4m \sim 4m^2 \sim m^3 \sim m^5$ (6-238) $2m \sim 5m^2 \sim m^3 \sim m^5$ (6-239) $6m^2 \sim m^3 \sim m^5$ (6-240) $8m \sim 2m^3 \sim m^5$

(6-241) $6m \sim m^2 \sim 2m^3 \sim m^5$ (6-242) $4m \sim 2m^2 \sim m^3 \sim m^5$ (6-243) $2m \sim 3m^2 \sim 2m^3 \sim m^5$ (6-244) $4m^2 \sim 2m^3 \sim m^5$ (6-245) $4m \sim 3m^3 \sim m^5$

(6-246) $2m \sim m^2 \sim 3m^3 \sim m^5$ (6-247) $2m^2 \sim 3m^3 \sim m^5$ (6-248) $4m^3 \sim m^5$、$m^3 \cdot A$ (6-249) $8m \sim m^4 \sim m^5$ (6-250) $6m \sim m^2 \sim m^4 \sim m^5$

(6-251) $4m \sim 2m^2 \sim m^4 \sim m^5$ (6-252) $2m \sim 3m^2 \sim m^4 \sim m^5$ (6-253) $4m^2 \sim m^4 \sim m^5$ (6-254) $4m \sim m^3 \sim m^4 \sim m^5$ (6-255) $2m \sim m^2 \sim m^3 \sim m^4 \sim m^5$

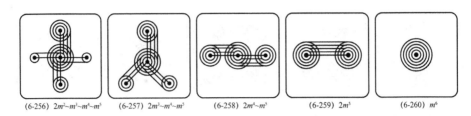

(6-256) $2m^2\sim m^3\sim m^4\sim m^5$ 　　(6-257) $2m^3\sim m^4\sim m^5$ 　　(6-258) $2m^4\sim m^5$ 　　(6-259) $2m^5$ 　　(6-260) m^6

7. 典型图式的折叠关系

（1）同步结构的折叠

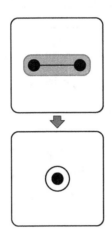

（2）变动结构的折叠

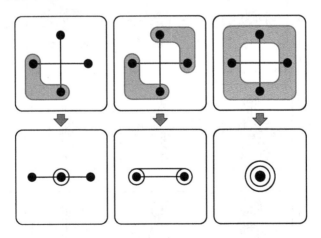

（3）组织结构的折叠

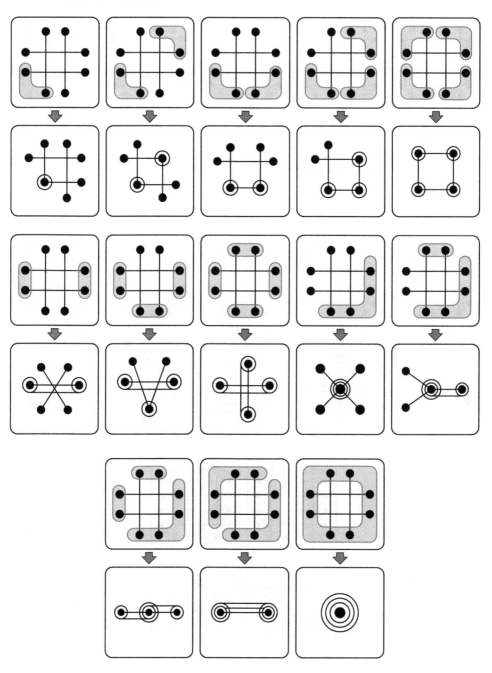

（4）规范结构的折叠（部分）

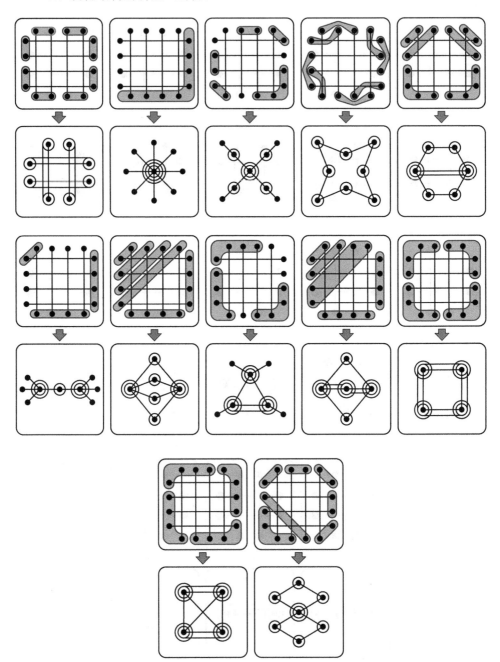

（5）转换结构的折叠（部分）

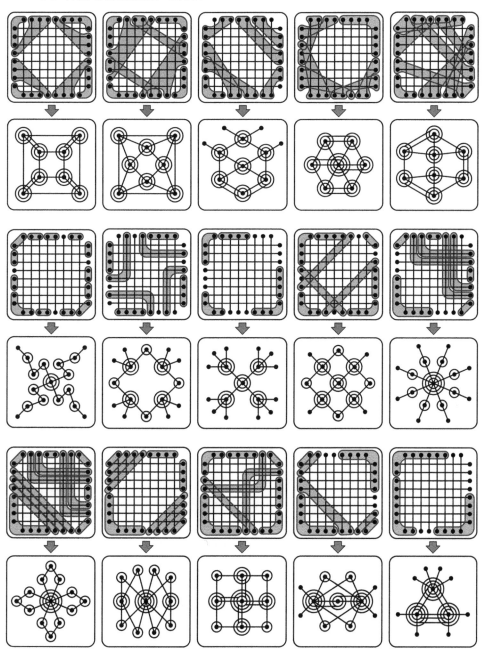

附录 2

关于休谟问题的初步思考

休谟将人性的原理视为一切科学的基础，以及解决一切问题的关键。对人性的深入考究，并没有让休谟获悉关于人类认识能力或理解能力方面的圆满成果，但却留下了困扰哲学两百余年的一系列问题，时至今日仍未彻底得到解决。

如何定性休谟的一系列拷问，学界有着诸多的分歧。有人将其视为因果问题，有人将其视为归纳问题，有人将其视为事实与价值的关系问题，也有人将其视为知识的接受问题。对问题的定性，相当于框定问题的范畴，锁定问题的方法域，由此可以管控因思路或方法上的过度开放而带来的种种分歧，有助于集中力量对目标问题进行限定条件下的考究，这是理性思考的一般套路，对于解决疑难问题是有促进作用的。不过在休谟问题上，常常只见开花不见结果。对问题进行定性时，一方面明确了问题的范围，另一方面也是在限制问题的思路，等同于自缚手脚。基于此，我们应该避免各种条条框框，重新审视休谟所提问题的语境，明确问题的关键诉求，并尝试挖掘问题的真正起因。

根据休谟的阐述，存在重大逻辑疑点的问题主要涉及三个方面，下面分别予以论述。

1. 从"是"到"应该"的逻辑转换问题

休谟在论述德与恶时提到："在我所遇到的每一个道德学体系中，作者在一个时期中是照平常的推理方式进行的，或是对人事做了一番议论；可是突然之间，我却大吃一惊地发现，我所遇到的不再是命题中通常的'是'与'不是'等词，而是没有一个命题不是由一个'应该'或一个'不应该'联系起来的。这个变化虽是不知不觉的，却是有极其重大的关系的。因为这个应该或不应该既然表示一种新的关系或肯定，所以就必须加以论述和说明；同时对于这种似乎完全不可思议的事情，即这个新关系如何能由完全不同的另外一些关系推出来的，也应当举出理由加以说明①。"

命题的"是/不是"判定，同"应该/不应该"判定，显然是两个有差别的判定关系，问题是异在何处。进一步追究，可以细化到以下问题：在什么演绎背景下局限于"是/不是"判定，什么演绎背景下又局限于"应该/不应该"判定？两种演绎背景之间存在着怎样的潜在逻辑关联，以至于可以"无意中"进行判定关系的转换？

层论中，这些问题的答案是相对明朗的。

---

① （英）休谟. 人性论[M]. 关文运，译. 北京：商务印书馆，2016：505.

"是/不是"常见于高层结构对当前结构的关系判定当中，且判定过程立足于当前结构（被判定者）高一层的演绎尺度。无论当前结构的演绎性质是什么，在高一层结构眼中都存在着可重复与无复现的演绎对立性，也就是存在与不存在的演绎对立性，反映在语言中即为"是""不是"的对立。更高层的结构也可以对当前结构进行"是/不是"的判定，只是判定的角度更加细腻，在存在性对立的基础上附带着更多演绎对立性，从而实现更多维度上的解释，包括联系上的、变化上的、规则上的、范畴上的等维度，它们构成对基本存在关系的修饰与限定，让"是/不是"的判定更为深入。

"应该/不应该"常见于高两层或以上的层次结构对当前结构的关系判定当中，且判定过程立足于较宏观的演绎尺度，这里的较宏观尺度是指比当前结构至少高两层的演绎尺度，它可以是判定者的尺度，也可以是比判定者层级低的尺度（例如，第五层结构对第二层结构在第四级层次所对应尺度上的存在表现判定过程）。比当前结构高两个层次，意味着当前结构之上的两级层次化约束，等同于保障当前结构在高两层尺度之上的存在，对于当前结构来说，其演绎表现不仅要向高一层结构的演绎逻辑看齐，还需要向高两层结构的演绎逻辑看齐。换句话说，当前结构在顺应高一层结构演绎特性的同时，还要满足高两层结构的演绎特性，这样的演绎关系不会产生与高两层结构演绎逻辑相冲突的问题，从而保障了当前结构在高两层尺度上的存在性。例如，基于组织结构的演绎框架来看某同步结构在组织层面上的存在性时，需满足两个约束条件（一是该同步结构与其他同步结构相区别，二是该同步结构与相区别的同步结构一起），形成同其他同步性组合关系之间的演绎次序。这里的条件一是变动结构层面上的约束（约束机制为差异互渗关系），条件二是组织结构层面上的约束（约束机制为错位背反关系），把两个条件综合起来，可以描述如下：某同步结构要在组织结构的尺度上保持其存在性，在与其他同步结构相区别的同时，还应该与相区别的同步性一起，演绎出同其他同步性组合之间的次序关系。这里的"应该"一词即涉及超出同步结构演绎能力的宏观尺度演算。

从上面的阐述中可以看到，"是/不是"判断同"应该/不应该"判断都涉及高层结构对低层结构的评判，其关键区别在于判断时所立足的演绎尺度，当立足于被判定者高一层的尺度时，所给出的为"是/不是"判断，当立足于高于被判定者两个层级以上的尺度时，可给出"应该/不应该"判断。后一种判断中，被判定者存在着尺度上的多级演绎空白，高层结构运用自身的演绎历史来填补这段空白，这个填补过程即衍生出了"应该/不应该"判定，它不是一种事实判定，而是一种趋向判定，是一种从低层不断迈向高层的演化趋向判定，它是以低层随机演绎当中的那些无法顺应高层演绎逻辑的失败经验为反面参照。

从两种判定关系的区别中可以看到，在面对低层结构时，高层结构的判定尺度具有一定的灵活性，可以着眼于微观尺度上，也可以着眼于宏观尺度上，这与高层结构本身具有较为丰富的尺度相干体系有关。当判定尺度比低层结构的总体演绎尺度还要微观时，相当于溯源、考古过程，低层结构本身的演化经验值得重视，当判定尺度比低层结构的演绎尺度要宏观时，相当于预测、计划过程，高层结构自身的演化经验起关键作用。

在层论框架中，"是/不是"判断与"应该/不应该"判断之间是可以相互转换的。当将定性时所立足的关系尺度进行扩展时，就可以从"是/不是"判断转向"应该/不应该"判断，当将定性时所立足的关系尺度进行收缩时，就可以从"应该/不应该"判断转向"是/不是"判断。有许多学者将"是/不是"判断视为事实判断，将"应该/不应该"判断视为价值判断，从层论来看，这一归类是有道理的。2.8节诠释了分化、引导、管理、权衡四个概念，它们都是高层背景（高层层次分界）的演绎逻辑向低层结构的投射，层次跨度越小，相应概念的事实标签越明显，层次跨度越大，相应概念的价值标签越明显。2.4节小结部分给出了价值概念的定义，即在更宏观尺度上演算当前结构的关系逻辑，使得当前结构的存在能够与宏观尺度看齐，"应该/不应该"判断的逻辑与此类似。

2. 因果关系的内在机制问题

因果关系问题是休谟《人性论》一书中的核心议题。在思考关于人们因果观念背后的必然联系问题时，休谟提出了两个疑问："第一，我们有什么理由说，每一个有开始的存在的东西也都有一个原因这件事是必然的呢？第二，我们为什么断言，那样一些的特定原因必然要有那样一些的特定结果呢？我们的因果互推的那种推论的本性如何，我们对这种推论所怀的信念的本性又是如何[①]？"这些疑问直指因果关系的本质所在，对这些问题的反思，促成休谟提出了因果推理的八条规则，具体有："（1）原因和结果必须是在空间上和时间上互相接近的。（2）原因必须是先于结果。（3）原因与结果之间必须有一种恒常的结合。构成因果关系的，主要是这种性质。（4）同样原因永远产生同样结果，同样结果也永远只能发生于同样原因。（5）当若干不同的对象产生了同样结果时，那一定是借着

---

① （英）休谟．人性论[M]．关文运，译．北京：商务印书馆，2016：90.

我们所发现的它们的某种共同性质。(6) 两个相似对象的结果中的差异，必然是由它们互相差异的那一点而来。(7) 当任何对象随着它的原因的增减而增减时，那个对象就应该被认为是一个复合的结果，是由原因中几个不同部分所发生的几个不同结果联合而生。(8) 如果一个对象完整地存在了任何一个时期，却没有产生任何结果，那么它便不是那个结果的唯一原因，而还需要被其他可以推进它的影响和作用的某种原则所协助①。"这些规则是休谟对两个疑问的回应。休谟一方面指出因果关系的本质在于对象间的恒常结合②，另一方面又不断对因果关系进行反思和质疑，这种似乎明了同时又不明所以的纠结状态不仅发生在休谟身上，也发生在每一个尝试深入考究因果问题的诸多学者身上。

休谟关于因果关系的阐述争议至今，无论如何去定性休谟关于因果联系的回答，无论如何去揣摩休谟关于知识和推理的态度，最核心的依然是回到休谟最初的疑问，去考究因果联系的真正成因，不弄清楚这一点，有关休谟问题的争议还将持续下去。

如休谟所言，因果关系的一个根本特点就是实物对象或逻辑对象所呈现的次序性，金岳霖直言因果问题是秩序问题③，先后关系或主次关系都是序的体现，要解构因果关系，应该先弄清楚序是如何被人们所认识的。从人的认知成长过程来看，婴幼儿并不具备识别一般事物当中的先后逻辑或主次逻辑的能力，除了基本的条件反射以外，婴幼儿难以根据先后或主次关系来指引自身的行为，大部分常态事物中的逻辑次序认知是随着年龄的不断增长而逐步习得的。这一事实向我们传达了这样的信息：一般意义上的次序关系不是人们天生就能把握的逻辑关系，因果次序有其更为底层的演绎基础。要解构因果关系的生成机理，需要先挖掘次序关系背后的演绎基础及其演绎路径。

关于序的成因，层论提供了一套解构思路。

层论中，与因果次序有对应关系的层次结构为组织结构，其演绎性质为秩序性，秩序表明了逻辑上的主次或先后，秩序规定了主次有别或从先到后的逻辑关联。秩序的建立源于三种基础关系，包括表征自然存在关系的重复性、表征对立统一关系的同步性、表征差异互渗关系的变化性，它们缺一不可。这三种关系不是平等的关系，而是逐级演进的关系，从关系的演进脉络中，可以明晰次序的生成路径。以最为基础的组织秩序为例，这一序的逻辑蕴含着四层重复性、三层同

① (英)休谟. 人性论[M]. 关文运, 译. 北京:商务印书馆,2016:195-196.
② (英)休谟. 人性论[M]. 关文运, 译. 北京:商务印书馆,2016:276.
③ 金岳霖. 论道[M]. 北京:商务印书馆,1987:4.

步性、两层变化性，以及同步性之上的变化性、变化性之上的同步性，这些都构成解构序的不同进路。简单来说，序生成于四层次系统，序是重复性、同步性、变化性在不同尺度上演绎相干的综合呈现。

下面结合层论来解析组织结构中的因果关系建构。

因果关系中，因与果构成两种不同的对象，先不考虑哪个对象是因、哪个对象是果，也不考虑此因为什么导致此果，而是思考一个更为基础的问题：如何从潜在的一系列变量中分离出两个有密切关联的不同对象？变动结构的演绎框架可用于诠释这一问题，变动结构中，相异对象由蕴含着低程度相关的同步分界所分化，相异对象间的密切联系由它们之间的相互渗透、勾连关系所反映，这两个方面都涉及不确定性，不确定性在支撑着确定性之间既相异又相联的关系。

分化出有密切联系的不同对象成为建构因果关系的必要条件，当有着密切联系的不同对象之间的关联逻辑是单向的，即意味着两个对象之间的次序之分，哪个对象是因、哪个对象是果的问题也就有了着落。关于次序的成因，需要借助成就组织结构的错位背反机制来解释。错位背反是从不同差异互渗关系组合演绎所达成的宏观演绎一致性过程当中所提炼出来的一种内在演绎机制，它也是两层差异互渗、三层对立统一的制约关系在四层次体系当中的综合呈现。差异互渗关系内含着相异对象的类型分化，差异互渗的组合演绎关系中存在着分化机制间的竞争，每一种分化机制都能够分离出有密切联系的不同对象，两者的竞争意味着两套分化关系的演绎相干，以及执行分化功能的相异基层分界间的相干，其整体层面上的演绎一致性可由基层分界间共存演绎所达成的宏观统一性来体现。基层分界间的共存检测带来不同的错位关联形式，检测结果中则存在着不同错位形式下的总体分化表现对立，其中由蕴含着不确定性的分化表现所反衬出来的那个蕴含着确定性的分化表现即代表着整体层面的演绎一致性，其中既有所分化出的相异对象间的密切联系，又有与不确定性分化表现相对应的错位形式所反衬下的某种确切关联指向，两者的结合即成就了整体上的演绎次序。

错位背反机制可用于检验系统中是否存在演绎次序，此外，这一机制也是科学研究方法的最简呈现，所形成的研究成果往往体现在序的提炼当中。

层论中，组织秩序、规范秩序、转换秩序对应着三种不同尺度上的演绎次序，它们都蕴含着序的逻辑，从三种秩序的演进脉络中，可以感悟因果关系是如何逐步走向"成熟"的。

组织秩序说明了因果关系的最基本特征——序的逻辑，它能够从一般意义上明确序的存在，但不能评判一种次序同另一种次序之间的区别，不能界定序的具体演绎类型，因为组织结构无法承载多样性次序的对照关系，这一局限使得用另一种次序关系来解释为何是此种因果次序的尝试在组织结构层面是行不通的。之所以提出这一点，是因为人们在追问为什么的时候，常常习惯于用蕴含着因果关系的演绎逻辑范式来回答，这就不可避免地涉及两套次序关系的类比和对照，这一蕴含着序的对照关系是组织结构所无法处理的。换句话说，组织秩序只是初步明确了什么是次序，其中的因果逻辑并不凸显，对序的解释依赖于更为底层的层次关系，这一深挖过程会消解序的特色，使得总体上的综合呈现更像是一种突现。由此我们也可以理解为什么休谟在不断追问因果关系的本质下，会将其理解为对象间的恒常结合。

规范秩序源于不同组织结构间的演绎相干，并在整体上呈现出更宏观尺度上的有序关联。规范秩序当中存在着两层次序关系，一个是局部层面的次序（组织秩序），一个是整体层面的次序（规范秩序）。规范秩序内含着组织秩序间的对照关系，规范秩序层面能够界定组织秩序的类型、评判组织秩序的是非，由此，在解释特定的组织秩序何以如此时，可用相对照的组织秩序来说明。相对而言，依托于规范秩序，可以对基层次序的逻辑进行对照解释，其中的因果逻辑相对明朗一些。

转换秩序源于不同规范结构间的演绎相干，而规范结构又蕴含着组织秩序间的演绎相干，相对于基础层面的组织秩序来说，转换秩序高出两个演绎层级，其中蕴含着组织秩序之上的两级层次约束。从前文关于"应该"逻辑的解析中可以得知，组织秩序在转换结构层面的逻辑表现可以用"应该/不应该"判断来表述，以用于说明组织秩序的演绎关系如何在转换结构的演绎尺度上存在。反过来，从转换结构层面来看组织秩序的演绎表现，可用引导概念〔见 2.8-(3)节的解析〕来说明，即转换结构的演绎历史能够指引组织秩序在超出自身两个层次的演绎尺度上有效运作。对象应该怎么办、引导对象怎么做，这样的表述本身就蕴含着序的逻辑，其中的因果逻辑较为明朗。休谟指出："原因中一个部分的不存在或存在就随着有结果中相应部分的不存在或存在。这种联系或恒常的结合充分地证明一个部分是另一个部分的原因①。"秩序的存在与不存在构成秩序的对照关系，原因和结果中均内含这种对照关系的话，那么整体上就构成秩序对照关系之上的对照关系，转换结构恰恰蕴含着基于组织秩序的双层对照关系，从这个意义上来说，转换结构层面的因果关系也是较为充分的。用于说明转换结构的双凹面系统

---

① 休谟. 人性论[M]. 关文运，译. 北京：商务印书馆，2016：155.

即阐明了因果关联的充分性：只有范畴失稳时才有可能达成秩序的跨范畴交涉，范畴不失稳的话就无法达成秩序的跨范畴交涉。

序具有多层次性，序所蕴含的次序关联逻辑则具有形式上的强弱之分，对序所影射的因果关系的理解和感悟也不一样。我们不能笼统地说次序当中的因果关联逻辑是难以解释的，也不能贸然地说次序当中的因果关联逻辑具有必然性，只有先弄清楚次序的层次基础和层次跨度，才能做适宜的回答。

因果次序是人们认识世界时所习以为常的一种常态化演绎逻辑，任何四层次以上的较复杂系统中必然蕴含着因果次序，任何看似简单的系统，通过不断深挖出更多的演绎层次，也可以从中挖掘出因果次序，这表明了因果关系的绝对性。然而，当总是用秩序的演绎逻辑来进行诠释时，越是复杂的系统，越是存在着诠释上的不完备、不充分，这是因为，越是复杂的系统，其层次数越高，整体上涌现出来的演绎特性越深邃，单纯的错位背反机制越难以解释清楚。无论是什么因果次序，在更高层结构看来都存在着表现的对立面以及演绎的局限性，这表明了因果关系的相对性。

3. 经验认识的运用扩展问题

关于因果关系的运用迁移问题，休谟指出："不但我们的理性不能帮助我们发现原因和结果的最终联系，而且即便在经验给我们指出它们的恒常结合以后，我们也不能凭理性使自己相信，我们为什么把那种经验扩大到我们所曾观察过的那些特殊事例之外。我们只是假设，却永不能证明，我们所经验过的那些对象必然类似于我们所未曾发现的那些对象①。"在《人类理解研究》一书中，休谟进一步强调了这一问题："说到过去的经验那我们不能不承认，它所给我们的直接的确定的报告，只限于我们所认识的那些物象和认识发生时的那个时期。但是这个经验为什么可以扩展到将来，扩展到我们所见的仅在貌相上相似的别的物象；这正是我所欲坚持的一个问题②。"

关于过往经验扩展和运用到后续事物当中的问题，本书拟从两方面予以回应：一是从认知科学的角度来简略说明经验迁移时的内在认知表现；二是结合层论来探讨经验认识应用迁移当中的逻辑一致性问题。

人对周边信息的加工处理，绝大部分是通过视觉系统完成的，视觉系统中，

---

① (英)休谟.人性论[M].关文运,译.北京:商务印书馆,2016:105.

② (英)休谟.人类理解研究[M].关文运,译.上海:商务印书馆,1957:33.

场景的基本构成要素不是一个个物体，而是一束束光波，吸收光波的是视网膜上的感光细胞，其总数超过一亿个，我们所意识到的各个物体正是从感光细胞所提取的巨量感光信息中筛选出来的：首先筛选出的是高对比像素点，然后从这些像素点中筛选出微小的特征（如各种特定方向的线段等），然后是微小特征的特定排布而形成的具有高程度相关的物体轮廓。我们所形成的经验认知，表面上看貌似是有限物体间的逻辑关联，实质上是巨量微观数据下的统计综合，是大量的确定性与不确定性的博弈结果。仅就巨量微观数据的分类处理过程而言，所形成的经验是有一定可靠度的，经验出问题的地方往往不在于物体的分类，而在于如何进一步处理物体与物体之间的关系，尤其是物体数量较多的场景中。最为关键的地方在于，在处理物体与物体之间的关系时，并不只是当前场景中的物体表象和物体分布关系，还涉及人的记忆系统，那是一个因人而异的巨大知识库。休谟特别提到农民和钟表匠在面对停了的钟或表时的观念是大有不同的[①]，其中就涉及记忆不同而带来的关系认知差异。每个成人都有着极为丰富且各具特色的各类物体交互经验与关联记忆，物体与物体之间的关系并不像字典条目那样一条条陈列在人的记忆里，而是各种经验要素关联交错，形成一张错综复杂的巨型网络，无论面对任何的场景，对经验的唤醒都可以以点带面不断深挖，以至于难以穷尽，由此而使得经验这一概念很难得到准确的定义。把经验视作一个个固定的事例，这是对经验的最大误解，更确切一点的说法是，某个具体经验是一张巨型记忆网络在特定参数下的呈现，其中大部分参数趋近于零，一部分与具体场景相关的参数有相应的赋值，并带动与之有密切关联的记忆信息的活跃。

当个人身临新的场景当中时，人的认知表现既受制于场景信息分布，也受制于人的独特记忆网络，还受制于人的注意力选择。农民和钟表匠对停了的钟表的不同观念即说明了记忆网络的影响，而注意力则是容易被人忽视的一个关键影响因子。之所以有注意力的问题，是因为注意力与记忆网络的强大关联能力有关。场景中的每一个物体都有可能唤醒并激活人的经验操作，多个物体同时呈现时，会导致人无所适从，但我们在面对相对熟悉的场景时，很少出现手足无措的情况，这里就存在着注意力的特定选择，注意力不是去关注场景中的所有事物，而是重点聚焦于其中的特定事物，所唤醒的也只是相应事物的经验认知或经验操作。关于注意力的选择，有许多实验做了论证，其中比较典型的是"看不见的大猩猩"实验。实验者要求受试者观看录像的时候计算球员之间的传球次数，观看

---

① （英）休谟．人性论[M]．关文运，译．北京：商务印书馆，2016：150．

结束后实验者询问受试者有没有看见什么特别的东西，结果有一半的人回答没有。实际上，在传球的过程中，有一个伪装成"大猩猩"的人慢慢走进传球的人群，并对着镜头反复敲打自己的胸膛，然后走开，这一镜头有至少一半的人根本就没注意到①。注意力的选择意味着经验的迁移不一定是作用于场景当中的所有事物，而有可能只作用于特定的事物。虽然场景当中可能存在着极为丰富的全新事物、全新关系，但注意力的筛选机制使得真正引起人们知觉的依然只是经验过的那部分有限信息，从这个意义上来说，经验的迁移不一定实现了逻辑的扩展，原有经验背后的归纳范畴依然有奏效的可能，此时的逻辑跳跃不一定发生。

不过，经验的运用过程远比我们想象的要复杂得多。很多时候，进入新场景的经验唤醒不是一个点，而是多个点，只是不同的点之间不是完全并发的，而是有次第进行的机制，这就导致一种情况：每一个点都在经验范畴之内，但所有的点拼接起来就可能是个人任何经验也无法覆盖到的全新状况。注意力也并非总是关注少数的点，也有可能关注场景当中的所有事物。例如，个人在针对场景的深度思考、全盘考量时。这些情况都存在着相对于经验的诸多不确定性，人的应对处理既不能说是完全无效的，也不能说是完全无能的，其中依然有应对得当的时候，这当中就存在明显的超出原有经验的跨范畴运用问题，这一点正是休谟拷问的问题之一。

从层论来看，经验逻辑的跨范畴迁移是行得通的。

首先，层论的各个演绎层次表明了演绎关系当中的一致性、普适性，其中，基元层面反映了存在的普适性，同步结构层面反映了联系的普适性，变动结构层面反映了变化的普适性，组织结构层面反映了秩序的普适性，规范结构层面反映了演绎范围的普适性，转换结构层面反映了范畴交涉的普适性。既有的普适关系不仅体现在所在层次当中，也能够进一步延伸更高层次当中，因为高层继承了所有低层结构的演绎特性。这些普适关系与事物类型无关、与事物多寡无关，与事物的具体尺度无关，只取决于事物当中的层次数。

其次，层次相对论表明了一定的演绎逻辑可以迁移至不同的尺度上，层次相对论的五个定理都是逻辑跨尺度、跨范围迁移的体现，无论是微观的事物演绎，还是宏观的事物演绎，都可以套用同一套逻辑。在面临全新场景中的全新问题时，人们是可以去重组自己的思维和记忆的，尽管具体的内容可能与经验大相径庭，但是组织内容的方法和路径依然可以用经验框架来推进，并且同一套经验框

---

① （美）克里斯托弗·查布利斯，（美）丹尼尔·西蒙斯.看不见的大猩猩：无处不在的6大错觉[M].段然，译.北京：中国人民大学出版社，2011.

架中的关联演绎逻辑是可以适用于不同的内容和场景的（包括不同的演绎范畴），只要满足同样的层次跨度即可。层次相对论解释了为什么个人拥有无比强大的类比联想与泛化迁移能力，并经常在差异显著的事物当中发现逻辑上的一致性。

小 结

休谟无疑擅长于从人们容易漠视的常态思路中发现思维的跳跃或纰漏，从而将人们的视野从思维的前台输出拉回至思维的后台加工，那是一个深不见底的黑箱。张守夫指出，休谟问题涉及的是人类理性以什么样的思维方式，用什么样的语言形式来理解、认识和把握我们的对象世界[①]。尹星凡、黄承烈指出，休谟问题关系人类认识或知识的来源、基础、性质、获取的途径和方法、合理性和证明等各个方面[②]。这些思考呼应了休谟对人性原理的评价，正是休谟问题所附带的重大现实意义，激发了无数学者探求和进取的欲望，进而为哲学与科学的发展提供了强大的源动力。

休谟的问题指向认识、指向思维，也是在拷问人性，休谟将人性原理视为一切科学的唯一基础，也将人性原理视为解决一切重要问题的关键。我们难以对人性的底层逻辑进行全面的透视，但是每个个体从幼儿到成人成长历程中的诸多相似性，让我们有机会提炼个人在认识成长当中由简入繁的大体路径，层次演化论即衍生于这一路径的考究[③]。从层次性中可以看到是非判断与应该判断的基础条件，以及两种判断之间的逻辑转换。从层次性中可以看到从统计相关迈向组织秩序的演绎进路，以及因果恒常结合的底层逻辑。从层次性中可以看到层级演绎性质的普适性，以及同样跨度下的演绎机制的尺度、范畴无关性。从层次性中还可以看到人类思维的诸多演绎特点（见 2.7 节、5.2 节），以及常用概念的语义解构（见表 5-1 的汇总）。层论为休谟所发出的诸多疑问提供了新的解剖思路，即以事物所蕴含的层次性为抓手，从层次递进中发现事物演化当中的一般演绎逻辑，从层次相干中感悟认知和思维的演绎奥秘。

---

① 张守夫."休谟问题"的原貌及实质[J]. 学术交流，2008(9)：11-14.
② 尹星凡，黄承烈. 休谟问题及其启示[J]. 南昌大学学报（人文社会科学版），2005,36(5)：7-11.
③ 层次相对论是层论演绎体系的核心所在，相对论中的五个定理是从人的行为与认知演绎模型当中提炼出来的(详细内容请见拙作《行为与认知发展》)，层次演化论的成型恰恰源于对人性的考究。